大 数 据 系 列 丛 书

复杂网络与大数据分析

卜湛 曹杰 主编 ／ 李慧嘉 副主编

U0224107

清华大学出版社

北京

内 容 简 介

本书是复杂网络与大数据分析的基础理论教材，以浅显易懂的语言为来自不同学科领域的研究生和研究人员提供有力指导。全书共 10 章，分别是复杂网络的基本概念、复杂网络模型、网络鲁棒性、网络传播动力学、网络演化博弈、数据挖掘、大规模复杂网络数据获取及存储的技术研究、节点影响力排序、网络聚类技术分析、推荐系统和链路预测。这些内容由浅入深，对不同的读者，侧重点不同。为了便于读者消化和理解书中的内容，每章末都附有习题。

本书可以作为高等院校计算机科学与技术、软件工程等专业的研究生教材，也可供从事复杂网络、数据挖掘、数据分析、商务智能等领域研究的教学、科研人员参考。

图书在版编目（CIP）数据

复杂网络与大数据分析/卜湛，曹杰主编. —北京：清华大学出版社，2019（2024.8重印）

（大数据系列丛书）

ISBN 978-7-302-53233-0

Ⅰ. ①复… Ⅱ. ①卜… ②曹… Ⅲ. ①数据处理 Ⅳ. ①TP274

中国版本图书馆 CIP 数据核字（2019）第 129418 号

责任编辑：谢 琛 常建丽
封面设计：常雪影
责任校对：李建庄
责任印制：丛怀宇

出版发行：清华大学出版社
   网   址：https://www.tup.com.cn，https://www.wqxuetang.com
   地   址：北京清华大学学研大厦 A 座   邮 编：100084
   社 总 机：010-83470000   邮 购：010-62786544
   投稿与读者服务：010-62776969，c-service@tup.tsinghua.edu.cn
   质 量 反 馈：010-62772015，zhiliang@tup.tsinghua.edu.cn
   课 件 下 载：https://www.tup.com.cn，010-83470236
印 装 者：三河市科茂嘉荣印务有限公司
经 销：全国新华书店
开 本：185mm×260mm   印 张：12.75   字 数：295 千字
版 次：2019 年 11 月第 1 版   印 次：2024 年 8 月第 6 次印刷
定 价：39.00 元

产品编号：081649-01

前 言

复杂网络作为一门新兴科学,是对复杂系统的抽象和描述。对于任何包含大量组成单元的复杂系统,当把构成单元的节点、单元之间的相互关系抽象为边时,都可以当作复杂网络来研究。复杂网络并不仅仅是我们在媒体上看到的所谓的互联网,它研究的是网络现象,而世界上除了互联网以外,复杂网络的例子在自然界和人类社会中比比皆是,包括自然界中天然存在的星系、食物链网络、神经网络、蛋白网络;人类社会中存在的社交网络、传染病传播网络、知识传播网络;人类创造的交通网络、通信网络、电力网络、计算机网络等。这些网络不仅在规模上巨大,在结构上复杂,而且在时间、空间上都具有动态的复杂性。复杂网络还是研究复杂系统的一种角度和方法,它关注系统中个体相互关联作用的拓扑结构,是理解复杂系统性质和功能的基础,是对存在的网络现象及其复杂性进行解释的学科。它同样还作为研究复杂系统的一个新兴工具,可以较为形象、准确地描述系统主体之间的联系,因此它在计算机、生命科学等领域得到了广泛的应用。

随着复杂网络理论的深入研究、网络规模的不断扩大,网络的内部结构特性产生了海量的数据,单纯研究小规模网络已无法满足研究人员的需求,因此,在数据驱动下分析复杂网络成为当下的主流方法。但是,就目前已有的著作看,它们仅仅是系统地介绍复杂网络涉及的内容和研究进展,讲述网络拓扑特性与模型,复杂网络上的传播行为、相继故障、搜索算法和社团结构,以及复杂网络的同步与控制等基础知识,并没有将复杂网络分析与大数据挖掘相结合,这将严重限制对复杂网络的分析。因此,本书将复杂网络与数据分析相结合,为相关领域的研究人员提供有价值的参考。

本书在作者科研团队多年讲授相关课程和从事相关课题研究的基础上凝练而成,同时也吸收了国内外学者的相关成果。书中深入浅出地介绍了复杂网络基本理论和数据挖掘基本知识。主要分为两部分:第一部分介绍经典复杂网络基本理论,融合最近国内外复杂网络研究领域的最新成果;第二部分着重介绍网络大数据的获取、存储和挖掘方法,将复杂网络分析和数据挖掘相结合,通过一些经典案例分析,介绍网络大数据挖掘的相关方法和应用前景。全书共 10 章,分别介绍复杂网络的基本概念、复杂网络模型、网络鲁棒性、网络传播动力学、网络演化博弈、数据挖掘、大规模复杂网络数据获取及存储的技术研究、节点影响力排序、网络聚类技术分析、推荐系统和链路预测,这些新颖的内容反映了复杂网络与数据分析最近 10 多年以来的前沿研究和作者的部分研究成果。

为了帮助读者更好地理解书中的内容,我们提供了大量的图例,目的是为对更高级的主题、重要的历史文献和当前前沿研究感兴趣的读者提供方便。在编写的过程中,我们以创新教学模式、践行"授人以渔"的教学方法,强调以厚基础重实践为原则,以师生易教、善教、易学、乐学为教与学的目标,对传统教材的体系进行了调整,以分散难点,突出重点。

本书的写作得到南京财经大学信息工程学院同仁的大力支持,清华大学出版社也给予了很大的帮助,在此一并表示感谢!

限于作者水平,书中缺点和错误在所难免,望有关专家和广大读者批评指正。

卜　湛

于江苏省电子商务重点实验室

2019 年 8 月

目　录

CONTENTS

复杂网络的基本概念

在图论中,图表示事物之间的联系,一个图由顶点(节点)和连接这些顶点的边组成,顶点代表事物,边代表事物之间的交互,图采用数学形式描述为 $G(V,E)$,其中 V 是顶点集合,E 是边集合。很多系统可以采用图进行建模,如社交、经济、运输、生物系统等。这些网络具有大量节点且节点类型不一,节点间的交互关系纵横交错,像这样拓扑结构特征高度复杂的网络称为复杂网络(complex networks)。复杂网络既非完全规则,也非完全随机,它与简单网络(如随机图)不同的结构特性常常在现实世界的网络中出现。正是由于和现实中的各类高复杂系统(如通信网络、神经网络、社会网络)有着密切的联系,所以复杂网络成为网络科学中的热点研究问题。

复杂网络的拓扑结构异常复杂,网络的节点数量巨大,具有多种不同特征的连接结构;复杂网络中的节点或连接不是一成不变的,网络在不断演化,如万维网中的链接可能出现失效或重定向;复杂网络的节点具备多样性和异构性,如商品购买二部图中,节点可以是购买者或商品。复杂网络普遍具有的 3 个统计特性:度分布范围广泛,并且带有一条尾巴—幂律分布(只有少部分大度节点,大部分节点的度都很小);大多数网络虽然规模很大,但是任意两个顶点间的距离却非常短,且呈现高聚集现象——小世界,例如在社会网络中每个人熟悉的人都极少,但是却可以通过这些熟悉的人找到距离很远的人;网络中的边虽然没有一个相似的分布,但是却具备局部同构性,某些簇的顶点高度连接,而簇间的连接却相对较少,这些簇叫作社团或社区。

图可以用集合定义,也可以用图形表示,同样也可以用矩阵表示。图中节点与边之间的关联关系、节点与节点之间的相邻或邻接关系、节点之间的连通或可达关系都可以用矩阵描述。通过图的矩阵表示可以很清楚地观察到图的性质,且便于用计算机处理图数据。图的矩阵表示架起了图论和矩阵论之间的桥梁,通过这种表示方法,能借助矩阵的理论和分析方法研究图论中的问题。

一个网络不仅可以用图表示,也可以用邻接矩阵全面刻画网络中节点之间的相连关系。人们通常用一个一维数组存放网络中的所有节点数据,而用一个二维数组存放节点连接关系(边或弧)的数据,这个二维数组称为邻接矩阵。邻接矩阵描述了节点与节点之间的邻接关系,通常会用一个方阵 A 表示,方阵中的元素用 a_{ij} 表示。用邻接矩阵表示图,很容易确定图中任意两个节点是否有边相连。邻接矩阵又分为有向图邻接矩阵和无向图邻接矩阵。设 $G=(V,E)$ 是一个图,其中 $V=\{v_1,v_2,\cdots,v_N\}$ 中有 N 个节点,则 G 的邻接矩阵 A 是一个 N 阶方阵。无向简单图的邻接矩阵是对称的且对角元素均为 0,故仅存储上三角或下三角的数据即可,即只需要 $N(N-1)/2$ 个存储单元。因为有向图的边是有向边(称为弧),邻接矩阵未必对称,故需要 N^2 个存储单元。

一个无权简单图的邻接矩阵 $\boldsymbol{A}=\{a_{ij}\}_{N\times N}$ 可以定义为

$$a_{ij}=\begin{cases}1, & (v_i,v_j)\in E \\ 0, & (v_i,v_j)\notin E\end{cases} \tag{1-1}$$

注意:若不是简单图,a_{ij} 应该定义为 v_i 和 v_j 之间直接相连的边数(无向图)或从 v_i 到 v_j 直接相连的弧数(有向图)。对于一个 N 阶简单无向图 G,其邻接矩阵具有以下性质。

(1) $\boldsymbol{A}$ 是一个主对角线上的元素皆为 0,其余元素为 0 或 1 的对称矩阵,且 $\boldsymbol{A}$ 的任何一行(列)的元素之和都等于其相应节点的度。

(2) 若记 $\boldsymbol{C}=\boldsymbol{A}^2=\{c_{ij}\}_{N\times N}$,则矩阵 $\boldsymbol{C}$ 的主对角线上的元素为

$$c_{ii}=\sum_{j=1}^{N}a_{ij}a_{ji}=\sum_{j=1}^{N}a_{ij}{}^2=\sum_{j=1}^{N}a_{ij}=k_i \tag{1-2}$$

可见,对角元素 c_{ii} 恰好为相应节点 v_i 的度。

(3) 对于任意非负整数 k,$\boldsymbol{A}^k$ 中的第 i 行第 j 列元素表示图 G 中连接节点 v_i 和 v_j 的长度为 k 的路径的数目。

对于一个 N 阶简单有向图 G,其邻接矩阵 $\boldsymbol{A}$ 具有如下性质。

(1) 第 i 行元素之和为节点 v_i 的出度 k_i^{out}(以节点 v_i 为起点的邻边数),其第 i 列元素记为节点为 v_i 的入度 k_i^{in}(以节点 v_i 为终点的邻边数)。

(2) 若记 $\boldsymbol{A}\boldsymbol{A}^{\mathrm{T}}=C=\{c_{ij}\}_{N\times N}$,其中 $\boldsymbol{A}^{\mathrm{T}}$ 是 $\boldsymbol{A}$ 的转置矩阵,则

$$c_{ij}=\sum_{l=1}^{N}a_{il}a_{jl} \tag{1-3}$$

表示图 G 中的某种节点的个数,这种节点的邻边中有两条邻边分别以 v_i 和 v_j 为起点。

(3) 若记 $\boldsymbol{A}^{\mathrm{T}}\boldsymbol{A}=F=\{f_{ij}\}_{N\times N}$,则

$$f_{ij}=\sum_{l=1}^{N}a_{li}a_{lj} \tag{1-4}$$

表示图 G 中的某种节点个数,这种节点的邻边中有两条邻边分别以 v_i 和 v_j 为终点。

一个加权简单图的邻接矩阵 $\boldsymbol{A}=\{a_{ij}\}_{N\times N}$ 可以定义为

$$a_{ij}=\begin{cases}w_{ij}, & (v_i,v_j)\in E \\ 0\ \text{或}\ \infty, & (v_i,v_j)\notin E\end{cases} \tag{1-5}$$

其中,w_{ij} 表示边 $e_{ij}=(v_i,v_j)$ 上的权值(即边权),在相似权含义下,两节点无连接,权值为 0;而在相异权含义下,两节点无连接,权值取 ∞,它表示一个计算机允许的大于所有边上权值的数。

在邻接矩阵的所有 N^2 个元素中,只有 M 个为非零元素。如果网络比较稀疏,将浪费大量存储空间,从而增加在网络中查找边的时间。

在自然界和社会生活中,复杂网络无处不在。每种网络都有其自身的特殊性质,有与其紧密联系在一起的独特现象,有其自身的演化机制,但由于都可使用网络分析的方法,所以有其共性。例如,关于节点度分布、集聚系数的分析方法以及大量不同网络中存在的

相同的统计特征等。研究网络的拓扑结构并把它与具体系统结合起来是复杂网络研究的中心内容,同时拓扑结构又是这项中心内容的基础。复杂网络的结构对网络的性能和动态系统的行为特性有重要的影响,基于此,本章重点研究复杂网络的拓扑结构,主要介绍与复杂网络有关的基本知识:度、度分布、度相关性、介数以及平均路径长度等静态特征的相关知识。

1.1　度、度分布、度相关性

1. 节点的度

度(degree)是单独节点的属性中简单而又重要的概念。它是描述网络局部特性的基本参数。在网络中,节点 v_i 的邻边数目 k_i 称为该节点 v_i 的度。直观上看,一个节点的度越大,该节点越重要。对网络中所有节点的度求平均,可得到网络的平均度 $\langle k \rangle$:

$$\langle k \rangle = \frac{1}{N} \sum_{i=1}^{N} k_i \tag{1-6}$$

式中,N 为节点数。

例如,图 1-1 中有 3 条边与节点 v_1 相连,故节点 v_1 的度 $k_1 = 3$。需要注意,一个节点的度并不一定等于与该点连通的节点数目,这是因为网络中任意两点之间可能不只经历一条边。例如,图 1-1 中,其他 5 个节点与节点 v_1 都是连通的,其中 v_4 和 v_6 与 v_1 并不是直接相连,而是隔了一条边。

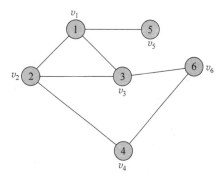

图 1-1　一个简单的网络的特性计算示例

如果是有向图,节点的度数就包括两部分:从节点 v_i 出发连接的边数 $k_i^{\text{out}} = \sum_{j \in N_i} a_{ij}$(记为出度),指向节点 v_i 的连接边数 $k_i^{\text{in}} = \sum_{j \in N_i} a_{ji}$(记为入度),式中,$N_i$ 表示节点 v_i 的邻居集合,点的总度数定义为 $k_i = k_i^{\text{out}} + k_i^{\text{in}}$。在社会网络中,通常将入度视为声望,将出度视为合群性。直观上看,一个节点的度越大,就意味着这个节点在某种意义上来说越重要。而在有向图邻接矩阵中,第 i 行的和就是节点 v_i 的出度,第 i 列的和就是节点 v_i 的入度。无向无权图的邻接矩阵 $\mathbf{A}$ 与节点 v_i 的度 k_i 的函数关系很简单:邻接矩阵二次幂 $\mathbf{A}^2$ 的对角元素 a_{ii} 的邻边数,即

$$k_i = a_{ii} \tag{1-7}$$

实际上,无向无权图邻接矩阵 $\mathbf{A}$ 的第 i 行或第 i 列元素之和也是度,从而无向无权网络的平均度就是 $\mathbf{A}^2$ 对角线元素之和除以节点数,即

$$\langle k \rangle = \text{tr}(\mathbf{A}^2)/N \tag{1-8}$$

其中 $\text{tr}(\mathbf{A}^2)$ 表示矩阵 $\mathbf{A}^2$ 的迹,即对角元素之和。

2. 度分布

很显然,网络中不是所有的节点都具有相同的度(即相同的边数)。实验表明,大多数实际网络中的节点的度都是满足一定概率分布的。度分布 $P(k)$ 定义为随机均匀选择的点具有 k 度的点所占的比例。如果定义 $P(k)$ 为网络中度为 k 的节点在整个网络中所占的比例,也就是说,在网络中随机抽取到度为 k 的节点的概率为 $P(k)$。一般地,可以用一个直方图描述网络的度分布性质。度分布完全决定了非关联网络的统计属性。然而,我们将看到许多真实网络是相关联的,具有 k 度的点与具有 k' 度的点的概率取决于 k。

对于规则的网络来说,由于每个节点都具有相同的度,所以其度分布集中在一个单一尖峰上,是一种 Delta 分布,如图 1-2(a)所示。对规则网络的随机化,会使这个尖峰变宽。对于完全随机网络来说,它的度分布具有泊松分布的形式,如图 1-2(b)所示。这是因为在这一类网络结构中,每一条边的出现概率是相等的,因此,大多数节点的度基本相同,并接近网络的平均度 $\langle k \rangle$。远离峰值 $\langle k \rangle$,度分布则按指数形式急剧下降。通常把这类网络称为均匀网络。

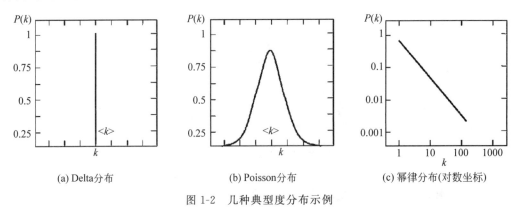

(a) Delta分布   (b) Poisson分布   (c) 幂律分布(对数坐标)

图 1-2 几种典型度分布示例

然而,许多统计实验的数据表明,大多数现实网络的度分布并不像随机网络那样展示出泊松分布的形式,特别是对于大尺度的网络体系,如 WWW 网,Internet 和一些新陈代谢网络等,它们都具有幂指数形式的度分布:$P(k) \propto k^{-r}$,如图 1-2(c)所示。它明显比泊松分布曲线下降缓慢得多。具有这种度分布形式的网络统称为无标度网络,幂律分布也称为无标度分布。所谓的无标度,是指一个概率分布函数 $F(x)$ 对于任意给定的常数 a 存在常数 b,使得 $F(x)$ 满足:

$$F(ax) = bF(x) \tag{1-9}$$

那么必有

$$F(x) = F(1)x^{-r}, \quad r = -F(1)/F'(1) \tag{1-10}$$

也就是说,幂律分布函数是唯一满足"无标度条件"的概率分布函数。

在一个度分布具有适当幂指数($2 \leqslant \gamma \leqslant 3$)的幂律形式的大规模无标度网络中,绝大部分的节点度都相对较低,但存在少量度值相对很高的节点(称为 Hub),因此这类网络也称为非均匀网络,而那些度相对很高的节点称为网络的集线器。

3．度相关性

1）基于最近邻平均度值的度-度相关性

在实际复杂网络的度分布中，度与度之间是有相关性的，而不是完全无关的（除非是完全随机网络）。所以，度-度相关性（degree correlation）是网络的一个重要统计特征，它描述了网络中度大的节点和度小的节点之间的关系。[1]对于度相关的网络，如果总体上度大的节点倾向于连接度大的节点，就称网络是度正相关（assortativeness）的，或称网络是匹配的；如果总体上度大的节点倾向于连接度小的节点，就称网络是度负相关（disassortativeness）的，或者称网络是异配的。具有相同度序列或者度分布的网络可以具有完全不同的度相关性。

度相关性形式上由 $P(k'|k)$ 刻画，即 $P(k'|k)=k'P(k')/\langle k \rangle$，然而对于大多数实际网络来说，$N$ 的大小是有限的，所以直接计算条件概率会得到噪声很大的结果。这个问题可以通过定义节点 v_i 最近邻平均度解决，即

$$k_{nn,i} = \frac{1}{k_i}\sum_{j \in N_i} k_j = \frac{1}{k_i}\sum_{j=1}^{N} a_{ij}k_j \tag{1-11}$$

这里将所有属于节点 v_i 的第一邻居集合 N_i 的点的度数求和。利用式(1-11)可以计算具有 k 度的点的最近邻的平均度数，记为 $k_{nn}(k)$，得到隐含的对 k 的依赖关系。事实上，这个量可以用条件概率表示为

$$k_{nn}(k) = \sum_{k'} p(k' \mid k) \tag{1-12}$$

如果不存在度相关性，式(1-12)可以写为 $k_{nn}(k)=\dfrac{\langle k^2 \rangle}{\langle k \rangle}$，即 $k_{nn}(k)$ 独立于 k。相关联图分为两类：同类匹配图和非同类匹配图。如果 $k_{nn}(k)$ 是随着 k 上升的增函数，则称此类图是同类匹配，反之称之为非同类匹配。换句话说，同类匹配网络中点趋于连接和它们相关联的点，而非同类匹配网络中度数低的点更可能与度数高的点相连。度相关性通常作为 k 的函数的 $k_{nn}(k)$ 的斜率 v 的值量化，或者通过计算边的任意一顶点的度数的皮尔逊相关系数量化。

2）基于 Pearson 相关系数的度-度相关性

度相关性描述的是网络中不同节点之间的连接关系。如果度大的节点倾向于连接度大的节点，则称网络是正相关的；反之，如果度大的节点倾向于和度小的节点连接，则称网络是负相关的。西班牙的 Pastor-Satorras 等人[2-3]给出了度相关性一个简洁直观的刻画，即计算度为 k 的节点的邻居的平均度，其值为 k 的函数。对于正、负相关的网络，函数图形分别是 k 的递增、递减曲线；对于不相关的网络，函数值为常数。随后，Newman 进一步简化了度相关性的计算方法[4]，指出只需要计算顶点度的 Pearson 相关系数 $r(-1 \leqslant r \leqslant 1)$，就可以描述网络的度相关性。$r$ 的定义为

$$r = \frac{M^{-1}\sum\limits_{e_{ij}}k_i k_j - \left[M^{-1}\sum\limits_{e_{ij}}\frac{1}{2}(k_i+k_j)\right]^2}{M^{-1}\sum\limits_{e_{ij}}\frac{1}{2}(k_i^2+k_j^2) - \left[M^{-1}\sum\limits_{e_{ij}}\frac{1}{2}(k_i+k_j)\right]^2} \tag{1-13}$$

其中，k_i、k_j分别表示边e_{ij}的两个节点v_i、v_j的度；M表示网络的总边数。r的取值范围为$-1 \leqslant r \leqslant 1$，当$r > 0$时，网络是正相关的；当$r < 0$时，网络是负相关的；当$r = 0$时，网络是不相关的。一个非常有趣的现象是：许多社会网络（如人际关系网络）是正相关的，而生物网络、技术网络则是负相关的，一个较为特殊的例子是生物网络中只有脑功能网络是正相关的。到目前为止，对这个现象的解释还没有一个定论。

1.2 介数、路径、权重

1. 介数

在一些大型实际网络中，每个节点的地位是不同的。例如，在网络节点受损的过程中，某些节点如果受到损坏，会导致网络瘫痪。要衡量一个节点的重要性，其度值当然可以作为一个衡量指标，但又不尽然。例如，在社会网络中，有的节点的度虽然很小，但它可能是两个社团的中间联络人，如果去掉该节点，那么就会导致两个社团的联系中断，因此该节点在网络中起到极其重要的作用。对于这样的节点，需要定义另外一种衡量指标，这就引出网络的另一种重要的全局几何量——介数。它是衡量拓扑结构的一个重要指标。

介数分为节点介数和边介数，它是一个全局特征量，反映了节点或边在整个网络中的作用和影响力[5]。一个节点的介数衡量了通过网络中该节点的最短路径的数目。网络中不相邻的节点v_j和v_l之间的最短路径会途经某些节点，如果某个节点v_i被其他许多最短路径经过，则表示该节点在网络中很重要，其重要性或影响力可用节点的介数B_i表征，定义为

$$B_i = \sum_{j \neq l \neq i} \left[N_{jl}(i) / N_{jl} \right] \tag{1-14}$$

其中，N_{jl}表示节点v_j和v_l之间的最短路径条数；$N_{jl}(i)$表示节点v_j和v_l之间的最短路径路过节点v_i的条数。由此可见，v_i的介数就是网络中所有最短路径中经过该节点的数量的比例。

类似地，边的介数B_{ij}定义为网络中所有最短路径经过边e_{ij}的数量比例为

$$B_{ij} = \sum_{\substack{l \neq m \\ (l,m) \neq (i,j)}} \left[N_{lm}(e_{ij}) / N_{lm} \right] \tag{1-15}$$

其中，N_{lm}表示节点v_l和v_m之间的最短路径条数，$N_{lm}(e_{ij})$表示节点v_l和v_m之间的最短路径经过e_{ij}的条数。以图1-3所示的有向网络为例，节点v_0的介数计算如下：

$$B_0 = \sum_{j \in V_A, l \in V_B} \left[\frac{N_{jl}(0)}{N_{jl}} \right] = \sum_{j \in V_A, l \in V_B} 1 = (N_A - 1)(N_B - 1) = 25 \tag{1-16}$$

N_A和N_B分别表示集团A和集团B中节点的个数。类似地，边e_{12}的介数$B_{12} = 24$。

2. 路径

1) 路径的定义

路径是由顶点和相邻顶点序偶构成的边所形成的序列。顶点v_i到v_j之间的一条路径是指序列$v_{i1}, v_{i2}, v_{i3}, \cdots, v_{im}, v_{ij}$。路径上的边的数目称为路径长度，第一个顶点和最后

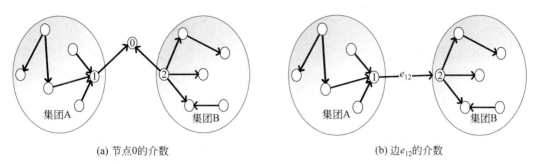

(a) 节点0的介数　　　　　　　　　　　　(b) 边e_{12}的介数

图 1-3　有向图的介数计算示例

一个顶点相同的路径称为回路或环。例如,图 1-4 中,v_1 到 v_6 的一条路径是2。

2)平均路径长度

由路径可以想到平均路径长度。定义网络中任何两个节点 v_i 和 v_j 之间的距离 d_{ij} 为从其中一个节点出发到达另一个节点所要经过的连边的最少数目。定义网络的直径(diameter)为网络中任意两个节点之间距离的最大值,即

$$D = \max_{i,j} d_{ij} \tag{1-17}$$

网络的平均路径长度 L 定义为任意两个节点之间的距离的平均值,即

$$L = \frac{1}{\frac{1}{2}N(N+1)} \sum_{i \geqslant j} d_{ij} \tag{1-18}$$

其中 N 为网络节点数,不考虑节点自身的距离。网络的平均路径长度 L 又称为特征路径长度(characteristic path length)。网络的平均路径长度 L 和直径 D 主要用来衡量网络的传输效率。例如,对于图 1-5 所示的包含 5 个节点和 5 条边的网络,有 $D=d_{45}=3$,$L=1.6$。在朋友关系网络中,L 是连接网络内两个人之间最短关系链中的朋友的平均个数。近期研究发现,尽管许多实际的复杂网络的节点数巨大,网络的平均路径长度却小得惊人。具体地说,一个网络称为是具有小世界效应的,如果对于固定的网络节点平均度 $\langle k \rangle$,平均路径长度 L 的增加速度至多与网络规模 N 的对数成正比。

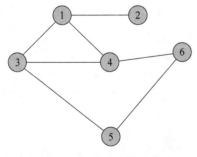

图 1-4　一个简单网络的路径

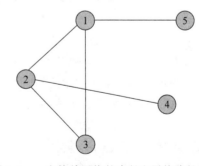

图 1-5　一个简单网络的直径和平均路径长度

所有节点对之间的最短距离最大的那对节点之间的距离就是网络的直径。平均路径长度和直径衡量的是网络的紧凑性和相互通信的效率与性能。平均路径长度越小,说明网络越集中紧凑,相互通信的效率越高。

3.权重

1) 权重的定义

生活中处处可见权重的使用,如期末考试成绩不是简单的每科成绩单独相加,而是用一个权重值将学位课与选修课区分开,甚至在综合测评的时候还有10%的平时表现成绩,40%的科研成绩,剩下的50%才是考试成绩;人们平时访问的网站也都是有权重的,即网站与网站在搜索引擎眼中的分级制"待遇"表现。还有一个想法是综合搜索引擎算法中所有有利因素带来的"数值效果"被搜索引擎所认可。可以变相理解为:同一文章标题,在各大网站上发出,此时对于搜索引擎来说,它不能直观地考虑要把哪个网站的这篇文章排在搜索的第一位或者是前几页。而此时网站权重这个指标就显现出来:网站中谁的权重高,搜索引擎就把谁放在搜索的第一位或者是前几条。权重是一个相对的概念,是针对某一指标而言,某一指标的权重是指该指标在整体评价中的相对重要程度。

事实上,网络中点与点之间相互作用的程度往往也有强弱之分。如果对网络中的每条边赋予一个权重值,形成一个加权网络,可以更好地刻画现实网络。例如,在科学协作网中,用两个作者之间合作的文章数表示边的权重;在国际机场网中,边的权重可以表示两个机场之间的客流量。

具体分析加权网络和赋予权重时,一个值得注意的问题是,根据权重意义和赋予方式的不同,权重又可以分为两大类:相异权(dissimilarity weight)和相似权(similarity weight)。通常我们研究最多的是与距离相对应的相异权,权重越大表示两个节点之间的距离越远,而相似权却恰恰相反,权重越大代表节点之间越紧密,距离越小,这种权重在社会关系网络中普遍存在。例如,在科学家合作网中,权重越大代表两个科学家之间的合作越频繁、越紧密。由于这两种权重的根本性质不同,导致相异权和相似权网络的基本统计量定义的不同,因此明确相似权和相异权对加权网络的研究很有必要。

相异权和相似权的差异直接影响网络最短路径长度的定义。考虑每条边关联的距离是加权网络分析的重要问题。对于相异权,权重和距离成正比,因此可以把边上的权重直接转化为两点之间的距离,假设(i,j)通过节点k相连,则i、j之间的距离$d_{ij}=w_{ik}+w_{kj}$,其中w为权重。对于相似权,权重和距离成反比,因此可以令$d_{ik}^s=1/w_{ik}$,顶点(i,j)的距离就要使用调和平均值$d_{ij}^s=w_{ik}w_{kj}/w_{ik}+w_{kj}$计算。

给连接赋予权重后,刻画系统性质就多了一个新的维度,同时也为调整和优化网络性质及功能提供了新的手段:除改变网络的拓扑结构,对加权网络,在给定拓扑结构的基础上,还可以通过调整权重分布或边-权对应关系影响网络性质,进而优化网络的功能。

2) 加权网络的静态特征

(1) 点权

与边权对应的一个概念是点权,也叫点强度(vertex strength),它是无权网络中节点度的自然推广。节点v_i的点权S_i定义为与它关联的边权之和

$$S_i = \sum_{j \in N_i} w_{ij} \tag{1-19}$$

其中,N_i表示节点v_i的邻点集合;w_{ij}表示连接节点v_i和节点v_j的连接边的权重。对于

无向加权网络，点权 S_i 还可以用邻接矩阵元素表示为

$$S_i = \sum_{j=1}^{N} a_{ij} w_{ij} = \sum_{j=1}^{N} a_{ji} w_{ji} \tag{1-20}$$

其中，a_{ij} 为邻接矩阵元素。对于有向加权网络来说，与入度和出度类似，可定义入权和出权。入权 S_i^{in} 为以节点 v_i 为终点的所有弧的边权之和，而出权 S_i^{out} 为以节点 v_i 为起点的所有弧的边权之和，即

$$S_i^{\text{in}} = \sum_{j=1}^{N} a_{ji} w_{ji}, \quad S_i^{\text{out}} = \sum_{j=1}^{N} a_{ij} w_{ij} \tag{1-21}$$

而点权满足：

$$S_i = S_i^{\text{in}} + S_i^{\text{out}} \tag{1-22}$$

至于权分布 $P(S)$，入权分布 $P_{\text{in}}(S)$ 和出权分布 $P_{\text{out}}(S)$ 可参考度分布、入度分布和出度分布的有关定义。

（2）单位权

单位权表示节点连接的平均权重，它定义为节点 v_i 的点权 S_i 与其节点度 k_i 的比值，即

$$u_i = S_i / k_i \tag{1-23}$$

对于有向加权网络来说，也可以分别定义单位入权和单位出权如下：

$$u_i^{\text{in}} = S_i^{\text{in}} / k_i^{\text{in}}, \quad u_i^{\text{out}} = S_i^{\text{out}} / k_i^{\text{out}} \tag{1-24}$$

单位权分布 $P(u)$、单位入权分布 $P_{\text{in}}(S)$ 和单位出权分布 $P_{\text{out}}(u)$ 可参考度分布、入度分布和出度分布的有关定义。

（3）权重分布的差异性

节点 v_i 的权重分布差异性 Y_i 表示与节点 v_i 相连的边权分布的离散程度，定义为

$$Y_i = \sum_{j \in N_i} (w_{ij} / S_i)^2 \tag{1-25}$$

对于无向加权网络，可以用邻接矩阵表示为

$$Y_i = \sum_{j=1}^{N} (a_{ij} w_{ij} / S_i)^2 = \sum_{j=1}^{N} (a_{ji} w_{ji} / S_i)^2 \tag{1-26}$$

拥有相同点权与单位权的两个节点相比，差异性越大，离散程度越大。容易理解差异性与度有如下关系：①如果与节点 v_i 关联的边的权重值差别不大，则 $Y_i \propto 1/k_i$；②如果权值相差较大，如只有一条边的权重起主要作用，则 $Y_i \approx 1$。

对于有向加权网络来说，也可以定义入权差异性和出权差异性，即

$$Y_i^{\text{in}} = \sum_{j=1}^{N} (a_{ji} w_{ji} / S_i^{\text{in}})^2, \quad Y_i^{\text{out}} = \sum_{j=1}^{N} (a_{ij} w_{ij} / S_i^{\text{out}})^2 \tag{1-27}$$

差异性分布 $P(Y)$、入权差异性分布 $P_{\text{in}}(Y)$ 和出权差异性分布 $P_{\text{out}}(Y)$，可参考度分布、入度分布和出度分布的有关定义。

对于加权网络，整个网络的信息可以用权重矩阵 $\boldsymbol{W}$ 描述，矩阵元素 $W_{ij} \geqslant 0$，对于权重为相异权的网络来说，$W_{ij}^{\text{dis}} \in (0, \infty)$，当 $W_{ij} = \infty$ 时，(i, j) 之间是不存在边的。对于相似权的网络，$W_{ij}^{\text{s}} \in [0, \infty)$，$W_{ij} = 0$ 时，(i, j) 之间没有相互关系，因此 (i, j) 不存在边相连。如果矩阵 $\boldsymbol{W}$ 中的边权重值都一样，这些边就没什么差别了，权重可以归一化为 1，此时

加权网络又回归到无权网,可以说无权网是加权网络的一个特例。此时可以沿用无权网络的邻接矩阵描述网络的链接。考虑权重后,网络的物理量和统计性质也会有相应的变化。

1.3　簇、模体、社团

1. 簇

网络的簇系数(clustering coefficient)是衡量网络集团化程度的重要参数,也是专门用来衡量网络中节点聚类的情况,它是一个局部特征量。在你的朋友关系随机网络中,你的两个朋友很可能彼此也是朋友,这种属性称为网络的聚集属性。一般地,假设随机网络中的一个节点有 k_i 条边与该节点相连,这 k_i 个节点就称为该节点的邻居。显然,在这 k_i 个节点之间最多可能有 $\dfrac{k_i(k_i-1)}{2}$ 条边。而这 k_i 个节点之间实际存在的边数 e_i 和总的可能的边数 $\dfrac{k_i(k_i-1)}{2}$ 之比就定义为节点 v_i 的簇系数 C_i,即

$$C_i = \frac{2e_i}{k_i(k_i-1)} \tag{1-28}$$

其中,k_i 表示节点 v_i 的度;e_i 表示节点 v_i 的邻居节点之间实际存在的边数。

如果随机图中的点和边比较少时,那么从几何特点上看,式(1-28)的一个近似定义为

$$C_i = \frac{\text{与点 } i \text{ 相连的三角形的数量}}{\text{与点 } i \text{ 相连的三元组的数量}} \tag{1-29}$$

其中,与节点 v_i 相连的三元组是指包括节点的 3 个节点,并且至少存在从节点 v_i 到其他两个节点的两条边。图 1-6 表示的是与节点 v_i 相连的三角形和与节点 v_i 相连的三元组。

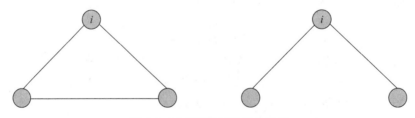

图 1-6　三角形与三元组的区别

整个随机网络的簇系数就是所有节点的簇系数的平均值,即

$$C = \frac{1}{n}\sum_i C_i \tag{1-30}$$

显然,$0 \leqslant C \leqslant 1$。当 $C=0$ 时,说明网络中的所有节点均为孤立节点,即没有任何连边。当 $C=1$ 时,说明网络中任意两个节点都直接相连,即网络是全局耦合网络。例如,对于一个含有 5 个节点和 5 条边的简单随机网络,如图 1-7 所示,每个个体顶点都有一个局部簇系数,分别是 $1,1,\dfrac{1}{6},0,0$;则平均簇系数为 $C=\dfrac{1}{5}\left(1+1+\dfrac{1}{6}\right)=\dfrac{13}{30}$。

簇系数即随机网络中三角形的密度。例如,社会网络中总存在熟人圈或朋友圈,其中每个成员都认识其他成员。聚集程度的意义是随机网络集团化的程度,这是一种随机网络的内聚倾向。这就意味着实际的随机网络并不是完全随机的,而是在某种程度上具有"物以类聚,人以群分"的特性。

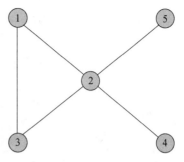

图 1-7　平均簇系数计算示例

许多真实网络具有较大的簇系数和较小的平均最短距离。这里,"较大的簇系数"表示真实网络的簇系数远远大于相同规模的随机网络的簇系数。"较小的平均最短距离"表示平均最短距离随网络规模的增加呈对数或者更小增长。

2. 模体

1) 模体(motifs)的概念

在现实情况下,许多复杂网络有共同全局结构特征,包括小世界特性和无标度特性。小世界特性是指网络中几乎任意两个节点都可以通过很短的路径联系起来且节点具有较高的群集性。无标度特性是指网络的节点度分布满足幂律分布,即 $P(k) \approx k^{-r}$,其中 r 为 1~3。然而,具有相似全局结构特性的网络却可能具有非常不同的局部结构特征,因此理解网络的局部结构特征非常重要。通常,局部结构特征会以一种模块化的方式反映在网络中且具有一定的功能性。Milo 等人[6]在研究大肠杆菌的基因转录水平调控网络时引入了网络"模体"的概念,认为模体是构建网络的基本砖块。他们给出的定义:模体是在网络中反复出现的相互作用的基本模式,这种模式在现实网络中出现的频率远远高于其在随机网络中出现的频率。实际上,模式就是网络中大量出现的具有相同结构的小规模子图,这种子图从局部层次刻画了网络内部相互连接的特定模式。Milo 等人在生物网络、神经网络、食物链和技术网络中找到了各种模体,开展了对复杂网络的结构设计原理的研究。

模体的概念最早由 Alon 和他的同事提出,他们研究生物和其他网络中的小 n 模体。图 G 的有效模体的研究是基于匹配算法,数一下原图和随机化以后图中 n 点子图 M 出现的次数。m 的统计显著是用 Z 分数描述的,定义为

$$Z_m = \frac{n_M - \langle n_M^{\text{rand}} \rangle}{\sigma_{n_M}^{\text{rand}}} \tag{1-31}$$

其中,n_M 是 G 中子图 M 出现的次数;$\langle n_M^{\text{rand}} \rangle$ 和 $\langle \sigma_{n_M}^{\text{rand}} \rangle$ 分别是在随机图中 M 出现次数的平均值和方差。

模体 M 是有向图或者无向图 G 中点的相互连接模式,出现频率比在随机图中明显要高。随机画图具有和原图形相同的点数、边数和度分布,但是边的分布是随机的。作为一种相互连接模式,M 通常意味着 G 的一个含 n 个顶点的连通(有向或者无向)子图。所有含 3 个点的有向连通子图的 13 类模体如图 1-8 所示。

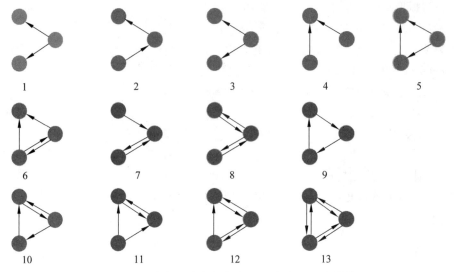

图 1-8　所有含 3 个点的有向连通子图的 13 类模体

2）模体的检测

模体的检测有两项重要的工作：一是要适当选择与实际网络做比较的随机化网络，用连线互换的方法将实际网络随机化，由此保持了实际网络的度序列不变，用 Metropolis Monte-Carlo 方法控制连线互换，可以保证随机化网络和实际网络在规模为 $n-1$ 的子图数量一致，在此基础上比较后得到重要的规模为 n 的子图；二是统计网络中规模为 n 的子图的数量，统计对象包括实际网络和随机化网络，运用了完全列举的方法。

判断实际网络中的一个子图 G 是否为模体有 3 条标准[7-8]：

（1）该子图在随机化网络中的数量大于它在实际网络中的数量的事件的概率很小，通常要求这个概率小于某个阈值 p，如 $p=0.01$。

（2）该子图在实际网络中的数量显著不小于某个下限 U，如 $U=4$。

（3）该子图在实际网络中的数量显著大于它在随机网络中的数量，一般要求 $N_{real}-N_{rand}>0.1N_{rand}$。

Milo 等人[7]做了大量的模体实证研究后发现，同属基因调控网络的 E. coli 网络和 S. cerevisiae 网络涌现出了两种相同的模体：一个三节点模体称为"前馈环"（Feed Forward Loop，FFL）；一个四节点模体称为"双扇"（Bi-fan）（图 1-9），同种网络具有相同的模体是容易理解的，然而神经元网络 C. elegans 也具有上述两种模体。文献[7]指出，不同类型的网络涌现出相同的模体可能是由相似的网络结构设计原理造成的，两种网络都具有信息处理功能，需要从信号感应元传递信息到影响元，例如前馈环模体具有过滤短暂信号的功能，能协助系统只对持续的信号做出反应；相反，食物链和万维网都具有各自独立的模体，这意味着模体的差异化可以为复杂网络进行广义上的分类，形成网络超家族[9]。

模体的研究具有重要的意义。模体不仅能够为复杂网络进行广义分类，还能帮助我们洞察模体内部的动力学行为，从而认识整个网络。

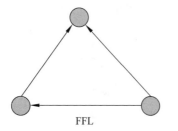
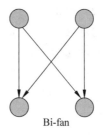

图 1-9　前馈环和双扇模体

3.社团

1）复杂网络社团的结构定义

当下正是复杂网络社团结构研究领域蓬勃发展的阶段,这种思想已经逐渐渗透到科学和社会生活的各个角落。人们对复杂网络性质的实际意义和数学特性不停地深入研究。长期的研究发现许多真实的网络结构都具有社区结构。换句话说,网络结构是由若干个群(group)或团(cluster)构成的[10]。社团内的节点与节点之间的连接相对紧密,而社团之间的连边则相对更稀疏[11]。其实,在现在的研究领域中,定义中所说的"稀疏"或"稠密"并没有明确的数值化的判定规则,因此,在寻找网络结构中的社团的方法流程中,不方便使用定量的式子判断。一般来讲,有强社团和弱社团两种定义。强社团是指子图 G 中的任一顶点与子图内部顶点连接的度数之和大于它与子图外部顶点连接的度数之和。弱社团是指子图 G 中的全部顶点与子图内部顶点的度数之和大于子图中所有顶点与子图外部顶点连接的度数的总和。如图 1-10 所示,图中表示的网络涵盖了 3 个社团结构,分别对应图中 3 个大圆圈所包围的节点。可以看出,这些社团内部的节点联系相当紧密,而社团之间的节点联系就稀疏很多。

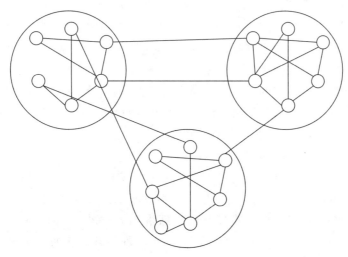

图 1-10　社团定义为点的群,群内部连接紧密,外部稀疏,大圆圈表示 3 个社团

尽管大量的研究工作者提供了较多的社团挖掘算法,但是社团结构仍然没有拥有统一的规范严谨的定义,最常见的定义有两种:一种是基于网络节点的相对连接频数;另一种是以网络连通性作为评判标准。

(1)基于网络节点的相对连接频数。

根据节点的相对频数将网络中的节点划分为不同的社团时,网络呈现出社团内连接稠密而社团间连接稀疏的特点。这种情况下社团可以看成是若干群,群内的点连接紧密,群之间的点连接稀疏。一般来讲,有强社团和弱社团两种定义:强社团是指子图 G 中任何一个节点与 G 内部节点连接的度大于其他与 G 外部节点连接的强度;弱社团是指子图 G 中所有节点与 G 内部节点的度之和大于 G 中所有节点和外部节点连接的度之和。

(2)以网络连通性作为评判标准。

条件最强的定义要求所有社团成员对之间都相连,这就引出派系的概念。它是以连通性为标准定义的社团[12-13]。一个派系是指由 3 个或者 3 个以上的节点组成的全连通子图,即任何节点之间均有连接。派系是至少 3 个点的最大完全子图,即图中点的子集满足:子集内的所有点两两相邻且再没有其他点与子集内的所有点相邻,这样的子集就构成了一个派系。将条件"相邻"削弱为"可达",此定义可以扩展为 n-派系。n-派系是一个最大子图,其中任何两点之间的最短路径长度的最大值都小于或等于 n。当 $n=1$ 时,此定义与原定义相符。2-派系是所有点不必相邻但是必须通过至多一个中点可达的子图。3-派系要求所有点通过至多 2 个中间点可达,以此类推。然而,n-派系的概念使得允许路径长度增加,其中一种是通过弱化连接条件进行拓展的,一个派系并不需要任何节点之间均有连接,它将与派系连接的其他顶点数量减少即可。例如,k-派系是包含 k 个节点的最大连通子图,其中其他节点与子图中至少包含 $n-k$ 个点相邻即可形成社团结构。k-丛是包含 n 个点的最大子图,其中每个点与子图中的至少 $n-k$ 个点相邻。

通常,社团结构内可以包含如模块、类、群和组等相关含义的结构。举例来说,万维网的组成元素可以看作是由大量网站构成的社团,并且可以预测,同一个社团内部的网站基本是讨论共同兴趣或类型话题的。类比到生物网络和电路网络中,也能将不同的节点根据其不同的性质划分到不同的社团里。寻找到真实网络中的潜在的社团结构组织可以极大程度上帮助分析网络结构与网络特性。复杂网络的社区结构分析广泛地应用于社会发展的各个学科,极大地推动了各个学科的发展。

2)复杂网络社团的评价标准

由于当下研究领域的社团结构定义的不统一、不完善,并且社团结构挖掘算法多种多样,所以用不同的算法对同一网络进行社团挖掘可能得到不同的结果,因此需要一个衡量指标评估社团划分的质量。因为社团结构在网络中是未知的,并没有完全准确的、客观的、正确的划分结果,但是不同的算法也需要一个标准衡量算法的效果和优劣。目前,普遍被认同的评价方法有如下几种:其一是使用已经被社会学研究证实过的特定网络,如拳击俱乐部网络、海豚网络等,这类网络的共同点是,划分结果已知并且已经得到广泛的社会科学研究的证实,可以作为衡量标准,其缺点是网络规模往往比较小,并且社会学研究也不完全可靠;其二是研究领域普遍认可的一个衡量标准:Newman 和 Girvan 在 2004 年[14]提出了一个评价网络分类好坏的准则,即模块度函数,此模块度函数的基本思路是假定随机生成的网络不存在社团结构,给定一个网络节点数是恒定的,在维持网络中所有节点的社团属性不变的情况下,再根据每个节点的度对节点随机重新连接,这样可以得到一个没有社团结构的随机生成的网络。如果该网络的一个子网络的内部节点连接的总边数比对应的随机网络中子网络内部节点连接的总边数的期望值高,则表示此子网络结构是一个社团。"期望"指的是原始网络中的边经过随机生成的全部随机网络中,与开始的子网络对应的随机网络的边数均值。如果一个网络中社团结构特征越明显,社团内部的节点之间的连边紧密程度与随机网络中对应的节点连接情况的差异就越大。所以,可以将模块度 Q 作为衡量网络中社团结构强或弱的一个标准。

习　题　1

1. 根据上述知识,计算图 1-11 所示网络的一些特性。

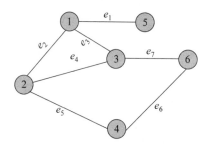

图 1-11　一个简单的无向网络

(1) 度分布以及平均度。

(2) 求该网络的直径以及网络的平均路径长度。

(3) 分别求各节点和各连接边的介数。

2. 根据前面的知识,计算图 1-12 中简单网络的直径、平均距离和各节点的集聚系数(簇系数)以及网络的集聚系数。

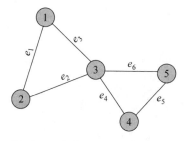

图 1-12　含有 5 个节点的简单图

3. 写出图 1-13 对应的邻接矩阵以及起点和终点均为节点 1 的路径并计算出路径的长度。

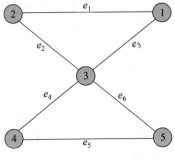

图 1-13 一个简单的无向图

复杂网络模型

2.1 规 则 网 络

规则网络是最简单的网络模型,即系统各元素之间的关系可以用一些规则的结构表示。也就是说,网络中任意两个节点之间的联系都遵循既定的规则,通常每个节点的近邻数目都相同。规则网络的研究已经建立了比较完善的理论框架。常见的具有规则拓扑结构的网络包括完全图、星状图、邻近节点连接图和树等。其中完全图也称全局耦合网络,星状图也称星形耦合网络,邻近节点连接图也称最近邻耦合网络。除了星状网络和树,规则网络的普遍特点是具有平移对称性,每个节点的度和集聚系数相同。由于大多数规则网络表现出较大的平均距离长度和集聚系数,因此无法反映现实中结构的异质性及动态增长性。下面分别介绍几种典型规则网络的概念和特征。

2.1.1 全局耦合网络

1. 定义

全局耦合网络(globally coupled network)是指任意两个节点之间都有边相邻的网络,也称完全图[15-19]。对于无向网络来说,节点数为 N 的全局耦合网络拥有 $N(N-1)/2$ 条边,如图 2-1 所示。对于有向图网络来说,节点数为 N 的全局耦合网络拥有 $N(N-1)$ 条弧。

2. 特性

全局耦合网络的所有节点都具有相同的连接关系,故各节点的度均为 $N-1$,因此度分布为单尖峰,可以表示为如下的 Delta 函数。

图 2-1 全局耦合网络

$$P(k) = \delta(k - N + 1) \tag{2-1}$$

由于每个节点均和其他所有节点相连,因此每个节点 v_i 的集聚系数均为 C_i,故整个网络的集聚系数为

$$C = 1 \tag{2-2}$$

而从任意一个节点到另外一个节点的最短路径长度都为 1,故整个网络的平均距离为

$$L = 1 \tag{2-3}$$

由此可见,在具有相同节点数的所有网络中,全局耦合网络具有最小的平均距离和最大的集聚系数。虽然全局耦合网络模型反映了许多实际网络具有的高集聚系数和小世界性质,但该模型作为实际网络模型的局限性也是很明显的[15-19]:全局耦合网络是最稠密的网络,然而大多数大型实际网络都很稀疏,它们的边的数目一般至多是 $O(N)$,而不是 $O(N^2)$。

2.1.2 最近邻耦合网络

1. 定义

对于拥有 N 节点的网络来讲,通常将每个节点只与它最近的 K 个邻节点连接的网络称为最近邻耦合网络(nearest-neighbor coupled network),其中 K 小于或等于 $N-1$ 的整数。若每个节点只与最近的两个邻节点相连,这样所有节点相连就构成了一维链或环,如图 2-2(a)所示。图 2-2(b)所示的二维晶格也是一种最近邻耦合网络。一般情况下,一个具有周期边界条件的最近邻耦合网络包含 N 个围成一个环的节点,其中每个节点都与它左右各 $K/2$ 个邻节点相连,其中 K 是一个偶数[15-19],如图 2-2(c)所示。

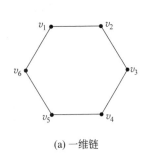
(a) 一维链

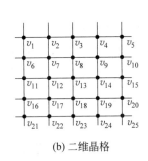
(b) 二维晶格

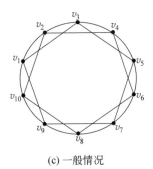
(c) 一般情况

图 2-2 最近邻耦合网络

2. 特性

最近邻耦合网络的每个节点都和近邻的 K 个节点相连,所以每个节点 v_i 的度均为 K,因此度分布为单尖峰,可以表示为如下的 Delta 函数:

$$P(k) = \delta(k - K) \tag{2-4}$$

根据图 2-2(b)容易证明,最近邻耦合网络的平均集聚系数是每个节点的集聚系数。

$$C = C_i = 3(K-2)/[4(K-1)] \tag{2-5}$$

对于较大的 K 值,容易得到 $C \approx 0.75$。由此可见,最近邻耦合网的聚集程度还是很高的,然而最近邻耦合网络不是小世界网络[17-19],因为对固定 K 值,该网络的直径 D 和平均距离 L 分别为

$$D = \frac{N}{K} \tag{2-6}$$

$$L \approx \frac{N}{2K} \tag{2-7}$$

当 $N \to \infty, L \to \infty$ 时,可以从一个侧面帮助解释为什么在这样一个局部耦合的网络中很难实现需要全局协调的动态过程[6,17]。

2.1.3 星形耦合网络

1. 定义

另一种常见的规则网络是星形耦合网络(star coupled network),它有一个中心点,其余 $N-1$ 个点都只与这个中心点连接[15-19],而彼此之间不连接,如图 2-3 所示。

2. 特性

根据星形耦合网络的定义知道,中心节点的度为 $N-1$,而其他节点的度均为 1,所以星形耦合网络的度分布可以描述为如下函数。

图 2-3　星形耦合网络

$$P(k) = \left(\frac{N-1}{N}\right)\delta(k-1) + \left(\frac{1}{N}\right)\delta(k-N+1) \tag{2-8}$$

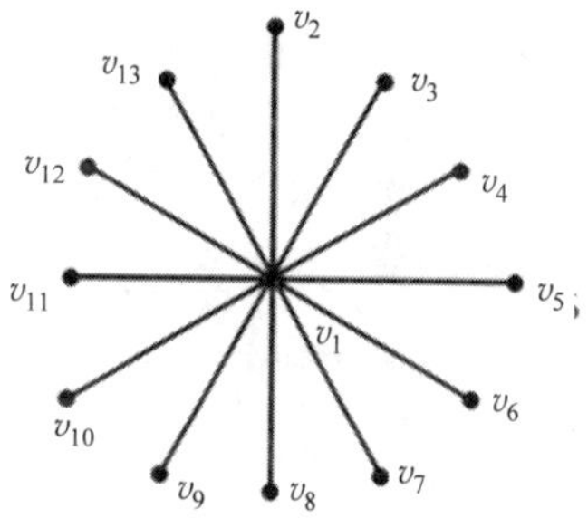

根据图 2-3,容易证明星形耦合网络的平均距离为

$$L = 2 - \frac{2}{N} \tag{2-9}$$

当 $N \to \infty, L \to 2$,假定定义一个节点只有一个邻居节点时,其集聚系数为 1,中心节点的集聚系数为 0,而其余 $N-1$ 个节点的集聚系数均为 1,所以整个网络的平均集聚系数为

$$C = \frac{N-1}{N} \tag{2-10}$$

当 $N \to \infty, C \to 1$ 时,星形耦合网络是比较特殊的一类网络,它具有稀疏性、集聚性和小世界特性[15-18]。

2.2　随　机　网　络

从某种意义上说,规则网络(regular network)和随机网络(random network)是两个极端,而复杂网络(complex network)处于两者之间。简单地说,网络是节点与连线的集合。如果节点按照确定的规则连线,得到的网络称为规则网络。如果节点不按照确定的规则连线,如是按照随机方式连线,得到的网络称为随机网络。如果节点按照某种自组织原则方式连接,将演化成各种不同的网络,称为复杂网络。早期的网络研究主要集中在小规模的规则网络上。20 世纪 50 年代末,为了描述通信和生命科学中的网络,匈牙利数学家 Erdös 和 Rényi 首次将随机性引入网络中,提出了著名的随机网络模型,简称 ER 模型[20]。该模型描述了从多个随机分布的点,通过相同概率随机相连,而形成网络的过程。该方法及相关定理的提出促进图论的复兴,数学界也因此出现了研究随机网络的新领域。

由于具有复杂拓扑结构和未知组织规则的大规模网络通常表现出随机性,所以 ER 随机网络模型常常被用于复杂网络研究中。从此以后,网络研究开始倾向于统计和解析分析。在 ER 图的基础上,许多学者提出了不同概率的随机连接思想实现扩展的 ER 模型。ER 模型以简单和随机连接的思想在很长时间内被许多人接纳,从 20 世纪 60 年代开始到 1998 年之前的将近 40 年时间里,ER 随机网络模型一直是复杂网络研究的基本模型。然而,真实复杂网络并非是完全随机的,因此随机网络的缺陷显而易见。本节首先介绍随机网络模型的概念,然后介绍随机网络的各种特性。

2.2.1 随机网络模型

随机网络的构成有两种等价方法[17]:①ER 模型,给定 N 个节点,最多可以存在 $N(N-1)/2$ 条边,从这些边中随机选择 M 条边就可以得到一个随机网络,显然一共可产生 $C_{N(N-1)/2}^{M}$ 种可能的随机图,且每种可能的概率相同;②二项式模型,给定 N 个节点,每一对节点以概率 p 进行连接。这样,所有连线的数目是一个随机变量,其平均值为 $M = pN(N-1)/2$。若 G_0 是一个节点为 $v_1, v_2, \cdots, v_N$ 和 M 条边组成的图,则得到该图的概率为 $p(G_0) = p^M (1-p)^{\frac{N(N-1)}{2}-M}$ 其中 p^M 是 M 条边同时存在的概率,$(1-p)^{\frac{N(N-1)}{2}-M}$ 是其他边都不存在的概率,二者是独立事件,故二概率相乘即得图 G_0 存在的概率。

ER 模型的一个伟大发现是:当连接概率 p 超过某个临界概率 $p_c(N)$,许多性质就会突然涌现。例如,针对随机图的连通性,若 p 大于临界值 $(\ln N)/N$,那么几乎每一个随机图都是连通的。

若当 $N \to \infty$ 时,连接概率 $p = p(N)$ 的增长比 $p_c(N)$ 慢,几乎所有连接概率为 $p(N)$ 的随机图都不会有性质 Q。相反,若连接概率 $p(N)$ 的增长比 $p_c(N)$ 快,则几乎每一个随机图都有性质 Q。因此,一个有 N 个节点和连接概率 $p = p(N)$ 的随机图有性质 Q 的概率满足:

$$\lim_{N \to \infty} P_{N,P}(Q) = \begin{cases} 0, & \dfrac{p(N)}{p_c(N)} \to 0 \\ 1, & \dfrac{p(N)}{p_c(N)} \to \infty \end{cases} \tag{2-11}$$

2.2.2 随机网络的度分布

在连接概率为 p 的 ER 随机图中,可知其平均度为[21,15-19]:

$$\langle k \rangle = p(N-1)pN \tag{2-12}$$

而某节点 v_i 的度 k_i 等于 k 的概率遵循参数为 $N-1$ 和 p 的二项式分布[17,20-24,29]。

$$P(k_i = k) = C_{N-1}^{k} p^k (1-p)^{N-1-k} \tag{2-13}$$

值得注意的是,若 v_i 和 v_j 是不同的节点,则 $p(k_i = k)$ 和 $p(k_j = k)$ 是两个独立的变量。为了找到随机图的度分布,需得到度为 k 的节点数 X_k。为此需要得到 X_k 等于某个值的概率 $p(X_k = r)$。连接度为 k 的平均节点数为

$$\lambda_k = E(X_k) = NP(k_i = k) \tag{2-14}$$

即 $\lambda_k = N C_{N-1}^{k} pk (1-p)^{N-1-k}$。

X_k 值的概率接近如下泊松分布：

$$P(X_k = r) = \frac{e^{-\lambda_k} \lambda_k^r}{r\,!}$$

(2-15)

这样，度 k 的节点数目 X_k 满足均值为 λ_k 的泊松分布。式(2-15)意味着 X_k 的实际值和近似结果 $X_k = N \cdot P(k_i = k)$ 并没有很大偏离，只是要求节点相互独立。这样，随机图的度分布可近似为二项式分布：

$$P(k) = C_{N-1}^k p^k (1-p)^{N-1-k}$$

(2-16)

在 N 比较大的条件下被泊松分布取代[1-8]。

$$P(k) = \frac{e^{pN} (pN)^k}{k\,!} = \frac{e^{-\langle k \rangle} \langle k \rangle^k}{k\,!}$$

(2-17)

由于随机网络中节点之间的连接是等概率的，因此大多数节点的度都在均值 $\langle k \rangle$ 附近，网络中没有度特别大的节点。

对于大范围内的 p 值，最大和最小的度值都是确定的和有限的。例如，若 $p(N) \propto N^{-1-\frac{1}{k}}$，几乎没有图有度大于 p 的节点。另外一个极值情况是，若 $p = [\ln N + k \ln \ln N + c]/N$，几乎每个随机图都至少有最小的度 k。图 2-4 给出 $N = 1000$，$p = 0.001\,5$ 时随机网络的度分布，其中图中的点代表 X_k/N (度分布)，而连续曲线代表期望值 $\frac{E(X_k)}{N} = p(k_i = k)$，可以发现两者偏离确实很小。

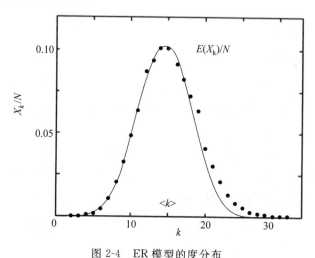

图 2-4　ER 模型的度分布

2.2.3　随机网络的直径和平均距离

对于大多数的 p 值，几乎所有的图都有同样的直径。这就意味着，连接概率为 p 的 N 阶随机图的直径的变化幅度非常小，通常集中在[17]

$$D = \frac{\ln N}{\ln \langle k \rangle} = \ln N / \ln(pN)$$

(2-18)

一些重要的性质：若 $\langle k \rangle$ 小于 1，则图由孤立树组成，且其直径等于树的直径；若 $\langle k \rangle$ 大于 1，则图中会出现连通子图；当 $\langle k \rangle$ 大于或等于 3.5 时，图的直径等于最大连通子图的直径

且正比于 $\ln N$；若 $\langle k \rangle$ 大于或等于 $\ln N$，则几乎所有图都是完全连通的，其直径集中在 $\ln N / \ln(pN)$ 左右。随机网络的平均最短距离可以进行如下估计：考虑随机网络的平均度 $\langle k \rangle$，对于任意一个节点，其一阶邻接点的数目都为 $\langle k \rangle$，二阶邻接点的数目都为 $\langle k \rangle^2$。也就是说，在 ER 随机图中随机选择一个节点 v_i，网络中大约有 $\langle k \rangle^{L_{rand}}$ 个节点与节点 v_i 的距离为 L_{rand}。以此类推，当 l 步后达到网络的总节点数目 N，则有 $N = \langle k \rangle^l$，故[15-20]

$$L_{rand} \propto \ln N / \ln\langle k \rangle \tag{2-19}$$

可以看出，随机网络的平均最短距离随网络规模的增加呈对数增长，这是典型的小世界效应。因为 $\ln N$ 随 N 增长得很慢，所以即使是一个很大规模的网络，它的平均距离也很小。

2.2.4 随机网络的集聚系数

由于随机网络中任何两个节点之间的连接都是等概率的，因此对于某个节点 v_i，其邻居节点之间的连接概率也是 p，所以随机网络的集聚系数为[15-21]

$$C_{rand} \approx p = \frac{\langle k \rangle}{N} \tag{2-20}$$

然而，真实网络并不遵循随机图的规律，相反，其集聚系数并不依赖于 N，而是依赖于节点的邻居数目。通常，在具有相同的节点数和相同的平均度的情况下，ER 模型的集聚系数 C_{rand} 比真实复杂网络的要小得多。这意味着大规模的稀疏 ER 随机图一般没有集聚特性，而真实网络一般都具有明显的集聚特性。规则网络的普遍特征是集聚系数大且平均距离长，而随机网络的特征是集聚系数小且平均距离短。

2.2.5 随机网络的特征谱

考查连接概率 $p(N) = cN^{-z}$ 的随机网络 G_N，p 的特征谱，该网络的平均度为 $\langle k \rangle = N_p = cN^{1-z}$。当连接概率中的参数变化时，随机网络的特征谱会发生逾渗转变或者尖锐的相变，具体表现如下所述。

当 $0 \leqslant z < 1$，图 G_N，p 中将出现无限聚类体，并且当 $N \to \infty$，$\langle k \rangle \to \infty$，任何节点都是几乎完全属于无限的聚类体。在这种情况下，随机图的频谱密度发散到如下半圆形分布[17,23]，如图 2-5 所示。图中，p 值固定为 0.05。

$$p(\lambda) = \begin{cases} \dfrac{\sqrt{4N_p(1-p) - \lambda^2}}{2\pi N_p(1-p)}, & |\lambda| < 2\sqrt{N_p(1-p)} \\ 0, & \text{其他} \end{cases} \tag{2-21}$$

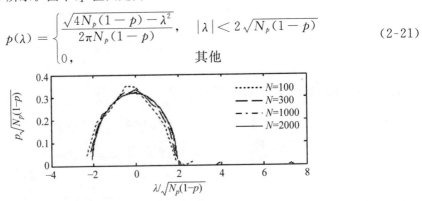

图 2-5 ER 网络谱密度（50 次运行的平均曲线）

由图 2-5 可见,最大的特征值 λ_1 是和频谱孤立的,并且随着网络大小衰减为 pN。

当 $z>1$ 时(N 取 3000),$p(\lambda)$ 偏离半圆形分布,如图 2-6 中的点画线所示,而且当 $N\to\infty$ 时,$\langle k\rangle\to 0$,此时 $p(\lambda)$ 的奇数阶矩等于 0,这意味着要回到原节点的路径只能是沿来时经过的相同节点返回,这正好表明网络具有树状结构。当 $z=1$ 且 $N\to\infty$ 时,节点的平均度数 $\langle k\rangle=c$。此时,若 $c\leq 1$,网络基本上仍为树状结构;若 $c>1$,谱密度的奇数阶矩远远大于 0,说明网络的结构发生了显著的变化,出现了环和分支(集团)。$z=1$,$N=3000$ 时的谱密度如图 2-6 所示。

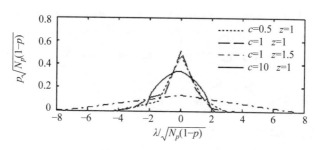

图 2-6　ER 网络谱密度

2.3　无标度网络

在过去 40 年里,科学家习惯将所有复杂网络看作随机网络[21]。因此,在 1998 年,当美国圣母大学的物理学教授 Barabási 与 Albert 合作开展 WWW 研究项目时,他们本以为会发现一个随机网络。因为他们觉得人们会根据自己的兴趣决定将网络文件连接到哪些网站,而个人兴趣是多种多样的,可选择的网页数目也极其庞大,因而最终的连接模式将呈现出相当随机的结果。然而,实测结果却推翻了这种预测。在这个项目中,他们设计出一个软件,可从一个网页跳转到另一个,尽可能地收集网上所有的链接。虽然这个探索仅是整个 WWW 的极小一部分,但它组合出来的图景却揭示了令人惊异的事实:基本上,WWW 是由少数高链接性的页面串联起来的,80% 以上页面的链接数不到 4 个。然而,只占节点数不到万分之一的极少数节点却有 1000 个以上的链接。紧接着,研究者从不同的领域发现,很多网络(包括 Internet、WWW 以及新陈代谢网络)等都不同程度地拥有这样共同的重要特性:大部分节点只有少数几个链接,而某些节点却拥有与其他节点的大量链接,表现在度分布上就是具有幂律形式,即 $p(k)\sim k^{-\lambda}$。这些具有大量链接的节点称为"集散节点",所具有的链接可能高达数百、数千,甚至数百万。由于包含这种重要节点的这类网络的节点的度没有明显的特征长度,故称为无标度网络(scale-free network)。

无标度网络的发现引起网络研究者的极大兴趣,人们开始思考导致这种宏观性质的微观机制是什么。无标度网络的幂律型度分布使这类网络在小世界特征的基础上又具有了许多新的性质,如不存在传染病传播的临界阈值等。对网络鲁棒性的研究结果表明,随机失效基本上不会影响无标度网络的连通性,但在有目的的最大度策略下,很小比例的节点移除就会对网络的连通性造成根本性的影响,这与现实世界中许多复杂系统的表现完全类似。下面先介绍无标度网络的各种模型,然后介绍无标度网络的各种特性。

2.3.1 Price 模型

Price 主要对论文间的引用关系网络及其入度进行了研究,其思想是:一篇论文被引用的比率与它已经被引用的次数成比例。从定性角度看,某篇文章被引用的次数越多,你碰到该论文的概率越大。于是,Price 和 Simon 提出了一个简单的假设:"论文的引用概率与它以前的引用数量之间存在严格的线性关系"。考虑一个包含 N 个节点的有向图构成的论文引用关系网络,假定 $p(k)$ 是节点中入度为 k 的节点所占比例。新的节点不断地加入网络中,每个新加入的节点都有一定的出度,该出度在节点一经产生后便保持不变,平均出度为

$$m = \sum_k kP(k) \tag{2-22}$$

在网络不断增长的过程中,新边连接到旧节点的概率与旧节点的入度成比例。然而,因每个节点开始时入度均为 0,这便使得该节点获取新边的概率为 0。为了解决这一问题,新边连接到节点的概率与 $k+k_0$ 成比例,其中 $k_0=1$,即认为论文首次出版时的引用次数为 1(自己引用自己)。一条新边连接到任何度为 k 的节点的概率为

$$\frac{P(k)(k+1)}{\sum_k P(k)(k+1)} = \frac{P(k)(K+1)}{m+1} \tag{2-23}$$

其度分布为

$$P(k) \sim k^{-(2+1/m)} \tag{2-24}$$

2.3.2 BA 模型

Barabási 和 Albert 指出现实中的网络有两个方面在以前的网络模型中未包含进去。首先,没有考虑现实网络的增长特性(网络的规模是不断扩大的)。在 ER、WS 和 NW 模型中,均假设网络从固定的节点数 N 开始,然后随机连接(ER 模型)或者重连(WS 模型)或者加边(NW 模型),没有修改节点数 N。相比而言,大部分现实网络是开放的,即它们由不断加进系统中的新节点组成,因此节点数目 N 的增长伴随网络的终生。其次,没有考虑现实网络的优先连接特征(新的节点更倾向于与那些具有较高度的"大"节点连接)。随机网络模型假设两个节点被连接的概率是随机的或统一的。相比之下,大部分现实网络展现出择优连接的性质。这种现象也称为"富者更富"或"马太效应"。

Barabási 等人证明了在这两个基本假定的基础上,网络必然最终发展成无标度网络[16],即 BA 网络模型。

基于网络的增长和优先连接特征,BA 无标度网络模型的构造算法如下[15-19,21-22,24-29]。

① 增长:从一个具有 m_0 个节点的网络开始,每次引入一个新的节点,与 m 个已存在的节点相连,这里 $m \leqslant m_0$。

② 优先连接:一个新节点与一个已经存在的节点 v_i 相连接的概率 Π_i 与节点 v_i 的度 k_i 成正比,经过 t 步后,这种算法产生一个有 $N = t + m_0$ 个节点、m_t 条边的网络。图 2-7

举例说明了当 $m=m_0=2$ 时,初始网络为孤立节点的 BA 网络的演化过程。初始网络有两个节点,每次新增加的一个节点按优先连接机制与网络中已经存在的两个节点相连。

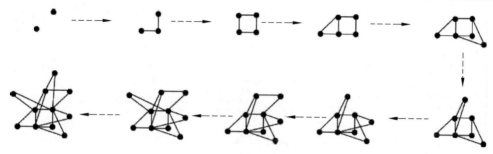

图 2-7　BA 无标度网络的演化实例

根据增长性和择优选择,网络将最终演化成一个标度不变的状态,即网络的度分布不随时间而改变(同样也就是不随网络节点数 N 而改变),经计算得到度值为 k 的节点的概率正比于幂次项 $k-3$。下面对该结论做适当的证明。

在 BA 模型中,从网络中某一节点 v_i 的度值 k_i 随时间变化的角度出发,假设其度值连续,则有如下方程:

$$\frac{\partial k_i}{\partial t} = m \prod_i = m \frac{k_i}{\sum_j k_j} \tag{2-25}$$

由于每一时间步,我们加入 m 条边,即网络总度值增加 $2m$,于是第 t 步的总度值为

$$\sum_j k_j = 2mt \tag{2-26}$$

将式(2-26)代入式(2-25),可以得到

$$\frac{\partial k_i}{\partial t} = \frac{k_i}{2t} \tag{2-27}$$

解方程得:

$$\ln k_i(t) = C + \ln t^{\frac{1}{2}} \tag{2-28}$$

由初始条件,节点 v_i 在时刻 t_i 以 $k_i(t_i)=m$ 加入系统中,可以得到

$$C = \ln \frac{m}{t_i^{\frac{1}{2}}} \tag{2-29}$$

因此,将式(2-29)代入式(2-28)可得

$$k_i(t) = m \left(\frac{t}{t_i} \right)^{\frac{1}{2}} \tag{2-30}$$

由式(2-30)可以得到节点连接度 $k_i(t)$ 小于某定值 k 的概率为

$$P(k_i(t) < k) = P\left(t_i > \frac{m^2 t}{k^2} \right) \tag{2-31}$$

假设等时间间隔地向网络中增加节点,则 t_i 值就有一个常数概率密度:

$$P_i(t_i) = \frac{1}{m_0 + t} \tag{2-32}$$

由式(2-31)和式(2-32)得

$$P\left(t_i > \frac{m^2 t}{k^2}\right) = 1 - P\left(t_i \leqslant \frac{m^2 t}{k^2}\right) = 1 - \sum_{t_i=1}^{\frac{m^2 t}{k^2}} p(t_i)$$

$$= 1 - \frac{m^2 t}{k^2(m_0 + t)} \tag{2-33}$$

所以度值的分布 $P(k)$ 为

$$P(k) = \frac{\partial P\left(t_i > \frac{m^2 t}{k^2}\right)}{\partial k} = \frac{2m^2 t}{m_0 + t} \frac{1}{k^3} \tag{2-34}$$

当 $t \to \infty$ 时，$P(k) = 2m^2 k^{-3}$，完全符合幂律分布。

2.3.3 BA 无标度网络的度分布和度相关

1. 度分布

对 BA 无标度网络的度分布的理论研究主要有 3 种方法：连续场理论（前面已介绍）、主方程法和速率方程法[15-18,21-22,26-28]。

① 主方程法

$$P(k) = \frac{2m(m+1)}{k(k+1)(k+2)} \propto 2m^2 k^{-3} \tag{2-35}$$

② 速率方程法

$$P(k) = \frac{2m(m+1)}{k(k+1)(k+2)} \propto 2m^2 k^{-3} \tag{2-36}$$

主方程法和速率方程法是等价的，而在渐进极限下，也和连续场理论得到的结果一致。因此，在计算度分布标度行为时，它们可以相互转化。

BA 模型标度 $\gamma = -3$ 与 m 无关。度分布渐进地与时间无关，进而也与系统尺度 $N = m_0 + t$ 无关。这就意味着，尽管网络在不断增长，最后都能达到一个稳定的无标度状态，而且幂律分布的系数与 m^2 成正比。

2. 度相关

考虑有边连接的所有度值为 k 和 l 的节点对，不失一般性，设度值为 k 的节点是新近加入系统的节点。为了简化起见，令 $m = 1$，用符号 $N_{kl}(t)$ 表示 t 时刻连接度为 k 的和度为 l 的节点对的数量，则

$$\frac{\mathrm{d}N_{kl}}{\mathrm{d}t} = \frac{(k-1)N_{k-1,l}(t)}{\sum_k kN(k)} + \frac{(l-1)N_{k,l-1}(t) - lN_{k,l}(t)}{\sum_k kN(k)} + (l-1)N_{l-1}\delta_{kl} \tag{2-37}$$

右边第一项表示由于增添了一条边到度为 $k-1$ 或度为 k 的节点，并把它连接到度值为 l 的节点，在 N_{kl} 中产生的变化。由于增添的新边使节点的度数加 1，分子中的第一项对应 N_{kl} 的增加，而第二项对应损失。右边第二项用于其他节点，与第一项有相同的效果。最后一项为 $k = l$ 时的概率。因此，添加到了度为 $l-1$ 的节点的边是连接这两个节点的同一条边。该式中可用 $\sum_k kN(k) \to 2t$ 和 $N_{kl}(t) \to t n_{kl}$ 转换成与时间无关的递归关系，

求得

$$n_{kl} = \frac{4(l-1)}{k(k+1)(k+l)(k+l+1)(k+l+2)} +$$

$$\frac{12(l-1)}{k(k+l-1)(k+l)(k+l+1)(k+l+2)} \tag{2-38}$$

对一个具有任意度分布的网络,若边随机连接,则 $n_{kl} = n_k n_l$。而式(2-38)最重要的特性是联合度分布不能进行因子分解,即 $n_{kl} \neq n_k n_l$。这表明连通节点度之间的相关性自然产生,仅当 $1 \ll k \ll l$, n_{kl} 才可以简化为因子分解表达式, $n_{kl} \approx k^{-2} l^{-2}$。正如期望的那样,若网络缺少相关性,在这种情况下都与 $n_{kl} \approx k^{-3} l^{-3}$ 不同。该结果首次证明了产生无标度网络的动态过程建立了节点间的非平凡相关。

2.3.4　BA无标度网络的平均距离和集聚系数

1. 平均距离

图 2-8 给出了平均度 $\langle k \rangle = 4$ 的 BA 模型的平均距离 L_{BA} 随网络规模 N 的变化曲线,与它比较的是相同规模和相同平均度条件下的随机图的平均距离 L_{rand}。

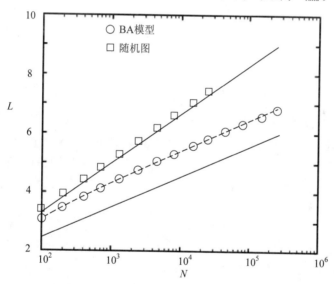

图 2-8　平均度为 4 的 BA 模型的平均距离随 N 的变化情况

从图 2-8 中可以看出,对任意 N,BA 网络中的平均距离比随机图中的要小得多,这说明异质性无标度网络拓扑比同质性随机图拓扑在"拉拢节点"方面效率更高。从模拟结果上看,BA 模型网络中的平均距离是随 N 按指数增长的[15-18],它很好地符合式(2-39)。

$$L_{BA} = A\ln(N+B) + C \tag{2-39}$$

式中, A、B 和 C 为常数。

然而这是有争议的,因为大多数学者提出的 BA 网络的平均距离随 N 按指数增长的关系为

$$L_{BA} \propto \ln N / \ln(\ln N) \tag{2-40}$$

由此可见,BA 网络的平均距离比较小,表明该网络具有小世界特性。

2. 集聚系数

图 2-9 给出了平均度 $\langle k \rangle = 4$ 的 BA 模型集聚系数 C_{BA} 随网络规模 N 的变化曲线,与它比较的是相同规模和相同平均度条件下的随机图的集聚系数 C_{rand}。

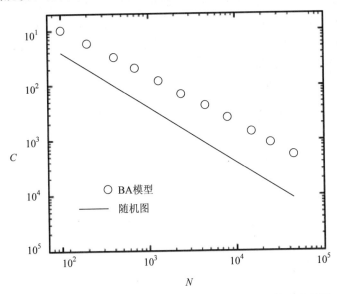

图 2-9   平均度为 4 的 BA 模型的集聚系数 C_{BA} 随 N 的变化情况

从图 2-9 中可以看出:①无标度网络的集聚系数几乎是随机图的 5 倍,随节点数的增加,这个倍率还会稍微增加;②BA 模型网络的集聚系数是随着网络尺度 N 的增加而减小的,其大概遵循幂指数规律,即 $C_{BA} \sim N^{-0.75}$;③BA 模型网络的集聚系数比随机图 C_{rand} 的衰减慢;④由于无标度网络的集聚系数依赖于 N[15-19],因此它的行为与小世界模型(集聚系数与 N 无关)不同。

因此,BA 模型不仅平均距离很小,集聚系数也很小,但比同规模随机图的集聚系数大。不过,当网络趋于无穷大时,这两种网络的集聚系数均近似为 0。目前,学者们已经给出了 BA 无标度网络集聚系数的如下解析公式:

$$n_{kl} = \frac{m^2 \, (m+1)^2}{4(m-1)} \left[\ln\left(\frac{m+1}{m}\right) - \frac{1}{m+1} \right] \frac{[\ln t]^2}{t} \tag{2-41}$$

2.3.5   BA 无标度网络的特征谱

BA 模型的谱密度是连续的,但它与随机图的半圆形分布的形状有很大不同。BA 模型谱密度 $\rho(\lambda)$ 的主体部分基本上关于 0 对称,呈三角形,顶部位于半圆形曲线的上方,尾部以幂律形式衰减,如图 2-10 所示[23]。这个幂律衰减是由于特征矢量集中在具有最高度值的节点上。

当 $m = m_0 = 1$ 时,BA 模型是一棵树,因此它的谱密度一定是关于 0 对称的。当 $m > 1$ 时,BA 模型谱密度的主体部分基本上是关于 0 对称的三角形,中部指数衰减,尾部为幂

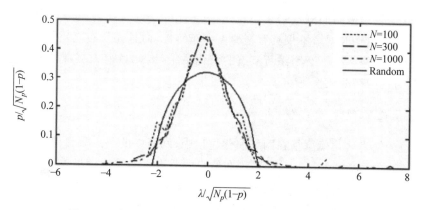

图 2-10　当 $m = m_0 = 5$ 时不同规模的 BA 模型的谱密度

律分布,谱密度在 0 点附近有最大值(说明存在大量的模较小的特征值)。

与随机图情况类似(与小世界网络不同),主特征值 λ_1 与谱的主体部分明显分离。λ_1 的下界由网络最大度值 k_1 的平方根给出。由于 BA 网络的度值随着网络规模以 $N^{0.5}$ 的速度增长,因此 λ_1 以 $N^{0.5}$ 的速度增长。数值结果表明,对于小规模网络,λ_1 偏离期望的行为,只有当 $N \to \infty$ 时才能逐渐达到期望行为。这种现象表明最长行矢量间相关性的存在,也为 BA 模型中存在相关性提供了额外的证据。

需要指出的是,主特征值对谱 $\rho(\lambda)$ 矩起到重要作用,因为它决定了网络的回路结构。和次临界的随机图(即 $\rho < 1/N$)相比(其回路所占的比例可忽略不计),BA 网络中 4 条边以上回路所占比例随 N 的速度增长,且增长速率随着回路边数的增加而加快。但是,三角形所占比例随 $N \to \infty$ 下降。

2.4　动态演化网络

演化网络是随着时间的变化而变化的网络,是自然科学的延伸。几乎所有的真实世界网络都是随着时间的推移而进化的,一般通过添加或删除某个链接改变网络的结构。例如,在社交网络中,随着时间的推移,人们之间结识和失去朋友都会导致社交网络边集的变化,同时也会有新人加入社交网络中,有一部分人离开这个网络,这会导致社交网络节点变化。网络概念的发展建立在已有的网络理论基础上,目前正被引入许多不同领域的网络研究中。

2.4.1　以网络演化的部件划分

1. 基于点、边的网络演化模型

基于点、边的网络演化模型指在网络演化过程中,网络中的节点和边都可以增加或者删除的演化模型。BA 模型[30]是典型的基于点、边的网络演化模型,新加入的节点会引入新边连接到已有的老点,BA 模型是基于增长和择优连接两个原理提出的,增长原理强调了网络节点的演化,择优连接强调了网络边的演化。BA 模型具有幂律度分布的特性,但也有些特性与真实网络的测试结果不符。BA 模型提出后,许多模型[31,32]在其基础上进行了改进,从而使生成网络不仅具有幂律度分布特性,而且还具有高集聚系数等其他网络特性。许多真实网络是不断增添新节点的演化系统,因此目前大多数的网络演化模型都是基于点、边的网络演化模型。

2. 基于边的网络演化模型

基于边的网络演化模型指在网络演化过程中,网络中的节点数目保持不变,但是边可增加或者删除的演化模型。ER 模型[33]在给定的节点之间采用随机连边策略产生随机图模型;WS 模型[34]在给定的节点之间采用边重连的策略产生小世界网络模型;NW 模型[35]给定的节点之间采用随机加边的策略产生小世界模型;马宝军[36]对比了按点生长的短信网络和按边生长的短信网络,利用统一的数据源对网络演化模型进行构造,显示出不同的结果。该文作者认为按边生长的短信网络才是实际网络模型的生长方式,造成不同结果的主要原因是选择的网络生长时间尺度不同。究竟是基于点、边的网络演化模型合理,还是基于边的网络演化模型合理,目前没有定论,或许应该以所研究网络的目的和需求决定。

2.4.2 以是否考虑权重划分

1. 无权网络演化模型

如果对所研究网络的边没有赋予相应的权值,则该网络就称为无权网络。基本的 ER 模型、WS 小世界模型、NW 小世界模型以及 BA 模型都属于无权网络演化模型。目前,基于 BA 模型产生了大量的无权网络演化模型。根据 BA 模型的网络增长和择优连接两条规则,这些模型大体可以分为两类:修改增长规则的无权网络演化模型[37,38]和修改连接规则的无权网络演化模型[39,40]。

无权网络演化模型主要针对网络的拓扑演化机制进行研究,不考虑网络的功能、承载业务等,演化结论主要也是通过对网络拓扑结构的评判(是否具有幂律度分布特性、小世界效应等)验证。因此,无权网络演化模型与实际网络演化还有一定差距。

2. 含权网络演化模型

如果对所研究网络的边赋予了相应的权值,则该网络就称为含权网络或加权网络。现实世界的网络几乎都是含权网络。含权网络演化模型的研究对理解真实网络的演化过程具有重要意义。具有代表性的含权网络模型有 DW 模型[41],YJBT 模型[42],Barrat、Barthelemy 和 Vespignani 提出的简单加权演化网络模型(BBV 模型)[43]以及中国科技大学复杂系统研究小组提出的 TDE 模型及其改进模型[44,45]。

含权网络演化模型认为网络承载的业务与网络拓扑结构是一种共生演化关系,相互驱动。BBV 模型(特别是 TDE 模型)通过将网络业务耦合入网络拓扑演化过程,不仅得到网络的幂律度分布,同时得到网络强度的幂律分布、网络权重的幂律分布以及高聚集性和非相称混合性等特征,更加成功地刻画出真实技术网络的特性。

2.4.3　以演化网络采用的演化机制划分

1. 单一演化机制模型

单一演化机制模型是指网络在演化过程中只采取一种演化机制的模型。ER 模型、WS 小世界模型、NW 小世界模型、BA 模型以及众多基于这些模型的改进模型都是单一演化机制模型。单一演化机制模型能有效研究某一演化机制对网络演化性质的影响,但对处于复杂多变环境中的真实网络而言,采用单一演化机制模型往往太过理想化,因此单一演化机制模型与实际网络相比还存在一定的差距。

2. 混合演化机制模型

混合演化机制模型是指网络在演化过程中采取多种演化机制的模型。为了描述确定性与随机性和谐统一的世界以及增长过程的复杂性和多样性,中国原子能科学研究院网络科学小组的方锦清等人提出并发展了统一的混合网络模型[46],形成网络理论模型的三部曲。数值模拟和理论分析揭示了统一混合网络演化模型随多个混合比变化的若干特性,将其应用于一些现有的无权和含权复杂网络演化模型,可以得到更接近实际网络的特性。虽然混合演化机制模型能描述网络增长过程的复杂性和多样性,但是真实网络究竟采用了哪些演化机制以及各种演化机制所占比重的确定仍是一个需要解决的难题。

2.4.4　以演化网络是否动态变化划分

1. 静态网络演化模型

在相邻两个时间步内,网络节点及节点之间的关系(边)一直保持不变,则称这类网络为静态网络。目前研究的网络演化模型基本上都属于此类型。

2. 动态网络演化模型

在相邻两个时间步内,网络节点及节点之间的关系(边)具有可变性,则称这类网络为动态网络。动态网络系统中,节点的状态和拓扑都是动态演化的,节点的状态和网络的拓扑之间可能是相互影响的,且系统在整体层面上会展示出各种各样的集体行为。当前的研究重点主要是系统具有什么样的集体动力学行为、如何干预或控制此系统等。

2.5　社区网络

目前,社区还没有明确的定义。一般而言,社区是指网络中具有相似属性的节点集合,社区内部节点关系紧密,社区之间节点关系稀疏。Fortunato 从网络节点相似度、局部和全局 3 个角度总结了常见的社区的定义[47]。

节点相似度定义:社区是由网络中相似节点构成的集合。因为社区中的节点在异构网络中呈现相似特征,所以可以根据节点的相似度划分社区。这种社区与社会网络中的

"组织"或者"群体"的概念类似。通常采用层次聚类方法度量节点相似度和发现社区结构[48]。

局部定义:社区是与网络中其他部分只有少量关联的部分。局部定义是从单个社区对外关系的角度考虑,认为社区必须满足社区内部的个体之间关系密切。例如,Palla 等人提出的"派系"概念就是一种局部定义方式。

全局定义:社区是整个网络系统的一种划分,整个网络构成一棵层次树状图,根据某种特征函数值进行划分,得到最优的社区结构。这种特征函数也就是一种社区划分的衡量标准,对社区结构给出了一种量化定义。最常见的特征函数是 Newman 等人提出的模块度函数。

综合以上 3 种定义可以看出,节点相似度主要是利用节点属性对网络进行划分,社会网络分析领域经常采用这种定义。但是,在复杂网络中,由于节点的属性非常复杂,很难获取有效的信息,因此大部分复杂网络社区都采用后面两种定义,采用网络的拓扑结构发现社区结构。

2.5.1 复杂网络中社区结构的分类

在复杂网络中,社区结构存在层次结构和重叠结构两种类型,这两种结构可能同时存在于某种复杂网络中,本小节详细介绍社区层次结构和重叠结构的概念及物理意义。

1. 层次结构

社区层次结构是对社会网络中不同层次、不同粒度社区的整合。现实世界中的大多数网络系统都显示出层次的形态。真实网络通常由社区组成,而这样的社区中包含较小的社区,小社区中可能包含更小的社区等。社区层次结构的意义在于揭示复杂网络中社区之间的上下包含关系。层次结构在社会网络中普遍存在,如篮球和羽毛球俱乐部都属于球类俱乐部,围棋和象棋俱乐部都属于棋牌俱乐部,而球类和棋牌类俱乐部都属于体育俱乐部。发现网络社区层次结构,可以深入理解不同尺度下网络结构及网络结构之间的关系,从而更好地反映真实系统的情况,有利于进行系统分析。目前发现社区层次结构较多采用层次聚类的方法,按照网络图中节点之间的距离或者相似度进行聚类,将整个网络结构构建成为一棵树状图。树状图表示了网络社区的层次结构,如图 2-11 所示,每个节点是树状图中的叶子,然后通过连接构成树状图,组成一个完整的网络。树状图中的每一层代表不同的社区,从底层到高层社区数量越来越少,社区规模越来越大。

2. 重叠结构

研究发现,现实世界中许多网络社区之间通常并不是彼此独立的,而是相互关联的。换言之,网络由相互关联、彼此重叠的社区组成,社区之间存在重叠的节点。社区的重叠结构是指社区中每个节点并非只属于一个独立的社区,而是存在某些节点可能属于多个社区。例如,在社会网络中,根据不同的分类方法,每个人可能会划分到多个不同的社区(如家庭、公司、兴趣小组、学校等);在科学家合作网络中,一个物理学家同时也可能是一

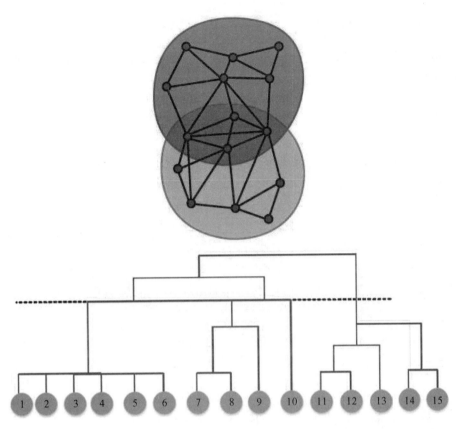

图 2-11　层次结构树状图

个数学家,因此他将同时处于分别由物理学家和数学家构成的两个社区中。社区重叠结构更加符合真实世界的社区之间的关系,反映了更加真实的网络结构。复杂网络中层次重叠社区如图 2-12 所示,从图中可以发现某些节点在不同的社区之间起着桥梁的作用,同时属于两个不同的社区。

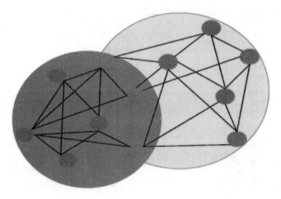

图 2-12　复杂网络中层次重叠社区

2.5.2　社区结构评价标准

　　采用层次聚类算法发现社区开始时针对的是已知社区数目的网络,这样发现社区的过程明确知道哪个位置是最优的。但是,实际很多网络的社区数目是未知的,采用层次聚类算法首先构成网络的层次树状图,每一层对应网络的一个划分(即社区结构),如何从网络的树状图中选择最优的一个划分,用来描述网络的社区结构。针对这个问题,需要一个划分度量标准度量社区划分的质量。

　　Newman 和 Girvan 提出了著名的模块度作为网络划分好坏的一个度量标准,定量地描述网络中的社团,衡量网络社团结构的划分。所谓模块性,是指网络中连接社团结构内部节点的边所占的比例与另外一个随机网络中连接社团结构内部节点的边所占比例的期望值相减得到的差值。这个随机网络的构造方法为:保持每个节点的社团属性不变,节点间的边根据节点的度随机连接。如果社团结构划分得好,则社团内部连接的稠密程度应高于随机连接网络的期望水平。通常,用 Q 函数定量描述社团划分的模块水平。

　　假设网络已经被划分出社团结构,σ_i 为节点 v_i 所属的社团编号,则网络中社团内部连边所占比例可以表示成:

$$\frac{\sum_{i,j} a_{ij}\delta(\sigma_i,\sigma_j)}{\sum_{i,j} a_{ij}} = \frac{\sum_{i,j} a_{ij}\delta(\sigma_i,\sigma_j)}{2M} \tag{2-42}$$

其中,a_{ij} 为网络邻接矩阵中的元素,如果 v_i 和 v_j 两节点有边相连,则 $a_{ij}=1$,否则 $a_{ij}=0$;δ 为隶属函数,当节点 v_i、v_j 属于同一社团时,即当 $\sigma_i=\sigma_j$ 时,有 $\delta(\sigma_i,\sigma_j)=1$,否则 $M=0.5$ $\sum a_{ij}$ 为网络中边的数目。在社团结构固定、边随机连接的网络中,节点 v_i 和 v_j 存在连边的可能性为 $\frac{k_i k_j}{2M}$,k_i 为节点 v_i 的度,据此,Q 函数可以定义为

$$Q = \frac{1}{2M}\sum_{i,j}\left[\left(a_{ij}-\frac{k_i k_j}{2M}\right)\delta(\sigma_i,\sigma_j)\right] \tag{2-43}$$

　　根据模块度的计算公式可知模块度的物理意义是:网络中一个社区内部节点之间的连边所占比例减去在同样的社区结构下随机连接这两个节点的边所占比例的期望值。根据定义,Q 值的范围为 $[-0.5,1)$,Q 值越大,说明网络划分的社区结构准确度越高,在实际的网络分析中,Q 值的最高点一般出现在 $0.3\sim0.7$ 之间。

2.6　权　重　网　络

　　权重网络是一个带有权重的网络,其中节点之间具有分配权重的关系。网络是一个系统,其元素以某种方式连接,系统的元素被表示为节点(也称为演员或顶点),并且交互元素之间的连接被称为连接、边缘、弧或链接。节点可能是神经元、个人、群体、组织、机场,甚至国家,而关系可以采取友谊、沟通、协作、联盟、流动或贸易的形式等。

　　到目前为止,我们主要关注对未加权网络的讨论,即具有二进制性质的网络,节点之间的边缘是否存在。然而,随着复杂的拓扑结构,许多真实的网络在连接的容量和强度方

面表现出很大的异质性。例如,社会网络中个人之间存在着强弱关系[49,50]、代谢反应途径中不均匀的通量[51]、食肉网中捕食者-猎物相互作用的多样性、神经网络传输电信号的不同能力、互联网上不平等的流量或航空公司网络中的运送乘客的不同载量[52]。这些系统即其中每个链路承载测量连接强度的数值的网络,可以在加权网络方面得到更好的描述。

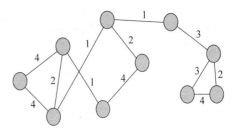

图 2-13 加权网络图

图 2-13 是一个网络的例子(权重也可以通过给予边缘不同的宽度显现)。

事实表明,联系往往与权重相关联。纯粹的拓扑模型不足以解释在实际系统中观察到的丰富和复杂的性质,需要建立超越纯拓扑的模型。

加权网络也广泛应用于基因组和系统生物应用。例如,加权基因共表达网络分析通常用于基于基因表达(如微阵列)数据构建基因(或基因产物)之间的加权网络。更一般地,加权相关网络可以通过软阈值化变量之间的成对相关性(如基因测量)定义。

2.6.1 加权网络的度量

加权图 $G^w = (V, E, W)$ 由点的集合 $V = \{v_1, v_2, v_3, \cdots, v_N\}$、边的集合 $E = \{e_{12}, e_{23}, e_{34}, \cdots, e_{k,k+1}\}$ 和边的权值集合 $W = \{W_1, W_2, W_3, \cdots, W_k\}$ 组成。集合 V 和 E 中的元素个数分布记为 N 和 K。G^w 常用所谓的权值矩阵 W 表示,W 是一个 $N \times N$ 的矩阵,其元素 w_{ij} 为连接点 v_i 和点 v_j 的边权,若点 v_i 和点 v_j 不相连,$w_{ij} = 0$,没有特别说明情况下,认为对任意的 v_i 都有 $w_{ii} = 0$。下面只考虑正的对称权的情况,即满足 $w_{ij} = w_{ji} \geqslant 0$,而对于非对称加权网络,由于与增强同步现象有关,所以将在以后专门讨论。负的权值有时也是正确的,例如可以表示社会网络中个体之间的厌恶情绪[53]。至于非加权网,A 表示 $N \times N$ 的邻接矩阵,其中如果 $w_{ij} \neq 0$,则 $a_{ij} = 1$,否则 $a_{ij} = 0$。加权图的首要特征可以由权分布 $Q(w)$ 得到,即给定边具有权 w 的概率。下面介绍的度量是对无权网络中的一些概念的扩展和补充,并且将权与拓扑相结合[54]。

1. 点的强度、强度分布和相关性

加权图中,点 v_i 的度数的自然推广就是点的强度 S_i,定义为[55]

$$S_i = \sum_{j \in N_i} w_{ij} \tag{2-44}$$

式中,N_i 表示节点 v_i 的邻居节点集合;w_{ij} 表示连接节点 v_i 和节点 v_j 的边的权重。强度整合了点的度数和与点相连的边权的所有信息。当权与拓扑结构无关时,度数为 k 的点的强度为 $S(k) \simeq \langle w \rangle k$,其中 $\langle k \rangle$ 是平均权。从相互关系看,一般有 $S(k) \simeq A k^\beta, \beta = 1$ 和 $A \neq \langle w \rangle$ 或 $\beta > 1$。

度数为 k_i、强度为 S_i 的给定点可能产生不同情况。所有的权 w_{ij} 可能与 $\dfrac{S_i}{k_i}$ 同阶,或者相反,只有少数权占优势。点 v_i 的权的不等性可以由量 Y_i 度量。Y_i 定义为[56]

$$Y_i = \sum_{j \in N_i} \left(\frac{w_{ij}}{S_i} \right)^2 \tag{2-45}$$

其中，N_i 是 v_i 的最近邻点的集合。从定义看，Y_i 间接依赖于 k_i。如果所有的边的权值都差不多，则 $Y(k)$（即所有度数为 k 的点的不等性的均值）度量为 $1/k$。如果单独一条边权在 Y_i 中起主要作用，则 $Y(k) \simeq 1$。换句话说，Y_i 独立于 k[57]。

强度分布 $R(S)$ 度量了点强度为 S 的概率，和度分布 $P(k)$ 一起，提供了加权网络的有用信息。特别地，由于点的强度与度数有关，希望在有缓慢衰减的 $P(k)$ 分布的加权网络中观察到重尾的 $R(S)$ 分布。点 v_i 的最近邻度数的加权平均可以定义为[55]

$$k_{nn,i}^w = \frac{1}{S} \sum_{j \in N_i} a_{ij} w_{ij} k_j \tag{2-46}$$

这是由边的归一化权 $\frac{w_{ij}}{S_i}$ 得到的最近邻度数的局域加权平均。式中，k_j 表示节点 v_j 的度值。此量可以刻画加权网络的同类匹配性和非同类匹配性。事实上，当权值大的点与度大的点相连时，有 $k_{nn,i}^w > k_{nn,i}$；否则有 $k_{nn,i}^w < k_{nn,i}$。这样，$k_{nn,i}^w$ 函数度量了根据实际的相互作用的大小，点 v_i 与度数高或低的点连接的有效吸引力。类似地，函数 $k_{nn}^w(k)$ 定义为所有 k 度的点的 $k_{nn,i}^w$ 均值，它刻画系统各元素之间相互作用的加权同类匹配性和非同类匹配性。

2. 加权最短路径

有些情况下，假设每条边有物理长度是有用的。对嵌入 D 维欧几里得空间（一般 R^2 或 R^3）的网络，边的长度 l_{ij} 定义为点 v_i 到 v_j 的欧几里得空间距离。在一般加权网络中，边长可以作为权的函数。例如，可以令 $l_{ij} = \frac{1}{w_{ij}}$，尽管此假设并不满足三角不等式。在加权网络中，含有最少边数的路并不一定是最优路径。加权最短路径长 d_{ij} 可以定义为图中所有从点 v_i 到点 v_j 的边长和的最小值，对于无权图情况，可以假设所有的边都有 l_{ij}，最短路径长 d_{ij} 还原为经过点 v_i 到点 v_j 的最少边数。

3. 加权聚集系数

之前所说的聚集系数没有考虑到加权网络中有些邻居节点比其他点重要，然而 Barrat 等人将点 v_i 的加权聚集系数定义为[55]

$$C_i^w = \frac{1}{S_i(k_i - 1)} \sum_{j,k} \frac{w_{ij} + w_{ik}}{2} a_{ij} a_{jk} a_{ki} \tag{2-47}$$

即加权聚集系数既考虑了点 v_i 的邻居闭三角形个数，又考虑了总相对权。a_{ij} 表示邻接矩阵元素，即若节点 v_i 与 v_j 之间有边直接相连，则 $a_{ij} = 1$，否则 $a_{ij} = 0$。S_i 表示节点 v_i 的点权，k_i 表示节点 v_i 的度。因子 $S_i(k_i - 1)$ 是归一化因子，以确保 $0 \leqslant C_i^w \leqslant 1$。$C^w$ 和 $C^w(k)$ 分别表示所有点的加权聚集系数的均值和所有 k 度的点的加权聚集系数的均值。对于大的随机化网络，容易看到有 $C^w = C$ 和 $C^w(k) = C(k)$。然而，在实际加权网络中可以看到两种相反的情况：如果 $C^w > C$，顶点关联三元组更可能由权高的边组成；相反，如果 $C^w < C$，表示网络的拓扑聚集由权低的边形成。这种情况下，由于大部分的相互作用（如通信

量、联系次数等)发生在不属于顶点关联的三元组内,所以很明显聚集对网络组织只起很小的作用。对于 $C^w(k)$ 也有同样的情况发生,同时 $C^w(k)$ 还可用于分析关于 k 的变量。

2.6.2 实际加权网络

这里给出研究现实加权网络系统的几个最有名的例子。研究发现,刻画不同连接的权展示了各种不同分布和幂律行为等复杂统计特征,权和拓扑之间的相关性为观察这类系统组织结构提供了互补的视角。

1. 生物网络

目前,细胞网络拓扑的重要性是众所周知的。细胞网络是由基因、蛋白质和其他调节细胞行为的分子之间通过相互作用产生的复杂网络[58]。最近研究发现,进一步的重要信息蕴含于相互作用的强度中。Almaas 等人[57]把 E 大肠杆菌的新陈代谢反应作为加权网络研究,其中权 w_{ij} 表示从代谢物 i 到 j 的流量。观察到的代谢物体现出高度的异质性,共存的代谢物张成几个数量级:在最优生长条件下,权分布很好地符合幂律 $Q(w) \propto (w_0 + w)^{-\gamma_w}$,其中 $w_0 = 0.0003$,$\gamma_w = 1.5$。另外发现平均边权随两端点的度数变化,即 $\langle w_{ij} \rangle \sim (k_i, k_j)^\theta$,$\theta = 0.5$。在全部流量分布中观测到的大量异质性也存在于低层次的代谢物个体,对于有利于琥珀酸盐和谷氨酸盐吸收的 E 大肠杆菌的代谢,研究发现其入度和出度都服从 $Y(k) \sim k^{-0.27}$。这是位于 $Y(k) = \mathrm{const}$ 和 $Y(k) \sim k^{-1}$ 这两种极端中间的情况,表明消耗(生产)给定代谢物的反应数目越多,单独反应携带大多数代谢物的情况越有可能。Tieri 等人[59]把人体免疫系统细胞之间的通信作为有向加权网络研究,其中点是不同类型的细胞,权 w_{ij} 等于细胞 i 分泌的且影响细胞 j 的不同可溶性介质的数目。结果表明免疫细胞构成高度异质网络,其中只有少数可溶性介质在作为不同类型细胞间反应的媒介起着中心的作用。

2. 社会网络

合作网是目前拥有广泛数据库的社会网络[60],如电影演员网络和一些科学合作网络[61]。特别地,Newman 指出科学合作网含有小世界和无标度网络的所有的一般成分[62],而 Barabási 等研究的一种补充方法更关注决定网络演化的动态过程[51]。在无权网络中,科学家作为图中的点,如果两个科学家至少合作过一篇文章,那么二者之间连一条边。另一方面,合作过多篇文章的作者之间要比仅合作很少文章的作者之间相互了解得多。为了解释这种现象,需要用合作频数衡量作者之间的联系[63]。科学合作网络中,Newman

提出定义两合作者 i 和 j 之间相互作用的权为 $w_{ij} = \dfrac{\sum_p \delta_i^p \delta_j^p}{(n_p - 1)}$,指标 p 指所有的文章,如果作者 i 是文章 p 的作者之一,则 $\delta_i^p = 1$,否则 $\delta_i^p = 0$。n_p 是文章 p 的作者数。归一化因子 $n_p - 1$ 考虑了合作者越多相互了解越少,而且意味着点 i 的强度 S_i 等于作者 i 和其他作者合作完成的文章数[61]。

利用 Newman 提出的权的定义,Barrat 等人研究了 $N = 12\,722$ 位在 1995—1998 年

给凝聚态物理提交论文草稿的科学家的相互关系网络。实证观察得到分布 $R(S)$ 和 $P(k)$ 都是重尾的。权与拓扑结构无关,这是由于平均强度 $S(k)$(作为度数 k 的函数)表现出当拓扑上的权是随机分布时所体现出的线性行为 $S(k)=\langle w\rangle k$。$C(k)$ 的行为表明拥有少数合作者的作者比度数大的作者更可能在一个工作组内,组内所有的科学家都互相合作。$k \geqslant 10$ 时,加权聚集系数 $C^w(k)$ 比 $C(k)$ 大。这意味着有许多合作者的作者趋于与其他相关合作组的作者合作发表更多的文章,这可以解释为:有影响的科学家组成稳定的研究组就能产生大量的文章。$k_{nn}(k)$ 和 $k_{nn}^w(k)$ 都随着 k 呈幂律增长,表明此网络展示了社会网络的典型特征——同类匹配性[64]。

科学合作网和世界航线网的拓扑与加权量的比较,如图 2-14 所示。图 2-14(a)中加权聚集系数和拓扑聚集系数在 $k \geqslant 10$ 时分离,图 2-14(b)中 $C^w(k)$ 在整个度谱过程中都比 $C(k)$ 大,图 2-14(c)中表现出加权和无权定义下的平均最近邻度数都有同类匹配性,图 2-14(d)中 $k>10$ 时,$k_{nn}(k)$ 达到稳定状态,表明缺乏显著的拓扑相关性,而 $k_{nn}^w(k)$ 表现出同类匹配性。

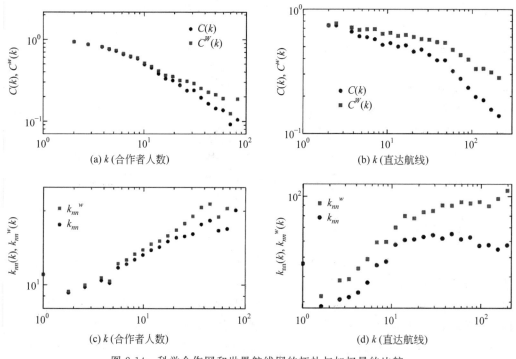

图 2-14　科学合作网和世界航线网的拓扑与加权量的比较

3. 技术网络

重要的基础网络(如因特网、铁路、地铁和航空网络等)中有关交通通信的流量可以很自然地用权表示。之前人们已经深入研究了航线网的拓扑属性,Barrat 等人视世界航空网为加权网并进行了分析,权 w_{ij} 为由飞机场 i 直达机场 j 的航班的有效座位数。经和不同数据库中的数据对比,观察得到,拓扑图展示了小世界和无标度属性。特别地,度分布

形式为 $p(k)=k^{-\gamma}f(k/k_x)$，其中 $\gamma\approx2.0$；$f(k/k_x)$ 是指数断开函数，原因是单个机场能提供的最大数目连接的实际限制[65]。点的强度为 S 的概率是重尾的，且权与度之间存在非平凡关联：边的平均权和两端点的度数之间的关系为 $\langle w_{ij}\rangle=(k_ik_j)^{\theta}$，且指数 $\theta=0.5$。度数为 k 的点的强度服从幂律分布 $S(k)=AK^{\beta}$，且指数 $\beta=1.5\neq1$。这表明机场越大，可处理的运输量越大。考虑聚集系数和平均最近邻度数，世界航空网的加权分析提供了比科学合作网更丰富的情节。在 k 的整个取值范围内，加权聚集系数 $C^w(k)$ 有更多有界变化。这意味着度数高的机场间易形成具有高运输量的相关组，以平衡减少的拓扑聚集。由于高流量连接在网络中枢上，所以有高度数的点趋于和具有同样度数或更高度数的点结成派系的现象，称为"富人俱乐部现象"[66]。拓扑 $k_{nn}(k)$ 只在小度数情况下表现同类匹配性。$k>10$ 时，$k_{nn}(k)$ 逼近一个常数，揭示了一个无关联结构（即度数不同的点有相似的邻居）这一事实。倘若另一不同网络，高度数的机场对其他大型机场（大部分交通流是有向的）的亲和力较大，则网络加权 $k_{nn}^w(k)$ 分析展示了在 k 的全部变化过程中显著的相称性。

2.6.3　加权网络建模

最简单的加权网络的建模方法是考虑具有给定度分布 $p(k)$ 的随机图，假设边权是随机独立变量，服从权分布 $Q(w)$。

(1) Yook-Jeong-Barabási-Tu(YJBT)模型是加权无标度网络最小的模型，模型中随着网络增长，拓扑和权都受择优连接规则驱动[67]。模型的拓扑结构与 BA 无标度网络相同。开始于 m_0 个点，每一时步，添加一个具有 $m\leqslant m_0$ 条边的新点 v_j，点 v_j 与已有的点 v_i 相连的概率遵循公式：$\prod_{j\to i}=\dfrac{k_i}{\sum_l k_l}$。$v_j$ 点的每条边权 $w_{ij}(=w_{ji})$ 由式 $w_{ji}=\dfrac{k_i}{\sum_i k_i}$ 给出。YJBT 模型产生了无标度网络 $P(k)\sim k^{-\gamma}(\gamma=3)$ 和强度幂律分布 $R(S)=S^{-\gamma_s}$（指数 γ_s 与关联指数不同，强烈依赖于 m），指数的不同是强对数修正的结果，渐进的强度分布收敛于度分布。

(2) Zheng-Trimper-Zheng-Hui(ZTZH)模型是 YJBT 模型的一般化，在点的度和适应度的权值分配上加入了随机因素[68]。对于每条新建连接 l_{ji}，以概率 p 按照式 $w_{ji}=\dfrac{k_i}{\sum_i k_i}$ 赋予权值。以概率 $1-p$ 按照式 $w_{ij}=\dfrac{\eta_i}{\sum_i \eta_i}$ 赋予权值，其中 η_i 是赋予点 v_i 的适应度参数，服从区间 $[0,1]$ 上的均匀分布 $\rho(\eta)$。$p=1$ 时，模型还原为 YJBT 模型，$p=0$ 时，权值完全由适应度决定。模型产生了强度幂律分布 $R(S)\sim S^{-\gamma_s}$，其指数 γ_s 的特征是对概率 p 高度敏感，γ_s 从 $p=0$ 时的值 $\gamma_s=3=\gamma$ 随着 p 的增加连续递减。和 YJBT 模型一样，关于 $P(k)$ 的差异是对数修正项的结果，可以用 p 调整，当 $p=0$ 时，差异消失。YJBT 模型发现对所有 $p>0$ 都有 γ_s 依赖 m 的变化，仅当 $p=0$ 时，γ_s 独立于 m 在一个依赖于点连接和适应度的边形成机制模型中也发现了类似的结果。

(3) Antal-Krapivsky(AK)提出了一个加权网络模型，其中网络的结构增长与边权相耦合[69]。模型定义如下：每一时间步，加入一个新点 v_j，连接到一个目标点 v_i，连接概率与点 v_i 的强度成比例：$\prod_{j\to i}\dfrac{S_i}{\sum_l S_l}$，此规则放宽了式 $\prod_{j\to i}=\dfrac{k_i}{\sum_l k_l}$ 的度择优连接规则，考虑强度择优连接,即新点更可能与权大的中心点连接,更强调相互作用的强度。这在实际网络中是有道理的。例如,在宽带和通信处理能力方面,因特网中的新的路由器更多地和中枢路由器连接;而在 2.6.2 节考虑的科学合作网中,作者与其他作者合作论文越多,越容易被人们发现,从而有更多的合作者。对每一条边赋予一个从分布 $\rho(w)$ 取出的权值,所得网络是树,其强度分布 $R(S)$ 当 $S \rightarrow \infty$ 时逼近静态胖尾分布 $R(S) \sim S^{-\gamma_s}$,与边权分布 $\rho(w)$ 无关。特别地,当 $\rho(w)$ 为指数分布时,$R(S)$ 为所有的代数分布。

以上讨论的 YJBT、ZTZH 和 AK 模型都是基于网络拓扑增长,即当产生边的同时,赋予其一个权值,以后就固定不变。这类模型忽略了当新的点和边加入网络时可能引发的权的动态演化。另一方面,演化和增进相互作用是自然的基础网络的普通特征。例如,2.6.2 节讨论的航空网络,两个机场之间开辟一条新的航线通常引起两个机场的旅客流量的调整。Barrat-Barthélemy-Vespignani(BBV)模型是基于加权驱动动力学和与局域网络增长相结合的权增加机理,这种结合模仿了实际情况中观察到的相互作用的变化。模型开始于 m_0 个初始点,连接权为 w_0。每一时间步,添加新点 v_i 和 m 条边(权值为 w_0),以公式 $\prod_{j \rightarrow i} = \dfrac{S_i}{\sum_l S_l}$ 的概率随机与已有的点 v_i 连接,新边 e_{ji} 的出现引起 v_i 与其邻居 v_l 之间的权的局部调整,按照规则 $w_{il} \rightarrow w_{il} + \Delta w_{il}$ 进行,其中 $\Delta w_{il} = \delta \dfrac{w_{il}}{S_i}$,这个规则考虑到与点 v_i 之间新边(权为 w_0)的建立,增加了交通流量总量 δ,δ 被按边权大小成比例地分配到每一条从 v_i 点出发的边上,使得 $S_i \rightarrow S_i + \delta + w_0$。

BBV 模型生成的网络展示了权、度和强度分布的幂律行为,指数是非平凡的且与 δ 和 w_0 有关的。不失一般性,可以令 $w_0 = 1$,这样模型依靠一个单独的参数 δ,即由于添加新边而增加到其他边上的那部分权。时间无穷大时,得到权分布 $Q(w) \sim w^{-\gamma_w}$,$\gamma_w = 2 + \dfrac{1}{\delta}$;以及点的度数和强度服从有相同指数 $\gamma = \gamma_s = \dfrac{4\delta + 3}{2\delta + 1}$ 的幂律分布 $P(k) \sim k^{-\gamma_s}$ 和 $R(S) = S^{-\gamma_s}$[70]。

与 BBV 模型结果类似的另一机制是 Dorogovtsev-Mendes(DM)模型[71]。第一个模型中高强度的点吸引新边,然后这些点的边权得到特别修正。在 DM 模型中,权高的边增加权值并吸引新的连接,即一种方法是连接指向强的点,另一种方法是连接指向强的边。DM 模型的规则如下:增长模型始于点和边的任意配置,如从权为 1 的一条边开始,每一时间步,①以权成比例的概率选择一条边,将其权增加常数 δ。②新点连接到该边的两个端点,并赋予权值 1。结果边权、点的度数和点的强度是幂律分布,指数分别等于 $\gamma_w = 2 + \dfrac{2}{\delta}$ 和 $\gamma = \gamma_s = 2 + \dfrac{1}{1 + \delta}$。

最近还有一些关于加权网络方面的研究工作,包括网络的特征路径、最小生成树以及加权网络在各种物理系统(如地震和投资市场等)中的应用。特别是,关于加权网络的动力学方面,如传染病传播和同步现象等。

2.7 相依网络

经过几十年的发展,复杂网络研究的理论体系已经被逐步建立和完善,但这些理论仍然存在一定的局限性。因为以往对复杂网络的研究大多建立在孤立网络的基础上,而现实世界中每个网络都或多或少地与其他网络之间存在各种各样的关联,如物理依附、逻辑依赖、能量或信息交换等,严格意义上的孤立网络其实是不存在的。它们通常是较大系统中的元素,并且可以对一个元素和另一个元素产生不平凡的影响。例如,基础设施网络在很大程度上表现出相互依存关系。构成电网节点的发电站需要通过道路或管道网络输送的燃料,并且还通过通信网络的节点进行控制,虽然运输网络不依赖于电力网络的功能,但通信网络也是如此。因此,电力网络或通信网络中关键数量的节点的停用可能导致跨系统的一系列级联故障,具有潜在的灾难性影响。如果这两个网络被孤立对待,这个重要的反馈效应就不会被看到,网络鲁棒性的预测将被大大高估。其中一个典型案例就是2003 年 9 月 23 日,意大利大停电事故。整个事件的起因就是电网中某个节点由于故障而失效,导致与其相连的计算机控制节点断电,而电网节点向计算机控制节点供电的同时,计算机控制节点也为电力节点提供控制信号。故障发生后因控制网络无法对电力网络进行有效调控,使得更多的电力节点与电网脱离,最终诱发了全国规模的停电。产生这种现象的根源就是网络间存在的相依性,具有这种特性的网络就是相依网络。

相依网络有很多不同于孤立网络的性质。在相依网络中,节点之间存在的相依性使得故障可以跨网络传播,导致级联失效过程通常比单个网络更加剧烈,使得相依网络系统的鲁棒性较差。再如,在单个网络中,逐渐移除节点时的渗流过程通常表现为二阶形式。也就是说,孤立网络的连通性是逐渐降低的;而在相依网络中,逐渐移除系统中的节点达到一定比例时,会使得系统的连通性发生急剧变化,在时序曲线上表现为一阶形式。这些特性都意味着现实世界中相依的网络化基础设施在节点发生故障时面临的风险更高。因此,研究相依网络的这些性质对于设计更加健壮的网络化系统、提高网络化基础设施抵御风险的能力有重要意义。

相依网络有 3 个要素:相依网络的子网络、相依网络的相依边及相依网络的组合方式。现有的相依网络研究也多是从这几个方面展开的,因此接下来介绍的相关内容是从上述角度阐述。

2.7.1 相依网络的子网络

当提到子网络时,就会想起一个名词:鲁棒性。那么什么是鲁棒性呢?鲁棒是 Robust 的音译,也就是健壮和强壮的意思。它是在异常和危险情况下系统生存的关键。例如,计算机软件在输入错误、磁盘故障、网络过载或有意攻击情况下,能否不死机、不崩溃,就是该软件的鲁棒性。

子网对相依网络鲁棒性的影响主要通过子网络类型及节点数、平均度等特性得以体现。组成相依网络的子网络类型有很多种:ER(Erdos-Renyi)网络、RR(Random Regular)网络、SF(Scale Free)网络、BA(Barabasi-Albert)网络、WS(Watts-Strogatz)网络等。这些网络作为子网组成的相依网络的鲁棒性表现不尽相同。现有研究表明,在除子网类型外的其他条件相同时,RR-RR 相依网络的鲁棒性比 ER-ER 相依网络好[72],ER-ER 相依网络比 SF-SF 相依网络鲁棒性好[73]。这几种相依网络的鲁棒性可以归纳为:RR-RR＞ER-ER＞SF-ER＞SF-SF。这是子网络中节点度分布决定的——只考虑节点度分布的影响时,子网络的度分布越均匀,其组成的相依网络的鲁棒性越好[74]。度分布越不均匀,鲁棒性越差。对于 SF 网络,当其度分布极不均匀时,由其构成的相依网络在单个节点失效时整个相依网络也可能完全崩溃[75]。除了网络类型和度分布外,子网络的其他性质(如节点数、平均度、网间相似性等)对相依网络的鲁棒性也有一定的影响。对于节点数量来说,子网络的节点数量越多,相依网络在渗流阈值 p_c 处的相变过程越剧烈。极限情况下,当子网络节点数量为无穷大时,该过程表现为一阶形式。此外,子网络的平均度对相依系统的鲁棒性也有影响,平均度越高,鲁棒性越好。

网间相似性(inter-similarity)是指子网络内部节点度高的节点间倾向于产生相依关联。例如,世界范围内的港口和机场网络组成的相依系统,重要的港口节点倾向于同重要的机场连接(这里,相依关联是指地理位置相同)。Parshani 等人[76]用仿真和解析方法研究了港口-机场组成的相依网络系统,发现两个网络的内部相似性越高,整个系统在面对随机失效时的鲁棒性越好。该结论说明,通过提高节点度较高节点间相依连边的可靠性(如添加冗余)可以有效提高系统的鲁棒性,这种特性可以指导设计更健壮的网络化系统。

2.7.2 相依网络的相依边

相依边的物理意义是子网络之间的物质能量信息交换等关联关系。相依边是相依网络存在的基础,也是影响相依网络鲁棒性最直接的因素。相依边主要通过其方向、类型及比例等属性影响整个相依网络的鲁棒性。现实中,根据实际网络之间节点的依赖关系可以把相依网络模型中的相依连边分为有向和无向两种。Dawson 等人[77]研究了有向相依系统和无向相依系统的渗流过程,证明了当其他条件相同时,相依连边有向的相依网络鲁棒性比相依连边无向的相依网络差。造成这种现象的原因是,有向系统中更有可能产生更长的相依链(dependency chains)。相依链是指在两个子网 A、B 组成的相依模型中,A 中的节点 u 支持 B 中的节点 v,v 反过来又支持 A 中的节点 $w(w \neq u)$,如此往复形成相依节点集。相依链上节点的故障会通过相依链在子网之间传播,还有可能扩散到与相依链相连的其他节点中,引起故障的级联,降低系统的鲁棒性。有向系统中的相依链往往比无向系统中的相依链长,从而使得故障在网络间更加有效地传播,因此有向相依网络的鲁棒性较差。

相依边类型有连接边(connectivity links)和依赖边(dependency links)两种。连接边的作用是连接不同网络的节点,使得相依网络的子网络能够协同工作;依赖边表示某个节点的功能依赖于其他节点。据此可以把相依网络分为 3 类:子网络间只存在依赖边的相依网络;子网络间只存在连接边的相依网络;子网络间同时存在依赖边和连接边的相依网络。

相依边比例是描述相依网络中具有相依关系的节点对的数量,可以用相依网络之间的相依强度度量。相依网络的相依强度 q 指的是相依网络中有相依关系的节点所占的比例：$q=0$ 对应于网络之间无相依关系，$q=1$ 表示子网络间完全相依，即节点之间具有一一对应的相依关系。Parshani 等人通过研究指出，当网络之间的连接强度从 0 到 1 逐渐增加时，相依网络的渗流相变过程会由连续的二阶相变演化为跳变的一阶相变。例如，对于 RR 网络组成的相依网络，当网络之间的相依强度较小时，相依网络的渗流过程表现为平滑的二阶相变，但随着相依强度的增大，逐渐演变为一阶相变。

2.7.3　相依网络的组合方式

在早期开展研究中，研究人员大多从比较简单的模型入手，通常研究由两个子网络构成的相依网络模型的渗流特性和鲁棒性特点。随着研究的深入，有学者从子网络规模和组合方式的角度对相依网络模型进行了拓展，目前这方面的一个研究重点就是网络组成的网络——多层网络(network of networks，NON)的鲁棒性。

目前研究较多的是由 ER、RR 等网络作为子网络，以链形、星形、树形或环形组合方式组成的 NON 的性质，如图 2-15 所示。图中每个节点都表示一个子网络，边表示子网络之间的相依关联[78]。

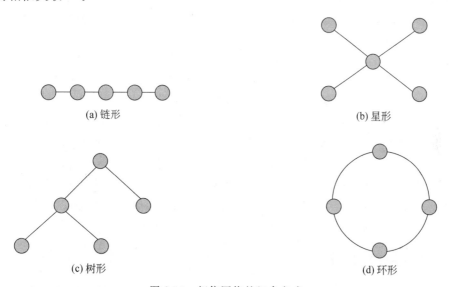

(a) 链形　　　　　　　　　　(b) 星形

(c) 树形　　　　　　　　　　(d) 环形

图 2-15　相依网络的组合方式

2.8　多层网络

20 世纪后期，小世界和无标度网络模型的提出，打破了人们习惯性地用随机图描述现实中的复杂网络的传统思维，确立了复杂网络研究的标志性里程碑。自然和社会中存在着大量复杂系统，如 WWW、Internet、通信网络、电力网络、生物神经网络、新陈代谢网络、科研合作网、演员合作网络、社会关系网，等等，尽管看上去各不相同，但是它们有惊人的相似之处。

到了 20 世纪末,巴拉巴斯(Barabasi)等人发现了反映许多真实实际网络的幂律分布,他们在 1998 年开展对万维网的研究,实测结果揭示了令人惊异的事实:万维网是由少数高连接性的页面串联起来的,80%以上页面的连接数不到 4 个。然而,只占节点总数不到万分之一的极少数节点却有 1000 个以上的连接。后来在电影演员合作网络、科学引文网络等也有类似的幂律分布特征。幂律分布表示为 $P(k) \sim k^{-\gamma}(\gamma \geqslant 1)$,它的提出也是复杂网络进展中最引人注目的事情。它告诉我们网络节点的度数并不是都在一个平均数的附近,而是存在一部分度数非常大的节点(Hubs 节点),造成度数的极大差异,像社会上百分之几的极少数人却掌握了百分之几十,甚至一半以上的财富。

最近十多年来,复杂网络研究已经成为科学和工程的前沿领域,取得许多重要的成果。但是,直至目前,复杂网络领域大多数的研究还是集中在单个网络(或者说单层网络),忽略了现实世界中各类系统之间并非孤立的,而是相互联系的,如交通系统中航空与铁路运输网络的复合;计算机网络中服务器与终端系统的依存;电力基础设施中电站与计算机中控系统的交互控制;社会网络中现实的人际关系网和在线人际关系网之间的复合重叠;金融市场与实体产业的交织影响等。所以,单层网络已经不能满足实际复杂系统研究的要求,为此最近几年国际上提出了"网络的网络(network of networks)""多层网络(multiplex network)"和"相互依存网络(multiplex networks and interdependent networks)"模型。

现实中大多数复杂系统的节点都具有多种功能,并且相互连接和作用,这些多种功能有质的区别,不能叠加,从而就构成了多层网络。多层网络最典型、最重要的例子应该是互联网与电网、电信、金融网络的耦合网络,例如,互联网以电网为支撑,而电网又通过电信网得到指令。电网、电信、银行全部登录互联网,并在网上互通信息。美国曾经发生过一场事故,最初是由一台计算机使一部智能手机染上蠕虫病毒,然后感染了另外一些智能手机,接着传到美国的计算机网上,在美国摧毁了通信网络,继而使电站无法工作,停电又使交通网络陷于瘫痪。这次病毒感染在不同网络之间来回传递,导致重大事故发生。因此可以说,各种网络的网络、形形色色的多层网络在我们身边已无处不在。下面从几个方面介绍一下多层网络。

2.8.1　多层网络的结构

图 2-16 和图 2-17 是两层和四层网络示意图,每层的节点数目是相同的,但是各层有不同的拓扑结构,连接边可以是有向边或无向边、可以是加权边或无权边,而层间连接是沟通不同层的渠道,也可以是有向或无向、加权或无权。所以,当层内连接和层间连接关系给定后,多层网络的结构就完全确定了。我们知道,网络的结构(也就是网络各节点之间的相互作用关系)完全由网络对应的拉普拉斯矩阵决定。所谓拉普拉斯矩阵,它的第 i 行第 j 列元素就是网络的第 j 个节点对第 i 节点的作用,在无权网络中,如果第 j 个节点与第 i 个节点有连接,则矩阵的第 i 行第 j 列元素为 -1,否则为 0;并且保持矩阵的每一行元素之和为 0。这样,网络的结构就与矩阵一一对应了,而拉普拉斯矩阵在数学上这些非常好的性质,为研究网络提供了有力的工具。

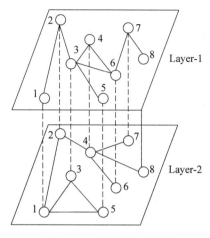

图 2-16　两层网络示意图

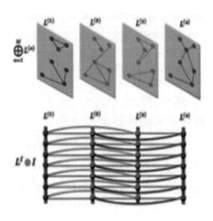

图 2-17　四层网络示意图

2.8.2　多层网络的度分布

我们已经看到,网络的度分布对于网络来说是非常重要的。那么,如何刻画多层网络的度分布呢? 譬如,两层网络都是 SF 网络(或者随机 ER 网络、小世界网络),或者两层是不同的网络,而层间连接可以是度正相关连接(两层网络之间度大节点与度大节点相互连接)、度负相关连接(两层网络之间度大节点与度小节点相互连接),也可以是随机连接。实际问题中最常见的是正相关连接,如在朋友关系-贸易网络中,往往社会关系多的人的生意也做得大。研究这个问题需要概率统计中的多元随机变量及其分布,联合分布函数和边缘分布函数等方法。

2.8.3　多层网络上的扩散与同步

网络上的传播、扩散、同步等动力学行为是复杂网络研究的基本问题,特别是关于同步一直是人们关注的问题。关于两个振子的同步现象的发现可以追溯到 1665 年荷兰物理学家惠更斯(Huygens),他发现两个钟摆不管从什么不同的初始位置出发,经过一段时间后,它们总会趋向于同步摆动。1680 年,同样是荷兰的旅行家肯珀(Kemper)在泰国旅行,在湄公河上顺流而下时看到成千上万萤火虫同步闪光的一种奇特的生物现象:这些成群成群的萤火虫,开始时杂乱纷绘地各自闪光,后来却变得时而同时闪光,时而又同时不闪光,非常有规律而且时间上很准确。今天,两个或多个系统的同步在核磁共振仪、信号发生器、颗粒破碎机、激光设备、超导材料和通信系统等领域起着非常重要的作用。同步现象也会是有害的,2000 年 6 月 10 日当伦敦千年桥落成时,成千上万的市民和游客开始涌上大桥庆祝,逐渐引起这座近 700t 钢铸大桥开始发生振动,桥体的摆动偏差甚至高达 20cm。Internet 上也有一些对网络性能不利的同步化现象。例如,Internet 上的每一个路由器各自都要周期性地发布路由消息,尽管各个路由器都是独立工作的,但是研究发现,许多路由器最终竟然会以同步的方式发送路由消息,从而引发网络交通堵塞。那么,在多层网络中,层间强度比较小时,多层网络的同步能力正比于层间强度,扩散动力学的时间尺度反比于层间强度而越来越小,说明扩散变得容易;而随着层间强度的再增加,同步能力的提高变得缓慢,而扩散的时间尺度也不会过小。

2.8.4 多层网络的鲁棒性

全球金融危机引发的"多米诺"效应、高度耦合和依存的工业系统、基础设施间的连锁故障,以及不同产业市场间系统风险的传导,这些现实问题引发了网络科学研究者对多个耦合系统鲁棒性的研究。网络鲁棒性是网络在部分受损的情况下,维持主要拓扑结构和功能的能力。而多层网络的鲁棒性研究更关注当某一层的网络受损的情况下,引起其他依赖该层的网络受损,并进而导致网络整体结构崩溃的可能性。美国波士顿大学的Stanley HE 和以色列巴伊兰大学的 Shlomo Havlin 领导的研究小组在多层网络鲁棒性上完成了重要的开创性工作。Buldyrev 等人发现在完全依存型多层网络中,在随机攻击的情况下,网络结构的崩溃呈现一级相变,这一特征区别于同形态单个网络受到随机攻击时网络结构崩溃的二级相变,即由渐进的破碎变为突然的崩溃。Parshani 等人在半依存型多层网络中发现当两层网络相互依存的节点比率低于某一阈值时,网络结构崩溃会由一级相变转为二级相变,该研究小组又进而分析了有目地攻击情况下,完全依存型和半依存型多层网络的鲁棒性[79]。

习 题 2

1. 计算图 2-18 所示网络的一些特性。

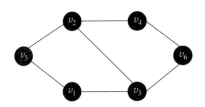

图 2-18   一个简单的无向图

（1）该网络是否是同配网络？

（2）求该网络的聚类系数和各节点的核数。

（3）求该网络的平均路径长度。

（4）求各节点的平均度。

2. 从统计特性方面阐述 WS 小世界网络和 NW 小世界网络模型之间的异同点。

3. 什么是无标度网络？无标度网络具有什么特点？

4. 请解释什么是动态演化网络,它有什么实际应用？

5. 例如图 2-19 所示的网络有 10 个节点、12 条边,被分为 3 个社区,请计算下面网络的社团评价指标模块度 Q 并尝试使用代码实现。

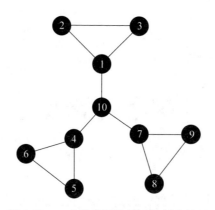

图 2-19　一个简单网络社团的划分结果

6. 举例介绍几种加权网络模型。

7. 请简述相依网络的组合方式及其优缺点。

8. 如何刻画多层网络的度分布？

网络鲁棒性

3.1 渗流理论介绍

3.1.1 渗流理论背景

渗流理论研究的一个典型问题是：将某种液体倾倒在一种多孔的材料上，这种液体是否能够从一个孔流到另一个孔，最终到达底端。为解决这个问题，通常把多孔的材料建模为一个 $n \times n \times n$ 的三维网格。格点通常也被称为节点(sites)，连接这些格点的渠道被称为边(bonds)。设所有边相互独立地以概率 p 处于开的状态(此状态下允许液体流过)，以 $1-p$ 的概率处于关的状态。在这种简化下，问题变为：对于一个给定的 p，出现一个从顶端到底端之间的通路的概率是多少？这个问题在 1957 年时 Broadbent 和 Hammersley 引入，自那以后数学家和物理学家对之进行了广泛的研究。

在另外一个不同的模型中，节点被液体占据(occupy)的概率是 p，为空的概率是 $1-p$，类似出现一个从顶端到底端之间的通路的概率是多少的问题被称为点渗流(site percolation)问题，相应地，前文所述的问题被称为边渗流(bond percolation)问题。

在上面两个问题中，我们可以把网络改成任何大小或者维度。通常，网络规模为无限大时这两个问题更容易回答。因为此时网络没有边界，也就不存在所谓的顶端和底端，问题相应地调整为：网络中是否存在一个允许液体流通的无限大的分簇。根据 Kolmogorov 的 0-1 定律，对任何给定的 p，都存在无限大分簇的概率要么是 0，要么是 1。因为这个概率是 p 的增函数，所以一定有一个临界的 p 值，当 p 低于该值时，概率是 0；当 p 高于该值时，概率是 1。

在级联失效的研究中，通常用级联失效结束后未失效节点所形成的最大连通子集占整个网络的比例 G 衡量级联失效的严重性。因而，如果能够计算出单个节点不失效的概率，那么根据点渗流中的相关理论，我们便能得到网络中未失效节点恰好能够形成大规模分簇的条件，即 G 恰好大于 0 的条件。因而，渗流理论是研究级联失效问题的一个有力的工具。

3.1.2 渗流理论简介

本节主要根据参考文献[80-81]对渗流理论进行简单介绍。首先介绍一下生成函数。

1. 生成函数理论简介

生成函数是用来研究数列的一个工具。数列通常有两种表示方式：一是通项公式；二是递归公式。在这两种方式中，数列中的成员都是以单独的形式表示的。数列也可以用生成函数表示，与前两种方式的不同之处在于，生成函数是将数列中的所有成员作为一个整体表示。

举例来说，斐波那契数列 $\{f_n\}_{n \geq 0}$ 的定义是以递归公式的形式给出的：

$$f_{n+2} = f_{n+1} + f_n \tag{3-1}$$

其中，$f_0 = 0$，$f_1 = 1$。它的通项公式也可以采用一定的技巧从递归公式中求出。数列的生成函数是将数列中下标为 n（从 0 计起）的成员乘以 x^n，然后求和得到的级数。例如，斐波那契数列的生成函数就是 $f(x) = \sum_{i=0}^{\infty} f_n x^n$，为了表述方便，通常称数列由其生成函数生成。乍看起来，用生成函数的表达方法并没有为我们带来额外的收获，其实不然。下面来看能用生成函数做些什么。在斐波那契数列的定义式(3-1)两边同时乘以 x^n，然后对 n 从 0 到无穷求和：

$$\sum_{n=0}^{\infty} f_{n+2} x^n = \sum_{n=0}^{\infty} f_{n+1} x^n + \sum_{n=0}^{\infty} f_n x^n \tag{3-2}$$

可以将式(3-2)中的求和式用生成函数表示为

$$\frac{f(x) - f_0 - f_1 \cdot x}{x^2} = \frac{f(x) - f_0}{x} + f(x) \tag{3-3}$$

将 $f_0 = 0$，$f_1(x) = 1$ 代入式(3-3)可以得到 $f(x)$ 的闭合形式：

$$f(x) = \frac{x}{1 - x - x^2} \tag{3-4}$$

将该函数在原点处进行级数展开：

$$f(x) = \frac{1}{\sqrt{5}} \left[\frac{1}{x + \frac{1 + \sqrt{5}}{2}} - \frac{1}{x + \frac{1 + \sqrt{5}}{2}} \right]$$

$$= \sum_{n \geq 0} \frac{1}{\sqrt{5}} \left[\left(\frac{1 + \sqrt{5}}{2} \right)^n - \left(\frac{1 - \sqrt{5}}{2} \right)^n \right] x^n \tag{3-5}$$

就得到斐波那契数列的通项公式：

$$f_n = \frac{1}{\sqrt{5}} \left[\left(\frac{1 + \sqrt{5}}{2} \right)^n - \left(\frac{1 - \sqrt{5}}{2} \right)^n \right] \tag{3-6}$$

参考文献[80]应用度分布概率的生成函数得到了一系列重要的理论结果。在网络中，任意节点的度都是一个离散随机变量，其等于 k 的概率，用 p_k 表示。可以把 p_k 看成一个数列，并定义它的生成函数：

$$G_0(x) = \sum_{k \geq 0} p_k x^k \tag{3-7}$$

如果一个离散随机变量取值为 p_k 的概率由某个生成函数生成，则该随机变量的 m 次独立实现的总和由该生成函数的 m 次方生成。例如，在网络中随机选取 m 个节点，这些节点的度数之和的分布由$[G_0(x)]^m$生成。为了直观上看出这一点,考虑一个简单的情况,即选取两个节点的情况,展开$[G_0(x)]^2$

$$[G_0(x)]^m = \Big[\sum_{k \geqslant 0} p_k x^k\Big]^2 = \sum_{n \geqslant 0} \Big(\sum_{i+j=n} p_i p_j\Big) \tag{3-8}$$

而($\sum\limits_{i+j=n} p_i p_j$)恰好就是随机选取两个节点,它们的度之和恰为$n$的概率。对于$m > 2$的情况,也可以采用类似的方法说明。有了此基础,下面介绍渗流理论。

2. 渗流条件的分析

下面考虑一个点渗流的问题:在一规模无限大的度不相关网络中,若任意节点具有属性p(property)的概率是一个关于该节点度的函数,例如,一节点度为k的条件下,具有属性p的概率为q_k,问网络中具有属性p的节点何时能够形成一个规模无限大的分簇问题。

为了回答这个问题,首先引入一些概念和记号。设网络中任意节点的度等于k的概率为p_k,则在网络中随机选取一条连边(为表述方便,下文简称为"随机选边"),它所连接的节点的度数为k的概率正比于$k p_k$,归一化之后,可写出此概率为

$$\frac{k p_k}{\sum_i i p_i} = \frac{k p_k}{\langle k \rangle} = \frac{k p_k}{G_0'(1)} \tag{3-9}$$

因此,随机选边所连节点的度的概率分布由函数

$$\frac{\sum_k k p_k x^k}{G_0'(1)} = x \frac{G_0'(x)}{G_0'(1)} \tag{3-10}$$

生成。如果关心的不是随机选边所连节点的度,而是关心从随机选边所连节点出边(outgoing edge)的数量,所谓"出边",是相对于引导到该节点的那条随机选取的边而言的,排除那条边,一个节点的出边数应该比其度小1,因此它的概率分布对应的生成函数应该等于式(3-10)除以x,记这个生成函数为$G_1(x)$,于是有

$$G_1(x) = \frac{G_0'(x)}{G_0'(1)} \tag{3-11}$$

q_k是一个条件概率,一个节点度数为k且同时具有属性p的概率为$p_k q_k$,这个分布对应的生成函数为

$$F_0(x) = \sum_{k=0}^{\infty} p_k q_k x^k \tag{3-12}$$

类似于$G_1(x)$,可以定义$F_1(x)$为随机选边所连节点的出边数为k且具有属性p的概率分布对应的生成函数为

$$F_1(x) = \frac{\sum_k k p_k q_k x^{k-1}}{G_0'(1)} = \frac{F_0'(x)}{G_0'(1)} \tag{3-13}$$

一些节点具有属性p,而其余节点不具有属性p,这样,在网络中具有属性p的节点会形成一些互不连通的分簇,把这些分簇叫作p簇。现在定义$H_1(x)$为随机选边连到p簇规模的概率分布对应的生成函数。为了得到$H_1(x)$,下面对随机选边连接到的节点v

是否具有属性 p 以及 v 的度数分情况讨论。

（1）随机选边所连节点 v 不具有属性 p，这种情况发生的概率为 $1-F_1(x)$，此时随机选边所连 p 簇的大小为 0。

（2）随机选边所连节点 v 具有属性 p，且 v 的出边数为 0，这种情况发生的概率为 $\dfrac{1 p_1 q_1}{\langle k \rangle}$（注意 v 的出边数为 0，但度为 1），此时随机选边所连 p 簇的大小为 1。其概率分布对应的生成函数为 $\dfrac{1 p_1 q_1}{\langle k \rangle} x$。

（3）随机选边所连节点 v 具有属性 p，且 v 的出边数为 1，这种情况发生的概率为 $\dfrac{2 p_2 q_2}{\langle k \rangle}$，此时 v 的出边所连 p 簇的大小的分布仍然由 $H_1(x)$ 生成，加上节点 v，随机选边所连 p 簇的大小的概率分布由 $\dfrac{2 p_2 q_2}{\langle k \rangle} x H_1(x)$ 生成。

（4）随机选边所连节点 v 具有属性 p，且其出边数为 $k-1$，这种情况发生的概率为 $\dfrac{k p_1 q_1}{\langle k \rangle}$，此时，根据前面提到的概率分布对应的生成函数的幂律性质，所有出边所连 p 簇的大小之和的分布由 $[H_1(x)]^{k-1}$ 生成，加上 v 节点，随机选边所连 p 簇的大小的概率分布由 $\dfrac{k p_k q_k}{\langle k \rangle} x [H_1(x)]^{k-1}$ 生成。

注意： 上述讨论中把网络看成了树形结构，而这是需要满足一定条件的：一方面，网络拓扑结构本身要具有树形的子网；另一方面，相对于网络规模来说，p 簇的规模必须非常小，即渗流没有或者恰巧刚刚发生。

综合上面这些不同的情况，得到

$$H_1(x) = 1 - F_1(1) + \frac{1 p_1 q_1}{\langle k \rangle} x + \frac{2 p_2 q_2}{\langle k \rangle} x H_1(x) + \cdots + \frac{k p_k q_k}{\langle k \rangle} x [H_1(x)]^{k-1}$$

$$(3\text{-}14)$$

结合式(3-13)，可把式(3-14)简写为

$$H_1(x) = 1 - F_1(1) + x F_1[H_1(x)] \tag{3-15}$$

设在网络中随机选择一个节点，它属于的 p 簇的大小的概率分布对应的生成函数为 $H_0(x)$，采用类似的分析方法，可以得到

$$H_0(x) = 1 - F_0(1) + x F_0[H_1(x)] \tag{3-16}$$

可写出网络中 p 簇的大小的均值：

$$\langle s \rangle = H_0'(x) = F_0[H_1(x)] + F_0'[H_1(x)] H_1'(x) \tag{3-17}$$

在网络中没有形成最大连通子集时，$H_1(1)=1$。此外，根据式(3-15)，有

$$H_1'(1) = F_1(1) + F_1'(1) H_1'(x) \tag{3-18}$$

因而，可以得到 $H_1'(1) = \dfrac{F_1(1)}{1 - F_1'(1)}$，把这些结果代入式(3-17)，就得到

$$\langle s \rangle = F_0(1) + \frac{F_0'(1) F_1(1)}{1 - F_1'(1)} \tag{3-19}$$

式(3-19)在 $1-F_1'(1)$ 接近于 0 时是趋向于 ∞ 的，表示此时网络中的 p 簇规模趋于无穷

大,网络中发生了大规模渗流。于是,得到渗流的临界条件,即具有 p 属性的节点恰好能够形成大规模连通子集的条件:

$$F'_1(1) = \sum_k \frac{k(k-1)p_k q_k}{\langle k \rangle} = 1 \tag{3-20}$$

相应地,未发生渗流(即具有属性 p 的节点未形成大规模连通子集)的条件为

$$\sum_k \frac{k(k-1)p_k q_k}{\langle k \rangle} < 1 \tag{3-21}$$

若 q_k 为一常量,与度数无关,则式(3-21)可简化为

$$q < \frac{\langle k \rangle}{\langle k^2 \rangle - \langle k \rangle} \tag{3-22}$$

在随机网络中,因为 $\langle k^2 \rangle = \langle k \rangle^2$,所以式(3-22)可进一步简化为

$$q < \frac{1}{\langle k \rangle - 1} \tag{3-23}$$

3.2　随机攻击与蓄意攻击

通过抽象简化分析,大多数复杂网络的连接直接决定了网络的功能实现。如果攻击复杂网络中的节点或者某些弧,网络的拓扑结构会有一定的改变。最初对复杂网络的攻击策略主要有两种:随机攻击和蓄意攻击。随机攻击与网络中的随机故障对应,是指随机地破坏网络中的节点(边);蓄意攻击是指按照一定的规则确定网络中节点(边)的重要性,按照节点(边)的重要程度以从高到低的顺序破坏节点(边)。从被攻击网络的角度来说,对网络的蓄意攻击也称为遇袭。

默奥大学的 Petter Holme 教授等人对复杂网络的蓄意攻击做了深入研究,于 2002 年发表了 Attack vulnerability of complex networks 一文,研究了对重要的节点或者边攻击后复杂网络的承受能力,开创了对复杂网络攻击研究的先河。

对复杂网络的攻击首先要考虑如何攻击网络,从静态拓扑结构的角度来说有两种攻击网络的方式:删除节点和删除边,这里要说明的是删除节点时,该节点以及与该节点相连接的所有边(在有向网络中包括以该节点为起点和终点的有向弧)都要被删除,这样网络的节点数和边数会不断变小;而删除边时,节点是保留的,这样网络会产生很多孤立节点,但节点数不会发生改变,只有边数在不断下降。

确定了对复杂网络的攻击方式后,下一步就要考虑如何攻击,也就是说,如何移除节点(边)。从攻击者的角度考虑,总是希望每删除固定数量的节点(边),网络就能遭受到最大程度的破坏;然而这需要清楚地掌握网络的全局结构,同时需要非常严格的时间估算。

为了方便处理,提出了 4 种对复杂网络节点的移除方式,具体主要用到两种复杂网络的统计量:度数和介数。具体来说,可以根据每一步移除时是否需要重新计算网络的统计量划分为两大类方法:一类是只需要计算网络初始状态时,每个节点的度数和介数,按照降序(由大到小的顺序)排列,每一步依次移除,分别称之为"ID(Initial Degree)移除"和"IB(Initial Betweenness)移除"。当网络中越来越多的节点被移除后,网络中节点的度数和介数都会发生改变。在每一步移除一个节点之后,重新计算网络每个节点的度数和介

数,并找到其中的度数或者介数最大的节点,下一步将其移除。这就是"RD (Recalculated Degree)移除"和"RB(Recalculated Betweenness)移除"。基于度数与基于介数的删除策略的不同之处在于,前者的目标是尽可能快速地减少网络中的弧数,而后者的目标是尽可能多地破坏网络的最短路径。

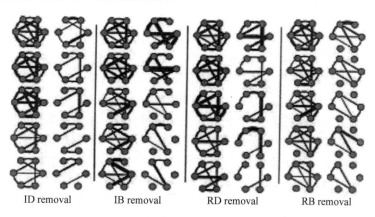

ID removal　　　IB removal　　　RD removal　　　RB removal

图 3-1　边移除的 4 种攻击策略

图 3-1 选用的初始网络是小世界网络[82],从左至右依次代表 4 种移除方式,每一列自上而下、从左到右演示了 4 种不同攻击策略下分 9 次对网络的攻击。图中,边越粗代表被攻击的可能性越大。

在随机网络、小世界网络和无标度网络这 3 种类型的网络上分析研究,在随机攻击时,随着节点移除比率 f(删除的节点和网络总节点之比)的增加,无标度网络的平均最短路径几乎没有什么变化,而随机网络和小世界网络则略有上升。因此,随机攻击对 3 种网络模型的影响都比较小。对于无标度网络来说,随机攻击几乎没有影响。在蓄意攻击的情形下,随机网络和小世界网络平均最短路径的变化不大,说明这类指数型网络有很强的抵抗蓄意攻击能力。而无标度网络的平均最短路径陡然上升,说明无标度网络在面对蓄意攻击时很容易崩溃。

3.3　级　联　失　效

对实际的网络进行研究时,必须考虑到网络需要承载一定的信息、能量以及物质等负载,网络中负载对鲁棒性的影响不容忽视。由于网络的构建受成本的严格控制,网络节点(边)所承受负载的能力受到限制,即网络节点(边)的容量具有额定值。在交通、信息或者由数据组成的网络中,网络的负载都是动态变化的,特别是网络结构发生变化(如节点(边)增加、移除或重组)时,都会引起网络节点(边)上负载的重分配。当节点(边)上的负载超过其额定容量时,将会发生失效,从而引起其他节点(边)的失效,这一过程将会持续到没有新的节点(边)失效为止。这种动态失效将会使得网络部分甚至完全崩溃,这种现象被称为级联失效[83-85]。

基于级联失效对复杂网络鲁棒性进行研究,可以使人们更好地理解和控制网络发生级联失效时所引起的灾害。针对这类研究,人们提出了各种不同的级联失效模型进行网络级联失效故障分析,这些模型主要包括沙堆模型、CASCADE 模型、OPA 模型以及负载-容量模型等。

3.3.1 渗沙堆模型

Bak 等人[86]根据沙堆崩溃前具有自组织临界(Self-organized criticality,SOC)状态这一现象,将其应用到级联失效研究中,并提出了沙堆模型。模型假设网络中的每个节点上都堆有一堆沙子,且具有一定的高度,同时给每个节点都设置一个阈值,当沙堆的高度大于阈值时,节点就会崩溃,节点上的沙子将均匀地向未倒塌的沙堆传递。Bonabeau[87]将沙堆模型应用到 ER 随机网络中,通过对网络中的节点进行增加负载的操作,负载的增加导致其他节点过载,从而发生重分配现象,通过分析发现负载的增加对网络崩溃前的自组织临界行为有影响,并发现了级联失效规模在分布上具有幂律特性。在此基础上,文献[88]通过假设网络中节点的阈值 $Z_i = k_i^{1-\varepsilon}(0 \leqslant \varepsilon \leqslant 1)$,分别从理论和仿真两方面验证了 BA 无标度网络在雪崩发生过程中其规模 s 和持续时间 t 都呈幂律分布。

3.3.2 OPA 模型

文献[89]以实际电网为研究对象提出了 OPA 模型,该模型描述了电网从初始状态向 SOC 状态相变的过程,通过对电网在演化过程中出现的用户用电需求(即电网负载)增加、额定容量发生变化以及故障发生时对电网的修复和功率分配等过程进行分析,发现各种小型故障的维修防护工作会使得一些潜在的危害存在,随着用户用电需求逐渐增加,电网负载也会逐渐增长,这些原因都会使得电网向 SOC 状态发展。

3.3.3 CASCADE 模型

为了更进一步地了解电网中负载的增长对级联失效的影响,Dobson 等人[90]提出了 CASCADE 模型。在该模型中,假设网络是由 n 个节点组成的,每个节点都有一个随机的初始负载 $L_1, L_2, \cdots, L_n \in [L_{min}, L_{max}]$,各负载之间相互独立。对每个节点的负载都设定一个初始扰动 D,D 将会使某个节点过载而失效,其负载将会以一个固定值的形式转移到邻近节点上,该过程将持续到没有节点失效为止。CASCADE 模型比 OPA 模型简单,它可以直接通过数值分析的方法获得电网在不同负载情况下,级联失效发生的频率和故障规模的分布特性。

3.3.4 负载-容量模型

在实际网络中,级联失效的发生与网络负载的不正常有关,而网络负载是网络中实际存在的物理量,如通信网上的信息值、互联网中的数据量以及交通网上的运输量等。网络负载的增加将会给网络带来额外的负载,而当网络中出现过载现象时,级联失效故障将被引发。网络的容量是网络所能承受的最大负载的能力,就理论而言,网络的定容量越大,网络发生级联失效现象的概率越低,网络鲁棒性越好。然而,实际网络的构建和维护都严格受到成本的约束,因此在有限的网络成本下,合理地分配容量是一个研究重点。

1. 负载容量线性模型

将复杂网络建模为无向无权的简单连通图 G，其中 $V=\{v_i|i=1,2,\cdots,n\}$ 代表顶点集；$E=\{e_k|e_k=(v_i,v_j),k=1,2,\cdots,p\}$ 代表边集；其顶点数和边数分别为 $N(G)$ 和 $M(G)$；$\boldsymbol{A}=(a_{ij})_{n\times n}$ 为图 G 的邻接矩阵（如果顶点 v_i 连接 v_j，则 $a_{ij}=1$，否则 $a_{ij}=0$）。

Motter 等人[91]假设网络节点的容量与负载之间呈线性关系，并提出了 ML 模型。ML 模型的表达形式为

$$C_i=(1+\alpha)L_i,\quad i=1,2,\cdots,N \tag{3-24}$$

其中，C_i 为容量，$\alpha>0$ 为容量参数，N 为网络规模（网络的总节点数），L_i 为初始负载，它是以该节点的介数表示的。网络节点的介数[92]是指通过该节点的所有最短路径的数目和，其表达式为

$$L_i=B_i=\sum_{i\neq j=1}^{N}\frac{X_{st}(i)}{X_{st}} \tag{3-25}$$

X_{st} 为节点 v_s 与节点 v_t 之间最短路径的总数目，$X_{st}(i)$ 为节点 v_s 与节点 v_t 的所有最短路径中经过节点 v_i 的最短路径数目。当网络中的某个节点遭受随机失效或故意攻击时，节点将会被移除，失效节点上的负载根据最短路径策略进行全局重分配。模型是针对网络节点失效展开的，但其同样可以应用于边失效的情况，此时可将模型改成 $C_{ij}=(1+\partial)L_{ij}$。

为了研究加权特征与级联失效之间的关系，文献[93]提出局部负载重分配原则，并以节点的度的乘积作为边的权值[94]，其表达式为

$$L_{ij}=\partial_{ij}(k_ik_j)^{\theta} \tag{3-26}$$

其中，θ 为权值调节参数。文献[97]采用上述分配方法以及 ML 模型在典型网络（NW 小世界网络、BA 无标度网络）上进行模拟仿真，发现在随机攻击时，当 $\theta=1$ 时，几种网络均达到了抵御级联失效的最强鲁棒性能。

针对文献[94]的加权方式，Mirzasoleiman 等人[95]提出将介数代替度进行网络边的加权，表达式为

$$L_{ij}=\partial_{ij}(B_iB_j)^{\theta} \tag{3-27}$$

其中，B_i、B_j 分别为节点 v_i、v_j 的介数，同时提出以网络边的介数作为其权值，并对 3 种不同的加权方式进行级联失效仿真，发现使用点的介数进行加权时，网络抵御级联失效的鲁棒性更强。

2. 负载容量非线性模型

文献[96]对实际的高速公路网、供电线路网、航空运输网和因特网进行了负载容量分析，通过采集实际数据模拟其分布趋势，发现在实际网络中，负载与容量之间呈现非线性分布，且网络中负载较小的边拥有较大比例的容量。其负载容量非线性模型为

$$F_i=(1-w)R_iL_i+wS_iL_i \tag{3-28}$$

其中，R_i 为鲁棒性测度；S_i 为成本测度；L_i 和 F_i 分别为网络的负载和容量，为调节参数。

针对网络中负载和容量之间的非线性关系，基于 ML 模型，文献[97]提出了一种新

的负载容量非线性模型,通过理论和仿真证明了在一定的参数下,网络在抵御级联失效和减缓交通拥堵方面具有很好的效果,可以获得良好的鲁棒性能。模型中负载与容量的关系为

$$C_i = \alpha + \beta L_i \qquad (3\text{-}29)$$

其中,$\alpha \geqslant 0$ 和 $\beta \geqslant 0$ 为容量参数。该模型是针对网络节点失效展开的,但其同样可以应用于边失效的情况,此时可将模型改成 $C_{ij} = \alpha + \beta L_{ij}$。

同样,在 ML 模型的基础上,窦炳琳等人[97]提出一种负载容量呈现非线性的模型,将其与 ML 模型在 BA 无标度网络和 Internet AS 级网络上进行仿真对比,发现其在实现网络鲁棒性方面要远远优于 ML 模型。模型中负载与容量的关系为

$$C_{ij} = L_{ij} + \beta L_{ij}{}^{\alpha} \qquad (3\text{-}30)$$

其中,α 和 β 都是容量参数。

习 题 3

1. 简述复杂网络中的攻击策略。
2. 简述随机攻击和蓄意攻击的区别。
3. 简述复杂网络中级联失效的动态模型以及它们之间的优缺点。
4. 请描述 CASCADE 模型的算法。

网络传播动力学

复杂网络上的传播动力学问题是复杂网络研究的一个重要方向。它主要研究社会和自然界中各种复杂网络的传播机理与动力学行为以及对这些行为高效可行的控制方法[98]。近年来,随着复杂网络结构研究的迅猛发展,人们逐渐认识了不同事物在真实系统中的传播现象。例如,通知在有效人群中的转达,学科新思想在科学家间的散播与改进,社会舆论对于某种思想的宣传,病毒在计算机网络上的蔓延,传染病在人群中的流行,谣言在社会中的扩散,甚至城市务工人员的流动等,都可以被看作是复杂网络上服从某种规律的传播行为。如何描述这些事物的传播过程,解释它们的传播特性,进而寻找出对这些行为进行有效控制的方法,一直是物理学家、数学家和社会学家共同关注的焦点,也是网络结构研究的最终目标之一。

目前,由于网络结构的复杂性和传播机理的复杂性,对复杂网络的传播动力学与控制策略的研究仍处于探索阶段,至今没有形成一套完备的理论体系。我们知道,各种事物在真实系统中的传播是一种非常复杂的过程,它受到许多自然因素和社会因素的制约和影响。这些影响和制约不仅与传播事物的传播属性有关,而且也与网络的结构特征有关。譬如,病毒在计算机网络中的传播行为与计算机在线时间的长短、病毒的传播方式、不同的计算机对病毒抵抗能力的差异等有紧密的联系;又如,病毒在社会网络中的传播行为与被感染个体的多少、易感染个体的数目、传染概率的大小、病毒潜伏期的长短以及人口的迁入与迁出等因素有密切联系。对于这些复杂的传播现象,很多科研工作者曾试图从生物学角度解释流行病的传播现象,但是结果都不能令人十分满意。众所周知,数学在事物中的一个重要作用就是对事实上极为混乱的现象建立简单而不失其主要特征的理想模型。因此,在研究复杂网络的传播规律时,很有必要建立数学模型对这一现象进行模拟与论证,把涉及事物传播的相关因素通过设置参数的方法把它们考虑到模型中去,进而从纷繁复杂的现象中找到一些规律,从而对实践起到某种指导作用。

4.1 传播动力学建模与解析

网络传播动力学将群体中的个体看成节点,将个体与个体之间的接触看成边,研究网络结构和疾病或者信息共同演化的规律。基于不同的标准,网络传播动力学模型有不同的分类。如基于不同的网络,模型可分为规则网络、随机网络及无标度网络等动力学模型。基于网络度分布的异质性,模型可分为均匀网络模型、异质网络模型。基于网络结构是否随时间变化,模型可分为静态网络模型和动态网络模型。而基于建模角度和方法的不同,模型可分为基于度和节点的动力学模型。下面从建模角度分析传播动力学机理。

4.1.1 基于度的动力学模型

基于节点度的动力学模型假设度相同的节点具有相同的动力学规律,下面将介绍一种基于节点度的动力学模型:异质平均场模型。

异质平均场模型是 Pastor-Satorras 等人首次用复杂网络刻画个体间的接触信息,研究个体接触的异质性对疾病传播的影响。在文献[99]中,假设相同度的节点有相同的动力学规律,然后应用平均场理论建立确定性模型研究相同度节点的动力学过程。下面以 SIS 模型为例介绍异质平均场模型。

设网络中度为 k 的节点中染病节点的密度为 ρ_k,得到以下 SIS 异质平均场模型:

$$\frac{\mathrm{d}\rho_k}{\mathrm{d}t} = -\rho_k(t) + \beta k(1 - \rho_k(t))\theta_k(t) \tag{4-1}$$

其中,$\theta_k(t) = \sum_l P(l|k)\rho_l$ 表示网络中由度为 k 的节点发出的边指向染病节点的概率。当节点的度不相关时

$$\theta_k(t) = \theta(t) = \frac{\sum_k kP(k)\rho_k(t)}{\sum_k kP(k)} \tag{4-2}$$

即网络中任意一条边指向染病者的概率等于染病者发出的总边数占网络总边数的比例。

从 SIS 异质平均场模型得其基本再生数为

$$R_0 = \beta\langle k^2 \rangle / \langle k \rangle \tag{4-3}$$

其中,$\langle k \rangle$ 为网络的平均度,因此,疾病的传播阈值为 $\beta_c = \langle k \rangle / \langle k^2 \rangle$。当疾病的传染率小于传播阈值 β_c(或 $R_0 < 1$)时,疾病最终消失,而当疾病的传染率大于传播阈值 β_c(或 $R_0 > 1$)时,疾病流行。特别地,Pastor-Satorras 等人发现在度分布为 $P_k \propto k^{-\alpha}$ 的无标度网络中,当网络规模 $N \to \infty$,幂指数 $2 < \alpha \leqslant 3$ 时,疾病的传播阈值会消失,而均匀混合网络上始终存在有限阈值,这一发现颠覆了传统的有限传播阈值理论。

异质平均场模型通过网络度分布的信息,描述了度分布对传播动力学的影响,但忽略了度分布对聚类系数、团簇系数等网络拓扑结构的影响。此外,在度不相关的假设下,异质平均场模型被推广到 SIR 类型的疾病,带有人口动力学的动态网络、多菌株传染病、有向网络、加权网络等。文献[100]也给出了在度相关网络中 SIS 和 SIR 模型的疾病传播阈值,发现在无标度网络中,当网络规模 $N \to \infty$,幂指数 $2 < \alpha \leqslant 3$ 是疾病阈值消失的充分条件。

4.1.2 基于节点的动力学模型

在动力学传播模型中,一种考虑更精确的模型为基于节点的动力学模型,不同于基于关系和度的动力学模型,该模型应用连续时间 Markov 链技术,充分考虑到每个节点的特征,深入研究网络的拓扑结构对传染病的影响。下面介绍 Van Mieghem[101] 提出的基于节点(邻接矩阵)构建的病毒传播动力学模型。

2009 年, Van Mieghem 提出了基于节点的病毒传播动力学模型, 分析了病毒在网络上的动力学传播过程。考虑一个包含 N 个节点 L 条边的简单无向连通图 G, 其邻接矩阵为 $A = (a_{ij})_{N \times N}$。染病节点 v_i 传染其一个邻居的速率为 $\beta > 0$, 恢复率为 $\gamma > 0$, 假定疾病的传染和恢复是两个独立的泊松过程。$X_i(t)$ 表示在 t 时刻节点 v_i 的状态, 即

$$\begin{cases} X_i(t) = 1, & \text{节点 } v_i \text{ 处于染病状态} \\ X_i(t) = 0, & \text{节点 } v_i \text{ 处于易染病状态} \end{cases} \tag{4-4}$$

考虑依赖于时间的随机变量 $S_i(t) = 1_{\{X_i(t)=1\}}$, 如果 $X_j(t) = 1$, 则 $S_i(t) = 1$; 否则 $S_i(t) = 0$。若节点 v_i 是染病者 $(X_i(t) = 1)$, 则 $S_i(t)$ 以速率 γ 从 1 变到 0; 若节点 v_i 是易感者 $(X_i(t) = 0)$, 则 $S_i(t)$ 以速率 $\beta \sum_{j=1}^{N} a_{ij} 1_{\{X_j(t)=1\}}$ 从 0 变到 1。考虑 S_i 在充分小的时间间隔 Δt 内的变化率为

$$\frac{S_i(t + \Delta t) - S_i(t)}{\Delta t} = -\gamma S_i(t) + (1 - S_i(t)) \beta \sum_{j=1}^{N} a_{ij} S_j(t) \tag{4-5}$$

令 $\Delta t \to 0$, 得到随机 SIS 病毒动力学传播模型:

$$\frac{dS_i(t)}{dt} = -\gamma S_i(t) + (1 - S_i(t)) \beta \sum_{j=1}^{N} a_{ij} S_j(t) \tag{4-6}$$

利用平均场的思想, 对式(4-6)两边取均值 $E[S_i(t)] = Pr[X_i(t) = 1] = v_i(t)$, 得

$$\frac{v_i(t + \Delta t) - v_i(t)}{\Delta t} = -\gamma v_i(t) + \beta \sum_{j=1}^{N} a_{ij} v_j(t) - E[1_{\{X_i(t)=1\}}] \beta \sum_{j=1}^{N} a_{ij} 1_{\{X_j(t)=1\}} \tag{4-7}$$

对于式(4-7)右面的第三项

$$E[1_{\{X_i(t)=1\}} 1_{\{X_j(t)=1\}}] = Pr[X_i(t) = 1, X_j(t) = 1]$$
$$= Pr[X_i(t) = 1] Pr[X_j(t) = 1 \mid X_i(t)] \tag{4-8}$$

在网络连通的情况下, 有 $Pr[X_j(t) = 1 | X_i(t) = 1] \geqslant Pr[X_i(t) = 1]$, 因为给定一个染病者节点 v_i, 不可能对其邻居 v_j 节点的染病概率有抑制作用。现假定随机变量 $1_{\{X_i(t)=1\}}$ 和 $1_{\{X_j(t)=1\}}$ 相互独立, 即 $E[1_{\{X_i(t)=1\}} 1_{\{X_j(t)=1\}}] = E[1_{\{X_i(t)=1\}}] E[1_{\{X_j(t)=1\}}]$, 令 $\Delta t \to 0$, 结合式(4-7)和式(4-8)得到确定性 SIS 病毒传播模型。

$$\frac{dv_i(t)}{dt} = -\delta v_i(t) + \beta [1 - v_i(t)] \sum_{j=1}^{N} a_{ij} v_j(t) \tag{4-9}$$

这个方程也称为 N-intertwined SIS 病毒传播模型, 记为 $V(t) = [v_1(t), v_2(t), \cdots, v_N(t)]$, $diag(v_i(t))$ 是对角元素为 $v_1(t), v_2(t), \cdots, v_N(t)$ 的一个对角阵, 则式(4-9)微分方程相应的矩阵形式为

$$\frac{dV(t)}{dt} = [\beta A - \gamma I] V(t) - \beta diag(v_i(t)) A V(t) \tag{4-10}$$

记邻接矩阵 A 的最大实特征值为 $\lambda_{\max}(A)$, 对式(4-10)所示的矩阵形式方程, 只要初始值 $V(0) \neq 0$。

当有效传染率 $\beta / \gamma \leqslant 1 / \lambda_{\max}(A)$ 时, 无病平衡点是全局渐近稳定的; 当有效传染率 $\beta / \gamma > 1 / \lambda_{\max}(A)$ 时, 地方病平衡点也是全局渐近稳定的。

文献[101]对随机 SIS 病毒动力学传播模型与确定性 SIS 病毒传播模型做了比较, 得出平均场近似的 N-intertwined SIS 模型高估了节点被传染的概率, 原因是假定随机变量

$1_{\{X_i(t)=1\}}$ 和 $1_{X_j\{t\}=1}$ 相互独立。可以看出,基于节点的随机 SIS 网络模型更加精确,但难以进行数学处理,而确定性 SIS 模型可作为随机 SIS 模型的近似,且随着网络规模的增大,随机 SIS 网络模型与确定性 SIS 网络模型的解的差异减小。基于节点的动力学模型充分考虑了每个节点的特征,能深入研究网络的拓扑结构对传染病的影响,其建模的思想也推广到了其他的模型中,如病毒传播模型[102],有单病毒模型[103]、双病毒-单网络模型[104]、双病毒-双网络模型[105]等。

4.1.3　d 维 NW 小世界网络的线性传播方程

之前一直讨论病毒的动力学传播,接下来将不再局限于病毒的传播。灾难、火灾以及通信网络中的拥塞等都可以成为研究网络中传播现象的描述对象。Newman 和 Watts 在提出 NW 小世界网络模型的基础上,最早描述了在一个 d 维 NW 小世界网络上的传播过程。Moukarzel 则做了更为具体的分析[106]。这里沿用 Moukarzel 的思想介绍这个 d 维小世界网络的传播方程。

如图 4-1 所示,假设从最初的感染节点 A 开始,病毒以常速 $v=1$ 开始传播。NW 小世界网络中捷径端点的密度为 $\rho=2P$,这里 P 是小世界网络模型中添加新捷径的概率参数。不妨假设这个传播过程是连续的。因此,网络中节点的感染量 $V(t)$ 是一个从 A 开始的以 t 为半径的球体 $\Gamma_d t^{d-1}$,这里,Γ_d 是 d 维小世界网络中的超球体常数。感染源在传播过程中碰到捷径端点的概率为 ρ,并因此而产生新的感染球体为 $\rho \Gamma_d t^{d-1}$。因此,平均的总感染量 $V(t)$ 由下面形式的积分方程得到。

$$V(t) = \Gamma_d \int_0^t \tau^{d-1}\left[1 + 2PV(t-\tau)\right]\mathrm{d}\tau \tag{4-11}$$

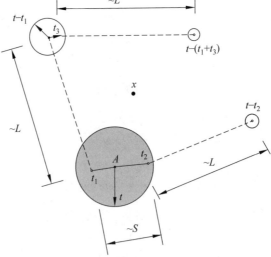

图 4-1　NW 小世界网络传播原理示意图

对式(4-11)做标度变换和微分后,可以得到如下形式的线性传播方程: $\dfrac{\partial^d V(t)}{\partial t^d} = 1+$

$V(t)$。显然,这个方程的解

$$V(t) = \sum_{k=1}^{\infty} \frac{t^{dk}}{(dk)!} \quad d = 1,2,3,\cdots \tag{4-12}$$

是随着时间 t 的增大而发散的。

4.1.4　小世界网络传播动力学方程的分形、混沌与分岔

Yang 认为 NW 小世界网络的感染量 $V(t)$ 中,由于现实中存在等待时间,新引发的病毒感染或者火灾发生相比而言都有一个时滞 δ[107]。因此,相应的线性时滞传播方程为

$$\frac{\partial^d V(t)}{\partial t^d} = 1 + V(t - \delta) \tag{4-13}$$

相应的解为

$$V(t) = \sum_{k=1}^{t/\delta} \frac{(t - k\delta)^{dk}}{(dk)!} \quad d = 1,2,3,\cdots \tag{4-14}$$

按公式 $D = \dfrac{\mathrm{dln}(V(r))}{\mathrm{dln}r}$ 计算方程解式的分形维数 D 后,发现 δ 决定着 NW 小世界网络的分形维数,如图 4-2 所示。

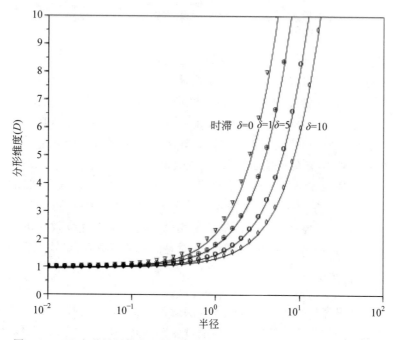

图 4-2　NW 小世界网络在不同的时滞 $\delta = 0,1,5,10$ 时的分形维数示意图

更进一步地,在病毒、火灾以及 Internet 和通信网络中,信息流的传播和扩散过程中存在非线性摩擦等阻碍因素,如种群间的竞争、网络中的拥塞以及其他传播媒介资源的限制等,都会对传播过程产生不可忽视的影响。因而,在方程式 $\dfrac{\partial^d V(t)}{\partial t^d} = 1 + V(t)$ 中不仅要考虑时滞,还应加入非线性摩擦项 $-\Gamma_d \displaystyle\int_0^t \left[\mu V^2(t - \tau - \delta) \right] \tau^{d-1} \mathrm{d}\tau$,从而有

$$V(t) = \Gamma_d \int_0^t \tau^{d-1} [1 + \xi^{-d} V(t-\tau-\delta) - \mu V^2(t-\tau-\delta)] \mathrm{d}\tau \qquad (4\text{-}15)$$

经过标度代换和微分 d 次后得到如下非线性传播方程：

$$\frac{\mathrm{d}^d V(t)}{\mathrm{d}t^d} = \xi^d + V(t-\delta) - \mu \xi^d V^2(t-\delta) \qquad (4\text{-}16)$$

其中 $\xi = \dfrac{1}{(2pkd)^{1/d}}$，如果将式（4-16）的非线性传播方程写成离散形式，令 $\delta=1$，则一维（$d=1$）离散小世界网络的传播方程 $V_{n+1} = \xi + 2V_n - \mu \xi V_n^2$。

当 $\xi \geqslant \xi^* = \sqrt{\dfrac{1.401}{\mu}}$ 时，系统中出现混沌；当 $\xi \leqslant \xi_0 = \sqrt{\dfrac{0.75}{\mu}}$ 时，系统趋于稳定的不动点；当 $\xi_0 < \xi < \xi^*$ 时，系统出现倍周期分岔的传播过程。对非线性传播方程（4-16），只考虑 $d=1$ 的一维雏形，即

$$\frac{\mathrm{d}V(T)}{\mathrm{d}t} = \xi + V(t-\delta) - \mu \xi V^2(t-\delta) \qquad (4\text{-}17)$$

以 μ 为分岔参数，如果 $\delta < \pi/2$，则式（4-17）在 $\mu^* = \dfrac{\pi^2 - 4\delta^2}{16\delta^2 \xi^2}$ 处出现 Hopf 分岔。

4.2　传播控制

　　基于病毒传播的机理，人们采用免疫的方法控制传播。节点一旦被免疫，意味着从网络中删除了与这些节点相连的边，使得病毒传播的途径大大减少，从而控制病毒的传播。免疫会产生经济方面的问题，如注射疫苗有经济成本，也有对人体产生副作用的安全成本。当成本和资源有限时，选择最优的免疫策略，用最少的免疫量最大限度地控制疫情和舆情的爆发，具有立竿见影的实用性和经济性。基于复杂网络的免疫过程可以分为 3 个阶段：建立网络模型、实施免疫控制、评估免疫效果。

　　根据真实社会场景收集节点和连边信息，建立复杂网络模型，表示成图 $G = \langle V, E \rangle$，其中，V 是节点集合，E 是边集合。根据免疫策略从 V 中选出重要节点实施免疫，这些节点不会被感染，并切断了传播的路径。最后采用合适的指标对免疫效果进行评估。下面将全面而详细地介绍当前主要的免疫策略，并对它们的适用场景、优缺点进行分析。

4.2.1　网络免疫

　　无标度网络是很容易受病毒攻击而导致病毒流行的，因此选择合适的免疫策略显得更加重要。免疫方法作为一种控制有害传播过程在网络中扩散的方法，已经是很普遍了。例如，针对疾病接种疫苗，有些疫苗一次接种，个体就能够获得终生的免疫力；有些疫苗接种后一段时间内，个体可以获得免疫力，但是这段时间过后，个体必须继续接种疫苗，才能够保持免疫力。将免疫的具体过程进行抽象，针对复杂网络中进行的传播过程研究有效的网络免疫方法，是控制网络中传播过程的研究人员集中研究的一个对象。下面简要介绍复杂网络的 3 种免疫策略：随机免疫、目标免疫和熟人免疫。

1. 随机免疫

随机免疫也称均匀免疫,它是完全随机地选取网络中的一部分节点进行免疫。它对度大的节点(容易被感染的)和度小的节点(相对感染概率小的)是平等对待的,免疫节点不会再被感染,所以它们不会再影响它们的邻居。这种情况下,对于一个固定的传染率 λ,对应的控制参数称为免疫节点密度 g,它定义为免疫节点数占总节点数的比例。针对均匀网络,容易得出随机免疫对应的免疫临界值 g_c 为[108] $g_c = 1 - \dfrac{\lambda_c}{\lambda}$,而稳态感染密度 ρ_g

变为 $\rho_g = \begin{cases} 0, & g > g_c \\ \dfrac{g_c - g}{1 - g}, & g \leqslant g_c \end{cases}$,对于无标度网络来说,根据 $\lambda_c = \dfrac{\langle k \rangle}{\langle k^2 \rangle}$ 的推导过程,可以得到此

时随机免疫的免疫临界值 g_c 为 $g_c = 1 - \dfrac{1}{\lambda} \cdot \dfrac{\langle k \rangle}{\langle k^2 \rangle}$。

显然,随着网络规模的无限增大,无标度网络的 $\langle k^2 \rangle \to \infty$,其传播阈值 λ_c 趋于 0,而免疫临界值 g_c 趋于 1。这表明,如果对无标度网络采取随机免疫策略,则需要对网络中几乎所有的节点都实施免疫,才能保证最终消灭病毒传播。Cohen 等人研究了在无标度网络中的随机免疫问题,他们使用的是分支过程理论。结果与上述结论一致,在无标度网络中进行随机免疫是没有意义的,除非对网络中的所有节点进行免疫,才可以控制传播在网络中的扩散。其实,Albert 等人在对 BA 网络的研究中就发现了,对于无标度网络,随机删除网络中大量的节点,其余的节点仍然存在于同一个大的连通部分中。Broder 等研究人员从实际的 WWW 网络中进行的数值仿真实验,也得出类似结论。这一系列的研究都表明随机免疫方法在无标度网络中是没有使用价值的。如果寄希望于随机免疫控制网络中的传播过程,就需要对网络中的几乎所有节点都进行免疫,这几乎是不可行的,受到技术因素和经济因素的很大限制。

2. 目标免疫

大量研究已经证明了随机免疫方法在无标度网络中是没有作用的。那么,必须针对无标度网络的特点选择一些目标进行免疫资源部署。无标度网络的显著特点就是网络中节点度的分布极其不平衡。网络中多数节点的节点度都是很小的,它们只与网络中个别的节点有直接连接关系,但是无标度网络中也存在一些节点度非常大的节点,这些节点称为 Hub,它们与网络中一定规模的节点都有直接连接关系。直观上看,这些 Hub 节点因为与网络中一定规模的节点都有直接连接关系,它们的直接连接节点如果有已感节点,那么这些 Hub 节点被感染的概率是非常高的。一旦这些 Hub 节点被感染,变为已感节点的时候,它们对网络中其他部分造成的危害又是明显的,它会很容易地将传播扩散到与它有直接连接关系的大量节点。这时目标免疫比随机免疫更能有效地解决这些问题。

目标免疫也称选择免疫,它是根据无标度网络的不均匀特性,选取少量度最大的节点进行免疫,一旦这些节点被免疫后,就意味着它们所连的边可以从网络中去除,使得病毒传播的可能连接途径大大减少。就 BA 无标度网络而言,目标免疫对应的免疫临界值

为[109] $g_c \propto e^{-\frac{2}{m\lambda}}$。可见，即使传染率 λ 在很大范围内取不同的值，都可以得到很小的免疫临界值。因此，有选择地对无标度网络进行目标免疫，其临界值要比随机免疫小得多。

图 4-3 是文献[109]给出的 SIS 模型在 BA 无标度网络上的仿真结果，其中横坐标为免疫密度 g，纵坐标为 ρ_g/ρ_0，ρ_0 为网络未加免疫的稳态感染密度，ρ_g 为网络中加入比例为 g 的免疫节点后的稳态感染密度。可以看出，随机免疫和目标免疫在无标度网络中存在着明显的临界值差别。在随机免疫情况下，随着免疫密度 g 的增大，最终的被感染程度下降缓慢，只有当 $g=1$ 时，才能使被感染数为 0。而在目标免疫的情况下，$g_c \approx 0.16$，这意味着只要对少量度很大节点进行免疫，就能消除无标度网络中的病毒扩散。

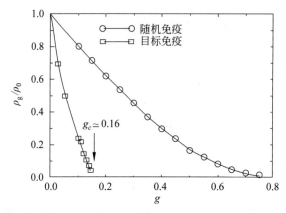

图 4-3 对 BA 无标度网络采取随机免疫和目标免疫的对比

以 Internet 为例，用户会不断地安装一些更新的反病毒软件，但计算机病毒的生命期还是相当长的。原因在于文件扫描和防病毒更新的过程实际上是一种随机免疫过程。毋庸置疑，从个体用户的角度来说，这种措施是非常有效的，但是这是对计算机局部保护的有效途径，但从全局范围看，由于 Internet 的无标度特性，即使随机选取的大量的节点都被免疫，仍无法根除计算机病毒的传播。

3. 熟人免疫

目标免疫相对随机免疫来说要高效很多，但是它需要了解网络的全局信息，至少需要知道网络中每个节点的度。而这对于庞大复杂又不断改变的很多复杂系统是很难实现的。考虑到目标免疫这个问题，Cohen 等人提出了熟人免疫策略。

熟人免疫就是从网络中随机选择一定比例的节点，对每个被选节点随机的一个邻居节点进行免疫。该策略的基本思想是：从 N 个节点中随机选出比例为 s 的节点，再从每一个被选出的节点中随机选择它的某个邻居节点进行免疫。这种策略只需知道被随机选择出来的节点以及它们的邻居节点的相关信息，从而巧妙地回避了目标免疫中需要知道全局信息（每个节点的度）的问题。由于在无标度网络中，度大的节点意味着有许多节点与之相连；若随机选取一点，再选择其邻居节点时，度大的节点比度小的节点被选中的概率大得多。因此，熟人免疫策略比随机免疫策略的效果好。

注意：由于几个随机选择的节点有可能具有一个共同的邻居节点，从而使得这个邻居节点有可能被几次选中作为免疫节点。假设被免疫节点占总节点数的比例为 g,尽管比例 g 的值不会超过 1,初始随机选择节点比例 s 的值却有可能大于 1。Madar 等人推出了终止病毒传播的临界值 g_c 和 s_c 的解析表达式[110]。

图 4-4 比较了幂律指数在 2～3.5 变化的无标度网络中的随机免疫、目标免疫和熟人免疫对应的免疫临界值 g_c。网络规模 $N = 10^6$,空心圈表示随机免疫,空心三角形表示熟人免疫,空心菱形表示双熟人免疫(随机选取被选节点的两个邻居节点进行免疫),空心正方形表示目标免疫。可以看出,目标免疫和熟人免疫的效果远好于随机免疫,而目标免疫的效果略好于熟人免疫。实心的圈和三角是同配网络的对应效果。在同配网络中,度大的节点倾向于和度大的节点相连。

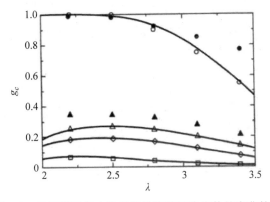

图 4-4　无标度网络中免疫临界值随幂律指数的变化情况

此外,Dezso 和 Barabási 定义了指标 α 刻画所免疫对象的选择策略,设一个被感染节点被治愈的概率和 k^α 成比例。正常数 α 越大,度很大的节点与度很小的节点之间区别对待就越大,$\alpha = 0$ 时退化为随机免疫策略;$\alpha = \infty$ 时对应于目标免疫大于某一给定的度 k_0 的所有 Hub 节点。此时,无标度网络的传播阈值为 $\lambda_c = \alpha m^{\alpha-1}$,其中,$m = \langle k \rangle / 2$。这说明,只要 $\alpha \neq 0$,总存在一个正的有限的传播阈值,当无标度网络中的传染率固定时,目标免疫针对的节点数越大,相应的传播阈值也随之增大,使得实际传染率有可能小于免疫后得到的传播阈值,因而病毒会逐渐衰灭。

4.2.2　最优资源配置

最优资源配置问题[111]是一类多目标组合优化求解问题,属于 NP-hard 问题,在资源受限的条件下,对多项目实施活动进行资源分配,并且随着资源配置规模的不断扩大,最优解的求解难度也不断增加。关于多任务资源配置的研究中,集中于采用关键路径法(CPM)、计划评审技术方法(PRET)等方法对多项任务进行关系研究,其中 CPM 是对持续时间具有确定性的项目活动进行研究。而 PRET 是对持续时间具有随机不确定性的任务活动进行研究,但两者的假设前提都是多任务活动所需的资源是无限的。针对多项目实施资源优化配置的研究,重点在于确定在资源受限条件下的项目配置方案,确保在最大化满意度、最小化成本、最小化配置时间等多目标要素下寻求最优解。应瑛等人[112]针对资源受限条件下的多项目调度问题提出了改进的混合遗传算法,实现了资源的有效分配并显著缩短了项目平均完成时间;周永华等人[113]针对多项目环境下资源优化配置问题建立了资源、时间、成本以及决策节点的配置优化解析模型,并应用遗传算法和栈技术对资源分配和资源冲突问题进行了分析和解决,使得资源的配置优化和决策优化同步进行;宣琦等人[114]通过将 open shop 复杂对象中的复杂调度问题描述成复杂网络上的节点,采用复杂网络理论对调度问题进行研究,研究了复杂调度网络的基本结构特征,得出复杂调度网络具有与复杂现实网络共同的特点——小世界效应、模块化特点。

首先了解一下什么是资源重要度系数。资源重要度系数是表示网络图形中节点之间联系连接程度的系数,可以通过网络中节点的度进行描述。在现实中的网络中,尤其是在特定的网络中,由于相对高密度连接点的关系,节点总是趋向于建立一组严密的组织关系。通过对网络中各节点之间的连接关系做出邻接矩阵,并利用关系矩阵做出网络节点关系矩阵 $\text{Matrix}[C_{ij}]$,并分析资源对项目需求重要度系数 ω_j。我们定义一个项目为 pro_i,资源为 f_j,则对于 $f_j \to f_{j'}(j \neq j')$、$f_j \to \text{pro}_i$ 之间的关系采用 $0,1$ 表示,如图 4-5 所示。

$$C_{ij} = \begin{cases} c_{ij} = 1, & f_j \to f_{j'} \text{ 或 } f_j \to \text{pro}_i \\ c_{ij} = 0, & f_j, f_{j'}, \text{pro}_i \text{ 无关系} \end{cases} \quad (4\text{-}18)$$
$$j \neq j', i, j \in N$$

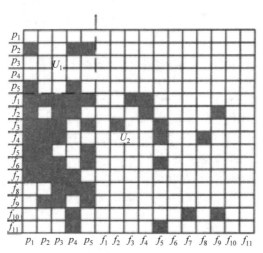

图 4-5　网络模型邻接矩阵

通过对要素关系矩阵中资源之间以及资源与各任务之间的需求关系,建立矩阵 $[C]_{ij}$:

$$C_{ij} = \begin{bmatrix} c^{(1)} \\ c^{(2)} \\ \vdots \\ c^{(j)} \end{bmatrix} = \begin{bmatrix} c_{11}^{(1)} & c_{12}^{(1)} & \cdots & c_{1n}^{(1)} \\ c_{21}^{(2)} & c_{22}^{(2)} & \cdots & c_{2n}^{(2)} \\ \vdots & \vdots & & \vdots \\ c_{m1}^{(j)} & c_{m2}^{(j)} & \cdots & c_{mn}^{(j)} \end{bmatrix} \quad (4\text{-}19)$$

各资源需求的相对重要度系数 ω_j 为

$$\omega_j = \frac{\sum\limits_{n=1}^{n} c^{(j)}}{\sum\limits_{n=1}^{n}\sum\limits_{m=1}^{m} c_{mn}} \tag{4-20}$$

通过对网络节点资源重要度 ω_j 求解，在下一步针对资源优先条件下，为网络中资源优先分配决策权重提供依据，并结合基于多项目实施的有限资源算法方法求解多项目资源分配最优解。

可以把基于多项目最优资源配置问题[115]描述为：j 种资源对 i 个项目实施任务的资源配置。通过对网络模型参数的计算，第 j 种资源的资源需求重要度为 ω_j，第 i 项任务在对资源 j 需求满足条件下完成对整体目标的贡献度估计值为 p_{ij}，各资源对项目在资源受限条件下进行资源配置的效益值为 $C_{ij} = p_{ij} \cdot \omega_j$，其中 C_{ij} 表示在某项目完成后对项目整体进度的贡献值大小。

目标函数：$\max\sum\limits_{j=2}^{n} c_{ij}$。

项目约束：$C_{ijk} - C_{i(j-1)l} - P_{ijk} \geqslant 0, 1 < j \leqslant n_i$。

资源约束：$f_j \leqslant N, N$ 为正整数。

因此，资源配置的目标就是满足目标分配的基本原则，对多目标函数进行优化，追求总体效益最佳。

4.3　传播预测

复杂网络是人类社会中一系列真实系统的简化和抽象，能够很好地刻画人们熟知的因特网、交通运输网、科研合作网、移动通信网、在线社交网络等真实网络。针对复杂网络的研究不仅关注网络本身的结构特性及演化过程，更侧重于理解网络上的传播动力学过程。基于各种复杂网络结构对传播动力学过程进行预测、分析，有助于人们对疾病传播、计算机病毒感染、行为采纳以及谣言扩散等实际传播问题的理解，进而为实际传播行为的早期预警和监控提供重要的参考依据。

4.3.1　阈值和爆发规模

传播模型中的每一类个体都处于同一种状态。基本状态包括：易感状态（S），即健康的状态，但有可能被感染；感染状态（I），即染病的状态，具有传染性；移除状态（R），即感染后被治愈并获得了免疫力或感染后死亡的状态。处于移除状态的个体不具有传染性，也不会再次被感染，即不再对相应动力学行为产生任何影响，可以看作已经从系统中移除。在真实系统中，不同种类的传染病具有不同的传播方式，研究它们的传播行为通常采用不同的传播模型。

1. SI 模型

SI 模型用来描述染病后不可能治愈的疾病，或对于突然爆发尚缺乏有效控制的流行病,如黑死病及非典型肺炎。

$$S(i) + I(j) \xrightarrow{\lambda} I(i) + I(j) \tag{4-21}$$

设 $s(t)$ 和 $i(t)$ 分别标记群体中个体在 t 时刻处于 S 态和 I 态的密度,λ 为传染概率,则 SI 模型的动力学模型可以用如下的微分方程组描述。

$$\begin{cases} \dfrac{\mathrm{d}s(t)}{\mathrm{d}t} = -\lambda i(t)s(t) \\ \dfrac{\mathrm{d}i(t)}{\mathrm{d}t} = \lambda i(t)s(t) \end{cases} \tag{4-22}$$

2. SIS 模型

SIS 传播模型适合描述像感冒、淋病这类治愈后患者不能获得免疫力的疾病;计算机病毒也属于这一类型。在 SIS 传播模型中,个体只存在两种状态:易感状态(S)和感染状态(I)。感染个体为传的源头,它通过一定的概率 α 将传染病传给易感个体。同时,感染个体本身以一定的概率 β 得以治愈。另外,易感人群一旦被感染,就又成为新的感染源。SIS 模型的感染机制可以描述如下。

$$S(i) + I(j) \xrightarrow{\alpha} I(i) + I(j) \tag{4-23}$$

$$I(i) \xrightarrow{\beta} S(i) \tag{4-24}$$

假设 t 时刻系统中处于易感状态、感染状态的个体的密度分别为 $s(t)$ 和 $i(t)$。当易感个体和感染个体充分混合时,SIS 模型的动力学行为可以描述为如下的微分方程组。

$$\begin{cases} \dfrac{\mathrm{d}s(t)}{\mathrm{d}t} = -\alpha i(t)s(t) + \beta i(t) \\ \dfrac{\mathrm{d}i(t)}{\mathrm{d}t} = \alpha i(t)s(t) - \beta i(t) \end{cases} \tag{4-25}$$

令有效传染率 $\lambda = \alpha/\beta$,该方程存在阈值 λ_c,当 $\lambda < \lambda_c$ 时,稳态解 $i(T) = 0$;而当 $\lambda > \lambda_c$ 时,稳态解 $i(T) > 0$。其中 T 代表达到稳态经历的时间。

3. SIR 模型

SIR 模型适合于两种情形:第一种情形是患者在治愈后可以获得终生免疫力,如腮腺炎、麻疹及天花等;第二种情形是患者几乎不可避免走向死亡,如艾滋病。在 SIR 模型中,感染个体不再变为易感个体,而是以概率 β 变为免疫个体(处于移除状态)。由此,SIR 模型的感染机制可以描述如下。

$$S(i) + I(j) \xrightarrow{\alpha} I(i) + I(j) \tag{4-26}$$

$$I(i) \xrightarrow{\beta} R(i) \tag{4-27}$$

假设 t 时刻系统中处于易感状态、感染状态和移除状态的个体的密度分别为 $s(t)$、$i(t)$ 和 $r(t)$。当易感个体和感染个体充分混合时,SIR 模型的动力学行为可以描述为如下的微分方程组。

$$\frac{\mathrm{d}s(t)}{\mathrm{d}t} = -\alpha i(t)s(t) \tag{4-28}$$

$$\frac{\mathrm{d}i(t)}{\mathrm{d}t} = \alpha i(t)s(t) - \beta i(t) \tag{4-29}$$

$$\frac{\mathrm{d}r(t)}{\mathrm{d}t} = \beta i(t) \tag{4-30}$$

随着时间的推移,上述模型中的感染个体将逐渐增加。但是,经过充分长的时间后,因为易感个体的不足,使得感染个体也开始减少,直至感染人数变为 0,传染过程结束。因此,SIR 模型在稳态时刻 $t = T$ 的传染密度 $r(T)$ 和有效传染率 λ 存在一一对应的关系,且 $r(T)$ 可用来测量传染的有效率。同样,SIR 模型也存在一个阈值 λ_c,当 $\lambda < \lambda_c$ 时,感染无法扩散出去;而当 $\lambda > \lambda_c$ 时,传染爆发且是全局的,系统中的所有个体都处于移除状态,而感染个体的数目为 0。

由此可见,SIR 模型和 SIS 模型的主要区别在于:SIS 的终态为稳定态(包括震荡态和不动点),低于临界阈值时终态为 0;SIR 的终态为无感染态,低于临界阈值时总感染个体的密度为 0。

4. 均匀网络中的流行病传播

1) 基于 SIS 模型的情形

均匀网络中每个节点的度近似等于网络的平均度,即 $k \approx \langle k \rangle$。对于 SIS 模型来说,在每一个时间步,如果网络中易感个体至少和一个感染个体相连,则它被感染的概率为 α;同时,感染个体被治愈变为易感个体的概率为 β。为了便于研究,这里对 SIS 模型作了两个假设:①均匀混合假设:有效传染率 λ 与系统中处于感染状态的个体的密度 $\rho(t)$ 成正比,即 α 和 β 都是常数。②假设病毒的时间尺度远远小于个体的生命周期,从而不考虑个体的出生和自然死亡。令有效传染率(或叫有效传播率)$\lambda = \alpha/\beta$,它是一个非常重要的参量。均匀网络中存在一个传播阈值 λ_c。当有效传播率 λ 大于 λ_c 时,感染个体能够将病毒传播扩散,并使得整个网络中感染个体的总数最终稳定于某一平衡状态,网络此时处于激活相态(active phase);当有效传播率 λ 小于 λ_c 时,感染个体的数量呈指数衰减,无法大范围传播,网络此时处于吸收相态(absorbing phase)。所以,在均匀网络中存在一个正的传播阈值,以将激活相态和吸收相态明确地分隔开。不失一般性,令 $\beta = 1$(这种做法只是改变演化时间的尺度),利用平均场理论,均匀网络中被感染个体的密度随时间的演化满足如下方程。

$$\frac{\mathrm{d}\rho(t)}{\mathrm{d}t} = -\rho(t) + \lambda \langle k \rangle \rho(t)[1 - \rho(t)] \tag{4-31}$$

式中,第一项表示感染个体以单位速率减少(因为假设概率 $\beta = 1$),第二项表示单个感染个体产生的新感染个体的平均密度,它与有效传播率、节点(个体)的平均度 $\langle k \rangle$ 及感染节点与易感节点连接的概率 $\rho(t)[1 - \rho(t)]$ 成正比。

$$\rho[-1 + \lambda \langle k \rangle (1 - \rho)] = 0 \tag{4-32}$$

式中,ρ 为感染个体的稳态密度。可以解得均匀网络流行病传播的阈值为 $\lambda_c = \dfrac{1}{\langle k \rangle}$,而且满足:

$$\begin{cases} \rho = 0 & \lambda < \lambda_c \\ \rho = \dfrac{\lambda - \lambda_c}{\lambda} & \lambda \geqslant \lambda_c \end{cases} \tag{4-33}$$

由此可见,传播阈值与平均度成反比。这很好理解,因为接触的人越多,被感染的概率就越大,故降低平均度是控制传染病传播的一个有效手段。

2) 基于 SIR 模型的情形

对于 SIR 模型来说,处于易感状态、感染状态和移除状态的个体的密度 $s(t)$、$i(t)$ 和 $r(t)$ 满足如下的约束条件。

$$s(t) + i(t) + r(t) = 1 \tag{4-34}$$

同样,令 $\lambda = \dfrac{\alpha}{\beta}$,$\beta = 1$(这种做法只是改变演化时间的尺度),在与 SIS 模型相同的假设条件下,易感个体、感染个体和免疫个体(处于移除状态的个体)的密度满足:

$$\begin{cases} \dfrac{\mathrm{d}s(t)}{\mathrm{d}t} = -\lambda \langle k \rangle i(t) s(t) \\[2mm] \dfrac{\mathrm{d}i(t)}{\mathrm{d}t} = \lambda \langle k \rangle i(t) s(t) - i(t) \\[2mm] \dfrac{\mathrm{d}r(t)}{\mathrm{d}t} = i(t) \end{cases} \tag{4-35}$$

不同于 SIS 模型,这里传染效率是以最终感染人口 r_∞(t 趋于无穷大时 $r(t)$ 的值)衡量的。

当 $\lambda < \lambda_c$ 时,r_∞ 在非常大的人口极限下为无穷小;而当 $\lambda > \lambda_c$ 时,疾病传播并感染有限比例的人群。在初始条件 $r(0) = 0$ 与 $s(0) \approx 1$ 下,由上式容易得到 $s(t) = \mathrm{e}^{-\lambda \langle k \rangle r(t)}$,将此结果与约束条件式相结合,可得到总感染人数满足下列的自治方程。

$$r_\infty = 1 - \mathrm{e}^{-\lambda \langle k \rangle r_\infty} \tag{4-36}$$

为了得到非零解,必须满足下列条件:

$$\frac{\mathrm{d}(1 - \mathrm{e}^{-\lambda \langle k \rangle r_\infty})}{\mathrm{d}r_\infty} \tag{4-37}$$

这个条件等价于限制 $\lambda > \lambda_c$,其阈值在这个特殊情形下取 $\lambda_c = \langle k \rangle^{-1}$,在 $\lambda = \lambda_c$ 处进行泰勒展开,可得传染效率为 $r_\infty \propto (\lambda - \lambda_c)$。

针对上面两种模型讨论可知:对于均匀网络,有效传染率存在一个大于零的临界值,当有效传染率大于传播阈值时,疾病可以在网络中传播,并可以持久存在;当有效传染率小于传播阈值时,疾病在网络中消亡。

4.3.2 传播网络重构

我们把社区看作是空间与人的网络,而传播则是构成这一网络的基本过程与机制。在这一网络中,空间并非静止之物,而是具有能动作用的行动者;它与其中的人类行动者一起,经由传播互动,构成了社区网络。标题所说的"重构",一方面意味着这种社区传播观念的重新建构,另一方面也反映了处于全球化进程中的社区现实:各种活跃的传播活动正在重构空间与人的社区网络。

1. 作为行动者的社区空间

空间对于社区意味着什么？如果说空间曾经被看作是社区存在的基础,那么"消逝的社区"观点则试图说明,空间已经不再重要。用威尔曼的话说,社区就是"小小盒子",其空间束缚了人的个性和自由。但是,近年来有关空间的研究则力图重新展现空间的价值:首先,空间是身体的居所,身体的感觉直接来源于空间体验,空间与地方是人们构建主体性的主要源泉;其次,在流动空间日益普遍之际,地方空间作为一种抵抗显得尤为重要。

有意义的空间并非透明之物,无论是列斐伏尔的"再现的空间",还是索亚的"第三空间",或者哈维的"关系空间",都强调了空间的能动性,即空间并非静止的物质环境,也不是纯粹的意识产物,而是同时具有物质性与社会性。用拉图尔的概念诠释就是一种杂合体;而从其"能够产生差别"的能动性看,空间杂合体也是一种行动者。

将社区空间看作是具有行动能力的行动者,并非说它具有人的主观意志,而是因为社区空间凝结了社会结构和社会关系,所以能够影响进入其间的人与事。更重要的是,作为行动者的社区空间与同样具有行动能力的人类结成行动者网络,最终构成社区,实现时空的结构化。

2. 空间与人的互动与连接

空间与人的网络是由传播连接起来的,而且这一过程总在不断进行中,所以网络并非静止不变,而是动态的过程。空间与人的网络主要有两种连接形式:一种是人与空间的互动;另一种是以空间为媒介形成的群体关系。

人与空间的互动又可分为两种情形:一种是当时当下的互动,人们通过行走、造访形成空间的身体体验,这一过程正如德赛都所说,步行是"一种空间表述";另一种情形是符号性的,空间作为一种象征进入人们的记忆与想象,参与了社区意义的建构。

以空间为媒介的群体关系与传统的地缘关系不同:后者往往是先赋的,空间作为限制力量决定了关系的存续;而前者则是人们自由选择的结果。空间作为媒介,连接了不同的个体,形成新的社群,重构了关系网络。

3. 传播重构社区网络

以迅速传播、流动为特征的现代性改变了人与空间的网络关系。权力几何学规定了人们的交往形式与内容,资本的规划体现了大尺度的空间布局。但是,在微观层面,个体在一定程度上仍然可以规划自己的生活路径,以特定的传播方式进行领地化、区域化,从而制造出抵抗的空间。在一些边缘空间、缝隙空间,这种自我规划尤其突出。

社区空间是一个独特的微观场所,但是各种宏观要素与其间不同的物质以不同的方式结盟,将其拖入更大的网络空间,从城市到国家乃至全球。不过,由于社区空间的持续拉动作用,它构造的社区网络依然具有强烈的地方性。当然,其地方化的程度则视社区空间的作用力而强弱不同。各种传播活动在社区中制造张力,形成了不同的空间与人的网络模式。

4.3.3　传播溯源

流感、肺结核等呼吸道传染病具有高致死率和传染性,严重威胁人类的健康[116-118]。因此,当疫情暴发时,快速、准确地推断疾病起源,对于疾病防控具有重要的现实意义。简要地说,所谓疾病溯源[119,120],是指基于流行病学中的疾病传播模型[116,121-124]和人际接触网络[125-127],根据已观察到的所有或部分患病个体情况(通常称为快照,snapshot),推断该疾病的源头。

与传染病溯源问题类似的问题有计算机网络上的病毒溯源问题,以及社交网络上的谣言溯源问题[128]。上述问题具有相近的目的,但是存在如下两点显著的不同。

(1) 网络结构不同:呼吸道传染病的传播依赖于人际近距离接触,这种接触是真实的物理接触,与社交网络和计算机网络相比具有不同的特性,显著影响疾病传播。

(2) 传播模型不同:在信息传播过程中,每个个体只有两种可能的状态,即激活态(active)和未激活态(inactive)[128];其中激活态代表某个个体在传播过程中接收到信息,否则处于未激活态。相比而言,疾病传播模型能够包括多达 4 个状态,即易感态(Susceptible,记为 S)、潜伏态(Exposed,记为 E)、感染态(Infected,记为 I),以及恢复态(Recovered,记为 R)[121-122,124]。

即便在只采用两个状态的情况下,信息传播与疾病传播依然存在显著的不同:信息传播通常使用独立级联(Independent Cascade,IC)模型[129]和线性阈值(Linear Threshold,LT)模型[129],而疾病传播则有 SI(Susceptible-Infected)和 SIS(Susceptible-Infected-Susceptible)两种情形[122]。在独立级联模型中,每个处于激活态的个体仅在刚被激活时传播一次它接受的信息。在线性阈值模型中,每个处于未激活态的个体仅在它周围已处于激活态个体的数量超过某个阈值时才会接受信息;SI 模型与独立级联模型类似,但是每个处于被感染状态的个体都在不停地传播病毒,而不是仅传播一次;SIS 模型则在 SI 模型的基础上考虑了个体患病后再次恢复健康的情况。由于信息传播与疾病传播存在上述明显的不同,因此信息传播溯源算法不能完全适用于疾病传播溯源问题[129-136]。简要地说,疾病传播溯源问题提出了如下挑战:

(1) 与信息传播模型中只有两个状态不同,疾病传播模型通常会出现多个状态的情形(如 SEIR 模型,即 Susceptible-Exposed-Infected-Recovered),甚至被感染节点还会恢复到健康状态(如 SIS 模型),形成复杂的状态转移逻辑。

(2) 在推断传播源头的过程中,通常需要计算指定传播源时观察到特定快照状态的概率,而这种概率计算往往具有指数级的时间复杂度。

(3) 在实际疫情发展过程中,通常只能获得部分个体的状态信息,很难获得所有人的健康状态信息,这种信息的不完整性进一步加剧了溯源问题的难度。

假设在人际接触网络 $G(V,E)$ 中,疾病按照 SI 模型从传播源在网络中进行传播;经过时间 t,我们观察到网络中所有节点所处的状态 $O(t)$(也称为"快照")。溯源问题的目标就是根据网络 G、时刻 t 时所有节点的状态信息 $O(t)$ 推断传播源 s 是哪个节点。

基于贝叶斯理论,可以将溯源问题写成如下的极大后验估计或极大似然估计的形式。

$$\hat{s} = \arg\max_{s \in v} P(O/s) \tag{4-38}$$

其中，$P(O/s)$是假设 s 为传播源的情况下，疾病经接触网络扩散后得到各个节点的状态观察 O 的概率。

基于传染源中心性的溯源算法介绍如下。

在人际接触网络中，所有已感染节点诱导出的一个子图称为感染图[119]，其中包括所有被感染节点以及它们之间的连边。图 4-6 给出了感染图的一个实例。直观上看，感染图是疾病从传播源出发按一定规律向外扩散形成的，因此传播源是感染图的中心节点，具有某种中心性。基于中心性算法的基本思想是直接求取具有中心性的节点，作为传染源的估计。在溯源问题提出之前，研究人员已提出多种网络中心性指标，如度中心性（degree centrality）、距离中心性（distance centrality）、紧密度中心性（closeness centrality）、中介中心性（betweenness centrality）、特征向量中心性（eigenvalue centrality）等[137,139]。然而，Comin 等人的实验表明上述通用的中心性定义并不适合溯源问题[140]。针对溯源问题，研究人员分别提出了传播中心性（rumor centrality）、Jordan 中心性（Jordan centrality）、动态年龄（dynamical age）和无偏中介中心性（unbiased betweenness centrality），详细介绍如下。

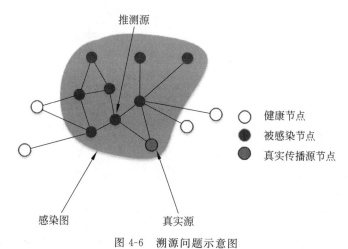

图 4-6　溯源问题示意图

1）基本思想

Shah 等人针对正则树上的 SI 传播模型（每条边上的传播时间服从参数为 1 的指数分布）提出一个新的节点中心性指标——传播中心性（rumor centrality），并据此提出了第一个解决溯源问题的算法[119-120,138]。该算法认为：感染图中的某个节点是传播源的概率与疾病从该节点出发感染其他节点的所有可能顺序的计数成正比。因此，可以使用式（4-41）计算传播中心性最大的节点，作为传染源的估计。

$$\hat{s} = \arg\max P\left(\frac{O}{s}\right) = \arg\max_{s \in G_N} P\left(\frac{G_N}{s}\right)$$

$$= \arg\max_{s \in G_N} R(s, G_N) \tag{4-39}$$

其中，G_N 表示感染图（N 是感染图中的节点数目）；$R(s, G_N)$ 是疾病从节点进行传播时，G_N 中所有节点的所有可能被感染顺序的计数，定义为传播中心性（rumor centrality）。

Shana 等人指出，在正则树上，感染图的传播中心是传播源的极大似然估计，即使在一般树上,传播中心也与极大似然估计没有显著差别。进一步地,Shana 等人给出了树形感染图 G_N 上任意节点 v 的传播中心性计算公式:

$$R(v, G_N) = N! \prod_{u \in G_N} \frac{1}{T_u^v} \tag{4-40}$$

其中,N 是感染图 G_N 中的节点总数;T_u^v 是 G_N 中以节点 u 作为根,向远离 v 的方向展开的子树。为化简符号,本文中也用 T_u^v 表示该子树中的节点数目。图 4-7 是 T_u^v 的一个实例。

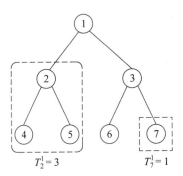

图 4-7 T_2^1 和 T_7^1 的实例

2) 典型算法

根据树形图上 T_u^v 的性质 $T_u^v = N - T_v^u$,Shah 等人给出了在 $O(N)$ 时间内使用 $O(N)$ 空间计算出树形感染图 G_N 上所有节点传播中心性的消息传递算法(rumor centrality message-passing algorithm,RCPM)。当前传播结果对应的源头就是传播中心性最大的节点,也就是传播中心。因为,此算法只能用于定位单个源头,所以也被 Luo 等人称为单源头估计(single source estimation,SSE)算法。

3) 实验结果

Shah 等人给出了此算法的性能:在度 d 大于 2 的正则网络上,当传播时间 $t \to \infty$ 时,使用此算法推断传播源的准确率 α_d 从 $\frac{1}{4}$ 起随 d 递增,且在 $d > 20$ 后达到稳定值 $1 - \ln 2$;在几何树上,当疾病在接触网络中每条连边上的传播时长分布满足一定条件,且传播时间 $t \to \infty$ 时,算法准确率趋近于 1。Shah 等人发现,在树形网络上,传播中心性与距离中心性等价,而当网络非树形结构时,传播中心性比距离中心性更优。

4) 推广到一般网络

当感染图 G_N 不是树形结构时,无法直接使用原有的算法计算传播中心性,因此无法定位源点。为解决此问题,Shah 等人假设疾病传播沿着最短路径进行,形成以传播源为根节点的宽度优先搜索树(图 4-8),并估计传染源为

$$\hat{s} = \arg\max_{s \in G_N} R(s, T_{bfs}(s)) \tag{4-41}$$

其中,$T_{bfs}(s)$ 就是在感染图 G_N 中以节点 s 作为根节点的宽度优先搜索树。Luo 等人将此算法称为 SSE-BFS 算法。由于此时需要对每个可能的传播源生成一棵宽度优先搜索树,然后在树上计算该传播源的传播中心性,所以 SSE-BFS 算法的时间复杂度为 $O(N^2)$,空间复杂度为 $O(N)$。实验结果表明,在小世界网络上,传播中心算法以 16% 的准确率找到

传播源。

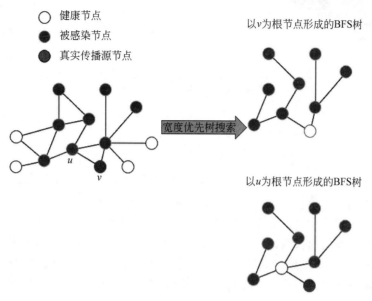

图 4-8　宽度优先搜索树示意图

图 4-8 中给出了从两个不同节点 u 和 v 开始的宽度优先搜索树。

习 题 4

1. 流行病传播的基本模型有哪些？相应的动力学微分方程是什么？

2. 均匀网络和非均匀网络的传播阈值与度分布有什么关系？

3. 复杂网络的 3 种主要免疫策略是什么？各有什么特点？

4. 复杂网络上的谣言传播模型有哪些？它们的基本思想是什么？

5. 假设针对均匀网络的舆论传播模型可由平均场方程表示如下：

$$\begin{cases} \dot{n}_S = -\dfrac{n_S n_I}{N} \\[2mm] \dot{n}_I = -\dfrac{n_S n_I}{N} - \dfrac{n_I(n_I + n_R)}{N} \\[2mm] \dot{n}_R = n_I(n_I + n_R)/N \end{cases}$$

式中，N 为网络规模；$\dot{n}_S$、$\dot{n}_I$ 和 $\dot{n}_R$ 分别为 S 态、I 态和 R 态的节点数。试证明该舆论模型的总感染密度 ρ_R 满足方程

$$\rho_R = 1 - e^{-2\rho_R}$$

6. 请给出流行病传播的基本模型，并给出相应的动力学微分方程。

网络演化博弈

博弈论(Game theory)主要是研究个体在相互作用过程中如何获得最大利益的理论，是对合作与竞争关系的一种反映。一般而言，一个博弈通常有以下几个组成部分：①参与博弈的个体至少两个；②博弈个体可以从策略集中选取自己的博弈策略；③博弈结束后博弈个体可以得到的收益；④博弈个体进行策略更新的目的是为了达到最大收益。经典博弈论认为，博弈个体是非常理性的，博弈目的都是追求自己的最大收益，而且也知道其他博弈个体也是完全理性的；而演化博弈论以种群为研究对象，认为博弈个体是有限理性的，博弈个体的策略可能因变异而改变。

演化博弈理论源于对生态现象的解释。1960 年，生态学家 Lewontin 开始运用演化博弈理论的思想研究生态问题。生态学家从动植物演化的研究中发现，动植物演化结果在多数情况下都可以用博弈论的纳什均衡概念解释。然而，博弈论是研究完全理性的人类互动行为时提出来的，为什么能够解释根本无理性可言的动植物的进化现象呢？我们知道，动植物的进化遵循达尔文的"优胜劣汰"生物进化理论，生态演化的结果却能够利用博弈理论合理地进行解释，这种巧合意味着我们可以去掉经典博弈理论中理性人假定的要求。另外，1960 年生态学理论研究取得突破性的进展，非合作博弈理论研究成果也不断涌现并日趋成熟，演化博弈理论具备了产生的现实及理论基础。1973 年，生态学家 Smith 和 Price 结合生物进化论与经典博弈理论在研究生态演化现象的基础上提出了演化博弈理论的基本均衡概念——演化稳定策略(evolutionary stable strategy, ESS)[141]，目前学术界普遍认为演化稳定策略概念的提出标志着演化博弈理论的诞生。此后，演化博弈理论逐渐被广泛用于生态学、社会学、经济学等领域。1978 年，生态学家 Taylor 和 Jonke 在考察生态演化现象时首次提出了演化博弈理论的基本动态概念——模仿者动态(replicator dynamics)。至此，演化博弈理论有了明确的研究目标。演化博弈理论与经典博弈理论的不同主要体现在以下几个方面。

（1）策略的内涵不同。在经典博弈论中，个体有特定的策略集，他们从策略集中选择策略进行博弈。演化博弈理论研究生物系统的演化，而在生物系统中是没有一个明确的策略集概念的。生物系统中的策略集实际上是由不同类型的物种组成的。策略由物种的不同表现型体现。因此，对生物系统而言，个体不需要从策略集中选择特定的策略进行博弈，他们只继承或遗传其父辈的表型特征即可。在继承或遗传其父辈的表型特征时，会产生一定的变异，这些变异决定了与其他个体的竞争优势或者适应度的大小。从这个意义上讲，对所有的物种，都可以应用博弈论的概念和思想加以研究。对生物系统而言，经典博弈论中的收益对应演化博弈理论中的适应度的概念。另外,个体的适应度受很多因素的影响,个体间的相互作用只是其中一个方面。对于这种情况,可以通过引入一个背景适应度衡量其他因素的影响。通常,个体的适应度可以通过该个体的后代的数量加以量化。这样,经典博弈论中的超理性的观点就被演化博弈论中的适者生存所替代。

（2）均衡的意义不同。经典博弈理论中的核心概念是纳什均衡,而演化博弈论中的核心概念是演化稳定策略。Smith 和 Price 是在研究动物之间为争夺食物、领域或配偶等有限资源而发生冲突时提出演化稳定策略概念的,它与经典博弈论中的纳什均衡息息相关但不相同。如果一个种群中的所有个体都采用某种策略,而其他任何小的突变策略都不能入侵这个种群,则称该策略为演化稳定策略。如果一个群体的行为模式能够消除任何小的突变群体,那么这种行为模式一定能够获得比突变群体更高的期望收益。随着时间的演化,突变者群体最终会从原群体中消失,原群体选择的策略就是演化稳定策略。就生态现象而言,由于我们把每一个种群的行为都程式化为一个策略,因此演化的结果将会是突变种群的消失。ESS 可以是纯策略,也可以是混合策略。混合策略可以解释为以某种概率采取一定的纯策略。如果用 x^* 表示 ESS,用 x 表示任意突变策略,则 $E(x^*,x^*)>E(x,x^*)$① 或 $E(x^*,x^*)=E(x,x^*)$,$E(x^*,x)>E(x,x)$②,这里 $E(a,b)$ 表示策略 a 遇到策略 b 时的收益。设想现在有一个均匀混合的无限大种群,其中突变策略 x 初始时很少,式①表示 x 对 x^* 的收益小于 x^* 对于自身的响应,因此,突变策略 x 会慢慢地从该种群中消失,即策略 x^* 可以抵御突变策略 x 的入侵;式②表示突变策略 x 对 x^* 与 x^* 对自身的收益相等,但 x^* 对 x 的收益要高于 x 对自身的收益。这样,即使初始时 x 的数量很少,少到可以忽略,但由于 $E(x^*,x^*)=E(x,x^*)$,突变策略 x 仍有可能在种群中发展起来,但是,当发展到一定程度,由于 $E(x^*,x)=E(x,x^*)$,x 降低了自身的适应度,从而限制了它走向繁荣,即 x^* 最终抵制了 x 的入侵。ESS 强调了突变策略以很少的数量进入 ESS 的种群是不能成功入侵的,但并不排除突变策略以较大的数量进入到 ESS 种群时可以成功入侵。另外,演化稳定策略的原始定义只对无限大的种群成立,2004 年 Nowak 等人[142]发展了适用于有限种群的相关定义。

（3）相互作用的方式不同。从经典博弈理论到演化博弈理论,个体相互作用的内涵发生了转变。在经典博弈论中,参与博弈的个体要么作用一次,要么与相同的对手作用多次;而在演化博弈论中,所采取的策略由其表型决定,虽然也是进行多次博弈,但每个参与博弈的个体都是随机地从群体中抽取并进行重复、匿名博弈,他们没有特定的博弈对手,这就避免了经典博弈论中个体记忆的概念。在 1992 年的研究中,这种随机相互作用的要求被放宽了,规则格子和复杂网络上的演化博弈被大量研究[143]。在这种情况下,个体既可以通过自己的经验直接获得决策信息,也可以通过观察在相似环境中其他个体的决策并模仿而间接地获得决策信息,还可以通过观察博弈的历史而从群体分布中获得决策信息。参与人常常会模仿好的策略,不好的策略会在进化过程中淘汰,模仿是学习过程中的一个重要组成部分,成功的行为不仅以说教的形式传递下来,而且也容易被模仿。参与人由于受到理性的约束而其行为是幼稚的,其决策不是通过迅速的最优化计算得到,而是需要经历一个适应性的调整过程,在此过程中,参与人会受到其所处环境中各种确定性或随机性因素的影响。因此,系统均衡是达到均衡过程的函数,要更准确地描述参与人行为,就必须考察系统的动态调整过程。动态均衡概念及动态模型在演化博弈理论中占有相当重要的地位。

在自然界和人类社会中,自私个体之间能够产生大量的合作是一个"惊人"的现象,得到许多学者的重视与研究。在这些研究中,采用博弈论解释合作涌现的现象占据了重要的地位[144]。既然要讨论合作的涌现,必然涉及相当数量的局中人,通常认为这些局中人以及他们之间的关系构成一个复杂网络,随着时间的演化,每个局中人都在和他的邻居进行博弈,这就称为网络演化博弈。它的定义可以表述为

① 数量 $N \to \infty$(或一个足够大的数量)的局中人位于一个复杂网络上。

② 在每一个时间演化步,选取的一部分局中人按照一定法则以一定频率匹配进行博弈。

③ 所有局中人的策略更新法则相同,局中人采取的对策可以按照一定的法则进行更新,这种法则称为"策略的策略"。但是,法则更新比博弈频率慢得多,这就使得局中人可以根据上一次的更新对策成功与否选择或调整下一次更新。

④ 局中人可以通过感知环境吸取信息,然后根据自己的经验和信念在策略更新法则下更新策略。

⑤ 策略更新法也有可能受局中人所在网络拓扑结构的影响。

5.1 复杂网络演化博弈基本框架

复杂网络上的演化博弈动力学研究主要涉及以下几方面的问题[145]:第一,策略种类的选取。不同类型的博弈具有不同的策略集;第二,相互作用邻居和策略学习邻居的定义。在这方面,通常假设个体只与其直接邻居交互并且学习他们的策略,但是也有研究者认为这两者可以不同;第三,策略更新动力学的选取。策略的更新可以是同步的,也可以是异步的(即随机序列更新)。不同的更新方式可能导致不同的演化结果。此外,如果考虑个体记忆以及引入不同的偏好学习方式,那么模型还可以进一步复杂化。由于以上因素的限制,复杂网络上的演化博弈研究通常很难得到普遍的结果。对于一些简单的空间结构,尽管可以进行解析分析,但依然会存在很多限制条件。因此,系统的空间演化通常通过计算机模拟进行研究。

目前,复杂网络上的演化博弈研究主要包括如下 3 个框架。

(1)研究网络拓扑结构对博弈演化动力学的影响。相互作用的网络结构和博弈规则具有同等的重要性。学者们主要以囚徒困境博弈和铲雪博弈为博弈模型,研究了规则网络、小世界网络、无标度网络、层次网络、关联网络上的演化博弈特性,同时深入研究度分布、平均度、集聚系数、度相关性、社团结构等拓扑特性对演化博弈特性的影响。

(2)探索一些可能的支持合作行为涌现的动力学机制。现实世界系统中的个体是具有能动性的,他们拥有记忆和自我反省能力;他们是自适应的,在博弈过程中可以采用各种方式选择邻居学习;他们又是现实的,有自己的期望,可以根据自己的期望水平选择适合自己的策略。博弈个体之间相互影响,这种相互影响可能是非对称的,并且是动态调整的。这方面的研究主要是根据现实复杂系统的动力学特征,对博弈模型进行补充和改进。

（3）研究博弈动力学和网络拓扑结构的共演化，即个体策略和网络拓扑结构协同演化的情形。策略与拓扑结构的共同演化对合作行为的促进作用是显而易见的。复杂系统最本质的特点是反馈，并利用反馈信息实现自适应和自组织：一方面，网络的拓扑结构对其上的动力学过程会产生影响；另一方面，网络上的动力学过程也会反过来塑造网络的结构。共演化机制能够促进合作就是因为引入了反馈机制，从而更好地抓住了现实复杂系统最本质的特征。

总之，在研究中，需要考虑现实复杂系统的基本特征，改进网络模型和博弈模型，使之更加接近复杂系统的结构特征和微观动力学机制，从更普遍层面上研究网络的拓扑结构对演化博弈动力学的影响。同时需要进一步研究动力学演化如何改变网络的拓扑结构，也就是探索网络结构与其上动力学过程的相互作用、协同演化行为。这对于在更加接近客观实际、更加普遍的层面上研究复杂网络的演化博弈动力学，揭示相关的物理现象和规律，理解复杂系统局部规则对宏观性质和功能的影响具有重要的理论意义。

5.2　网络博弈动力学

在传统的演化博弈理论中通常假设个体间以均匀混合的方式交互，即所有个体全部相互接触，然而，现实情况中个体间的接触总是有限的，个体仅与周围的少数其他个体接触。这样我们就可以在博弈理论中引入网络拓扑的概念。

复杂网络理论为描述博弈个体之间的博弈关系提供了方便的系统框架。网络上的节点表示博弈个体，边代表与其邻居的博弈关系。在每一时间步长，节点与其所有邻居进行博弈，累积博弈获得的收益，然后根据更新规则进行策略更新，如此重复迭代下去。网络上的演化博弈研究主要集中于 3 个基本的方向：

（1）研究网络拓扑结构对博弈动力学演化结果的影响。

（2）在一定的网络结构下探讨各种演化规则对演化结果的影响。

（3）网络拓扑和博弈动力学的共演化主要是自适应网络上的博弈动力学，即网络拓扑调整受博弈动力学影响。

每个模型都可以分成几个模块，如使用的博弈模型、更新规则、网络结构等。虽然使用的博弈模型和具体的模拟细节各不相同，但基本的模拟过程是类似的，这个模拟过程是分回合进行的，每个回合包含两步：

（1）网络中所有的参与者与其网络上的邻居进行博弈，并获得收益。每个参与者的收益为与其所有邻居发生博弈得到收益的总和。

（2）然后参与者将他的收益与他在网络上邻居的收益进行比较，按照一定规则改变自己的策略。

5.2.1　规则网络演化博弈

1. 规则网络——囚徒困境模型

Nowak 和 May 扩展了囚徒困境博弈模型，将参与博弈的个体置于二维格子上，每个个体与直接相邻的 4 个邻居进行博弈,并累计收益,然后在更新策略时,一个个体与它的邻居比较本轮的收益,取收益最高者的策略作为下一轮博弈的策略,直到网络进入稳定状态为止。为了便于理论分析,Nowak 采用了弱囚徒困境博弈,即令 $T=b>1, R=1, P=S=0$,其中 b 表示合作收益。Nowak 指出这种弱囚徒困境所得的演化结果与 $-1 \ll S < 0$ 时的结果相同。

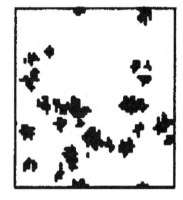

Nowak 发现引入空间结构后,通过演化,当 b 在一定范围内($1 \leqslant b \ll 2$)时,合作者可以通过结成紧密的簇抵御背叛策略的入侵,如图 5-1 所示。

虽然这种合作簇并不固定,其形状也会随时间的改变而改变,但它并不会消亡,并且最终系统中合作者的比例(被称为合作频率,是衡量系统合作涌现程度的重要指标)会趋于稳定,如图 5-2 和图 5-3 所示。

图 5-1   在方格上进行囚徒困境博弈得到的斑图

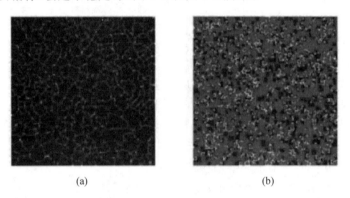

(a)   (b)

图 5-2   200×200 二维网格上的演化囚徒困境博弈形成的斑图

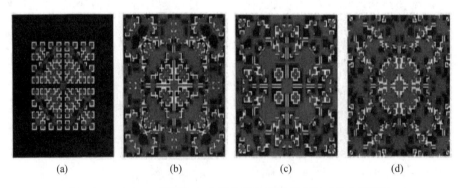

(a)   (b)   (c)   (d)

图 5-3   99×99 二维网格上的演化囚徒困境博弈形成的空间混沌

例如:对于上面提到的基于囚徒困境模型的规则网络博弈,基于费米函数的策略更新规则,利用平均场近似理论分析采取合作策略的个体的密度 ρ 随时间的演化。

$$\begin{cases} U_C = z\rho R + z(1-\rho)S = z\rho + z(1-\rho)c \\ U_D = z\rho T + z(1-\rho)P = z\rho b \end{cases} \tag{5-1}$$

$$P_{i \leftarrow j} = \frac{1}{1 + \exp\left[(U_i - U_j)/k\right]} \tag{5-2}$$

$$\frac{\partial \rho}{\partial t} = \rho(1-\rho)\left[W_{D \to C} - W_{C \to D}\right] = -\rho(1-\rho)\tanh\left(\frac{U_D - U_C}{2\kappa}\right) \tag{5-3}$$

他们发现当个体间的接触网络具有空间结构时,如方格网络,在囚徒困境博弈中合作行为能够出现并且稳定维持。其原因是在显著的空间结构效应下,合作者可以通过相互结成紧密的簇抵御背叛者的入侵。这个发现首次指出了网络结构对博弈演化起着重要的作用。

2. 规则网络——雪堆模型

Hauert 和 Doebeli 将博弈个体置于格子上,分别针对度为 3、4、6、8 的四种拓扑结构情况,根据雪堆博弈模型展开演化,如图 5-4 得出不一样的结论。

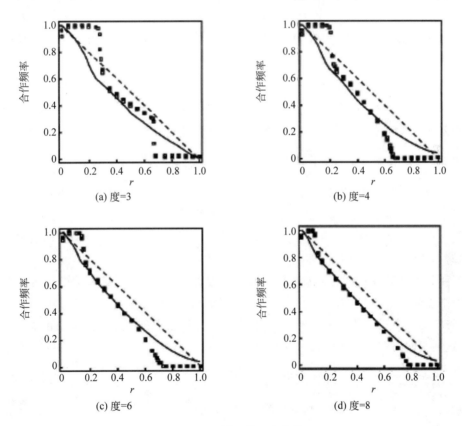

图 5-4　雪堆博弈模型演化结论

其中虚线表示模仿者动态下的演化稳定策略的合作频率,实线表示采用配对近似策略下的仿真结果,实心点和空心点分别代表同步演化和异步演化策略下的仿真结果。

规则格子上雪堆博弈的合作频率低于模仿者动态下的演化稳定策略,说明空间结构抑制了合作的产生。这是因为与囚徒困境的斑图不同,在雪堆博弈中合作者更容易聚成丝状簇(图5-5)。

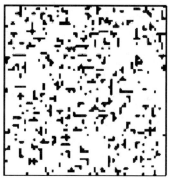

图5-5 在方格上进行雪堆博弈得到的斑图

这就导致当损益比 r 较高时,背叛者容易入侵,使系统合作频率下降,这是雪堆博弈与囚徒困境在合作演化上的本质区别。

5.2.2 非规则网络演化博弈

1. 小世界网络——囚徒困境

Hauert 和 Szabo 基于规则方格,在保持度分布的前提下,对生成的均匀小世界网络和随机均匀网络做了研究。他们应用一种被广泛采用的随机演化策略:一个节点 x 更新策略的时候,随机在它的 k 个邻居中选择一个 y,在下一轮中,x 以概率

$$p = 1/\{1 + \exp[(P_x - P_y)/\kappa]\} \tag{5-4}$$

选择 y 本轮的策略作为自己下一轮的策略。上述公式来源于统计力学中的费米函数,κ 为环境中的噪声等不确定因素,设为 0.1,P_x 为 x 本轮的累积收益。研究表明:由于长程边的作用,均匀小世界网络和随机均匀网络比规则方格更利于合作的涌现:①小世界网络的异质性使其比规则格子更利于合作的涌现;②具有度异质特征的 WS 小世界网络比度均匀分布的小世界网络合作频率更高。

2. 小世界网络——雪堆博弈

Tomassini 等应用不同的演化规则作用在不同的重连概率的小世界网络上,细致地分析了小世界网络上的鹰鸽博弈。发现小世界网络的合作行为与博弈采用演化规则,收益比与小世界网络的重连概率息息相关。三者的交互作用使得空间结构时而促进合作的涌现,时而抑制合作的产生。

尚丽辉等针对现实生活中朋友关系网络的距离相关特性,研究了基于距离的空间小世界网络上的雪堆博弈(图5-6),发现与规则网络相比,距离无关的小世界网络促进了合作的涌现;而距离相关的小世界网络中,幂指数增加导致了长程连接的减少和短程连接的增加,这使得网络在损益比较大时抑制合作的产生。

3. 无标度网络——囚徒困境

实际生活中很多网络(如因特网、航空网等)都具有无标度的特性,其节点的度分布满足某种幂律的特性。Santos 对比了规则格子、随机图、随机无标度网络和 BA 无标度网络对合作涌现的作用(图5-7),认为由于无标度网络中节点之间的度存在极大的差异,合作行为容易在度大的节点之间传播,进而带动大量小度节点在无标度网络中传播。也就是说,无标度网络是目前最有利于合作涌现的网络结构。

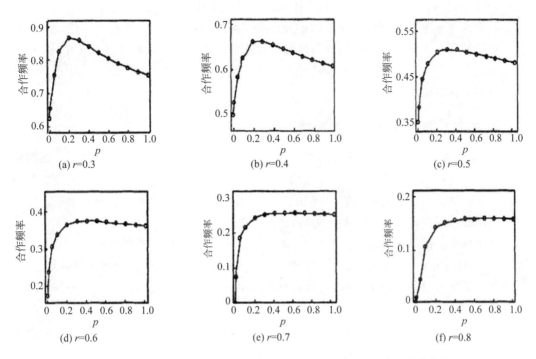

图 5-6 不同幂律指数下距离相关的小世界网络上的雪堆博弈合作曲线

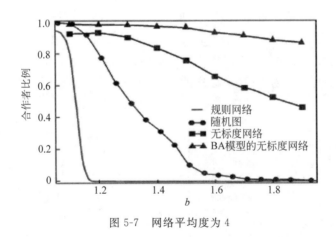

图 5-7 网络平均度为 4

Gomez-Gardenes 根据个体的稳定时的状态,将其划分为 3 类:纯策略者、纯背叛者和策略摇摆者。

4. 无标度网络——雪堆博弈

Santos 将研究无标度网络上囚徒困境的方法移植到雪堆博弈上,观察到类似于图 5-7 的现象,这说明无标度特性同样有利于雪堆博弈中合作的涌现。

通过对小规模网络(128 个节点)进行仿真,弱化了影响合作涌现的无标度网络其他统计学特性,着重突出了节点度的异质性的因素,再次验证了关于异质因素促进合作涌现的一般性结论,指出无标度网络为研究演化博弈理论提供了统一的理论框架。

荣智海等研究了无标度网络上的扩展雪堆博弈(即一种可从雪堆博弈连续变化到囚徒困境的博弈),发现无标度网络异质性的增加使得合作的稳定性增强。而且对于相同的纯合作比例,纯背叛者比例增加,策略摇摆者比例减少。这说明越异质的网络,个体越倾向于选择稳定策略。

5. 度相关性对两类博弈的影响

Rong 等首先研究了无标度网络的度相关性对合作行为的影响。研究表明:在囚徒困境中,中性网络(即呈现度不相关特性的网络,如 BA 网络)的中心节点对于大度邻居与小度邻居的选择是最合理的,既与少量中心节点相连,又与他们共享很少量的邻居。所以其较之同配或异配网络的合作频率更高,最利于合作的涌现。

当无标度的网络结构呈现同配性质,即连接度大的节点倾向于和连接度大的节点建立连接时,由于中心节点和边缘节点(连接度一般较小)的"通信渠道"的减少,使得中心节点的合作策略难以传播出去,网络总体的合作频率呈现下降趋势。反之,如果无标度网络呈现度异配性时,中心节点之间的联系被切断,一方面不利于合作策略在中心节点之间扩散,抑制合作频率的上升;另一方面被孤立的中心节点可以和周围小度节点凝结成坚固的簇,即使背叛的诱惑非常大,也能有效抵御背叛策略的入侵。

对于雪堆博弈,越同配的网络其背叛者拥有越小的平均度,这说明与囚徒困境博弈类似,由于网络变得同配后中心节点对于小度节点的控制能力减弱,进行雪堆博弈的背叛者也主要集中在小度节点。异配网络当 r 较小时,雪堆博弈的合作频率会低于均匀混合状态的均衡频率。可见度相关性对于囚徒困境博弈的结论完全适用于雪堆博弈。如图 5-8 所示,两图中横坐标为背叛相对于合作的收益 b,纵坐标为合作频率 ρ_c,r_k 为度相关性系数。

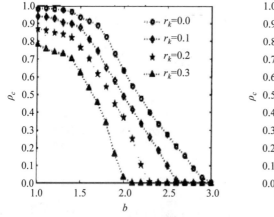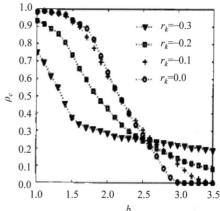

图 5-8　雪堆博弈的度相关性

5.2.3　多层网络演化博弈

关于网络人口中 PDG(Prisoner's Dilemma Game)合作的研究也被扩展到多层系统的案例中,其中一种方法是考虑每一层都由一组代理组成,所以每个人在同一个网络层中同时与相邻的邻居一起玩。考虑两个相互关联的网络的情况,其中每个代理根据邻居是否属于同一个网络,或者对另一个网络进行了不同的游戏。特别地,考虑两个可能的收益矩阵,一个用于相同网络层节点之间的交互 $\prod_{\text{intra}}$,采用的是相同的 E_q 形式,下面是用于层间交互的。

$$\prod_{\text{intra}} = \begin{pmatrix} 1 & 0 \\ b > 1 & \varepsilon < 0 \end{pmatrix} \tag{5-5}$$

因此,如果 A_1 和 A_2 是两个网络的邻接矩阵,则 $C_{12} = C_{21}$ 是包含层间连接的矩阵,在 α 层的节点 i 的收益:

$$f_i^\alpha(t) = \sum_{j=1}^{N_1} (A_\alpha)_{ij} \cdot \boldsymbol{s}_l(t)^{\mathrm{T}} \prod_{\text{intra}} \boldsymbol{s}_j^\alpha(t) \tag{5-6}$$

$$f_i^\alpha(t) = \sum_{j=1}^{N_i} (A_\alpha)_{ij} \cdot \boldsymbol{s}_l^\alpha(t)^{\mathrm{T}} \prod_{\text{intra}} \boldsymbol{s}_l^\alpha(t) +$$

$$\sum_{j=1}^{N_2} (C_{12})_{ij} \cdot \boldsymbol{s}_j^\alpha(t)^{\mathrm{T}} \prod_{\text{intra}} \boldsymbol{s}_l^\beta(t), \quad \alpha \neq \beta \tag{5-7}$$

$\boldsymbol{s}_l^\alpha$ 是一个有两个组件的向量,表示在 t 时刻 α 层节点 i 的策略,$\boldsymbol{s}_i^\alpha$ 中读取 $(1,0)^{\mathrm{T}}$ 为合作,$(0,1)^{\mathrm{T}}$ 为背叛。因此,当在同一层中与邻居进行博弈时,节点会根据 PDG 获得收益,而对于层间来说,除了 2 个背叛者相互之间的作用外,收益是相同的。当惩罚变成负的时,这个矩阵最小可能收益也就是收益排行演变成 $T > R > S > P$,后一个变化使 PDG 变成 Snowdrift game(SDG)。通过这种方式,背叛者对合作者的利用,不管他们在哪一层上,都受到另一个网络层背叛者利益损失的阻碍。对于混合网和网络层,可以找到在其中一层中合作占主导地位的极化状态,而在另一层中则相反。

这里提到一个两个网络的互联系统,但是考虑到内部和层间的交互是由 E_q 控制的,也就是 PDG 的收益矩阵。在这种情况下,我们把合作的出现看作层间连接的密度和每一层拓扑结构的作用,一般来说,由于层间连接的低密度,系统的整体合作得到了增强。在这个系统中发现,连接两个网络层的代理比只共享内部层的连接更有可能进行合作。此外,尽管层间的相互联系促进了整个系统的合作,但当考虑到单个层的层次时,相互连接的效果可以在一层中减少合作,这是由另一个的增长补偿的。

除了通过与其他网络节点博弈实现收益外,另一种可能的方法是允许在层之间直接进行信息传输或交换。在最近的研究中,PDG 和 SDG 在不同层上分别实现,提出了有偏见的模仿:节点以概率 p 模仿层内的邻居在同一网络的策略,在这样的框架下,试图探索合作特质是如何随着偏差概率 p 的函数变化的。有偏差的概率揭示了多重效应,它对人口结构的变化是有利的。从 $p = 1$ 开始的偏差概率的轻微下降促进 PDG 中的合作行为,相反,这一减少损害了 SDG 群体中合作的发展,一些文献也验证了定性有效的观测可以扩展到一个更广泛的参数空间,这是基于平均场法的。

在多层网络中,所有的 M 层都有相同数目的节点 N,每个节点都是特定代理的表示,而层之间的唯一链接是连接代表同一代理节点的链接。多层网络的假设提出了在复制节点的策略之间施加了动态的相关性,这种关联是通过考虑一个代理可以在每层中采用不同的策略实现的。在 PDG 中,节点 i 可以在 n 层中成为一个背叛者,在剩下 $M-n$ 层中成为合作者,节点 i 在时间 t,α 层上的总收益:

$$f_i^\alpha(t) = \sum_{j=1}^{N} A_{ij}^\alpha s_j^\alpha(t) \tag{5-8}$$

E_q 定义收益矩阵,另外节点 i 的总收益是在 M 层中不同的累积收益之和。

$$f_i(t) = \sum_{\alpha=1}^{M} f_i^\alpha(t) \tag{5-9}$$

代理 i 在 α 层的策略更新取决于 $f_i(t)$(而不是只考虑这一层中积累的收益 $f_i^\alpha(t)$)。因此,在给定的层中,节点的状态变化与其他层的动态状态耦合在一起。层之间的相关性影响了系统的合作级别,通过增加层数 M,合作的弹性增强了,代价是降低了节点 i 去诱惑其他节点背叛合作的发生概率。

此外,每个代理人通常都是人类社会中网络的成员,因此在以往的研究中提出了完全不同的设置。这个系统由两层 SF 网络构成,一个名为交互层的网络用于收益的积累,另一个为用作策略或状态的更新网络。

5.3　网络演化博弈共演化

在网络演化博弈的共演化博弈中,不仅个体的策略是演化的,外界的某种属性也与之共同演化,下面讨论共演化动力学在合作演化中的作用。

随着复杂性科学的蓬勃发展,空间互惠(即网络上的博弈)引起了广泛的研究。Nowak 等人率先研究了方格上的囚徒困境[146]。在此工作中,节点代表个体,边表征博弈关系。他们发现空间结构在一定程度上可促进合作。受此启发,无标度网络(scale-free network)、小世界网络(small world network)等更符合实际的网络上的博弈研究也接踵而至。结果表明,异质性的网络有利于合作的演化[147]。Ohtsuki 等人则给出了度规则的网络上自然选择利于合作演化的条件 $\frac{b}{c} > k$ [148]。这里,c 是合作的代价,b 是合作带来的利益,k 是网络的度。他们将这一结果与哈密尔顿规则进行了类比。上述这些工作都是基于静态网络结构,不同于无结构群体,合作是有机会演化存活的,甚至可以得到很大程度的提高。然而,Hauert 等人则发现网络结构并不总是能够促进合作,尤其是在雪堆博弈(snowdrift game)中[149]。

除静态网络上的博弈外,动态网络上的博弈也掀起了一个研究热潮,通常称之为博弈与结构的共演化[150]。博弈的共演化涉及 3 个要素:博弈本身、与博弈策略共演化的属性、共演化的时间尺度。截止到 2018 年,共演化工作多以囚徒困境为载体,其他类型的博弈鲜有涉及,如信任博弈(trust game)、最后通牒博弈(ultimatum game)、独裁者博弈

(dictator game)、少数者博弈(minority game),甚至非单一类型的博弈等。在这些博弈中,个体的地位通常并不完全一样。处于劣势的个体可以通过改变自己的其他属性实现自己的利益最大化。这显然属于共演化的范畴,值得研究。在共演化的博弈研究中,与个体策略共同演化的可以是刻画博弈关系的社会网络(social network)、期望(aspiration)、学习规则(learning rule)、声望(reputation)等属性。当个体有机会根据博弈的结果调整社会关系时,他们会剔除那些给他们带来较小收益或者没有满足期望的博弈对象。这种调整势必影响未来的博弈,从而形成一个反馈环。研究发现,这种反馈环在适当的时间尺度下,总是能够促进合作。实现共演化的方式除了断边重连(adverse link seveding and relink),还包括迁移(migration)[151]、标签的切换(tag-switching)、表现型的演化(phenotype evolving)、第三者的干预(intervention of thethird party)等。

(1) 从全局的角度研究了共演化机制对合作的影响。不同状态(策略)的个体之间可以形成邻居关系,也可以断开。当策略选择的时间尺度较小时,博弈的网络接近混合均匀网络(well-mixed population),合作在囚徒困境中被抑制。当策略选择的时间尺度较大时,相应网络上的囚徒困境博弈可以转化为混合均匀网络上的"猎鹿博弈"(stag-hunt game),使得自然选择合作成为可能。在此框架下,Van Segbroeck 等人[152]引入了取代不满意边速率的多样性,研究了这种多样性对合作演化的影响。Liu 等人将该思想推广到社团化的群体中。然而,上述研究只考虑了无向边的情形,尤其是新选择的个体无条件地接受新的社会关系。这并不能完全反映真实的情形,因为个体在接受之前会对新的社会关系进行评估,因此研究边动力学中双向选择的情形是十分必要的。

(2) 在共演化的过程中,博弈矩阵是一成不变的,实际上需要进一步考虑博弈矩阵动态变化对演化动力学的影响。这是因为在实际情形下,如当环境的资源数量不同时,即使采用相同的策略,带来的收益也极有可能不同。而资源的数量可以依赖于局部环境中生物体的密度、所用的策略、生物体之间的连接关系等。

(3) 这些研究赋予了个体动态调整社会关系的权利,这种权利的获得本身就是一个值得研究的问题。换句话说,如果不做这种假设,而是个体调整社会关系本身也是一个动态的变量,那么系统的动力学能否稳定在这样一个状态——存活下来的个体都具备调整社会关系的能力?

在有关迁移的工作中,一个主流的框架是考虑单层网络中含有空穴(empty sites)的情形。当对生存环境不满意时,个体会迁移到新的环境中。这反映了生物体具有"趋利避害"的重要特征。个体对环境的评估则是通过实际博弈或者虚拟博弈[153]实现的。评估的标准有收益、期望、风险、吸引力、声望等。也有一些工作考虑了连续空间的情形。这些研究均用囚徒困境或者公共品博弈刻画博弈关系,揭示了迁移在解决社会困境中所起的作用。但是,现实中尤其是生态环境中,处于不同地位的物种之间存在的相互竞争可以由其他类型的博弈刻画。例如,不同侧斑的蜥蜴之间的求偶配对可以用剪刀—石头—布博弈(rock-paper-scissors game)刻画。当遇到强势对手时,弱势个体会迁移。这种迁移对生物多样性的维持是否有利,迁移的时间尺度和范围又是怎样影响生物多样性的?再如,在最后通牒博弈中,尤其是当资源的获得需要两个或者多个个体共同参与时,如果响应者对提议者的资源分配方案不满意,他们可以拒绝接受并且选择离开当前环境。这不仅避免了在当前博弈中被利用,同时也降低了在未来博弈中被利用的机会。那么,在此背景下,迁移能否使群体摆脱子博弈精炼纳什均衡理论预测的结果,从而稳定在公平度较高的状态上?总之,在迁移机制下研究其他类型博弈中的群体动力学是十分必要的。上述研究都是在单一网络上展开的。而在实际情形中,个体可以参与多层网络上的博弈,每层网络对应一个环境,这一问题仍然属于共演化的范畴。

实际上,除上述两种方式,博弈的共演化形式非常多样。一般来说,不仅博弈个体的策略随时间变化,而且个体的其他属性也随时间变化。如果两个过程之间有耦合,即博弈的结果影响这些属性,这些属性又反馈到博弈中,那么这样的过程可以称为博弈的共演化。

5.4　网络演化博弈实验

在二维网格上,每个格子以周围的 8 个格子作为邻居,可以看作是平均度为 8 的规则网络。每个格子上占据了 m 个选择者和一个决策者,在每一个时间步,每个格子上的选择者只能对距它最近的 9 个决策者进行选择,即它占据的格子上的决策者以及邻居格子上的 8 个决策者。这 9 个决策者与 m 个选择者组成了一个局部的 well-mixed 系统,因此这 m 个选择者在这 9 个决策者上的分配方式由决策者的度 $K_i = \mu(1 - 2\varepsilon)$ $\left(\dfrac{B}{A - X_i} - 1\right)$(其中 ε 为信息的出错率,X_i 为合作频率,A、B 为记号)决定,如图 5-9 所示。

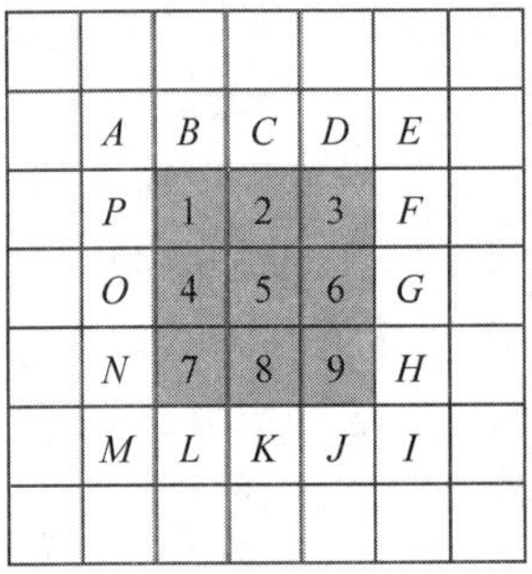

A	B	C	D	E	
P	1	2	3	F	
O	4	5	6	G	
N	7	8	9	H	
M	L	K	J	I	

图 5-9　二维网格上决策者与选择者的交互情况,每 9 个相邻格子上的决策者组成一个局部的 well-mixed 系统。第 1~9 个格子上的 9 个决策者的合作频率组成了一个局部分布 $X_{1\sim9} = \{X_i | i = 1, 2, \cdots, 9\}$,由于第 5 个格子上的选择者只能看到这 9 个决策者,因此第 5 个格子上的 m 个选择者根据分布 $X_{1\sim9}$ 决定在这 9 个决策者上的分配

我们在一个 100×100 的方格上对此进行模拟,由于 μ 的选择对结果没有影响,为了便于计算,取 $\mu = 1$,即 $m = 9$,每个格子上占据 9 个选择者和 1 个决策者。初始情况下,每个决策者的合作频率 X_i 服从 0~1 的均匀分布,随机赋值 0~1。

在以后的每个时间步,系统的演化规则如下:

(1)首先,根据上面所述的方法计算每个决策者的平均邻居个数,然后根据每个合作者的平均收益 F_i 公式:

$$F_i = K_i X_i(b - c) + K_i(1 - X_i)b = cK_i(\beta - X_i) \tag{5-10}$$

（其中 b 为决策者得到的收益，c 为决策者在与选择者的合作交互中让出的利益，$\beta = b/c$）计算每个决策者的收益。

（2）对于每个决策者，设其当前的合作频率为 X_i，然后该选择者选择分数最高的邻居为模仿对象（如果最高分有多个，则随机选择一个），设其合作频率为 X_T，则该决策者的下一时间步的合作频率为

$$X_{ij+1} = (X_{ij} + X_T)/2 \tag{5-11}$$

由于程序的运行结果依赖于参数 ε 与 β，因此分别选取 $\varepsilon = 0, 0.1, 0.2, \cdots, 0.5$，$\beta = 1$，$1.2, 1.4, \cdots, 4$ 共 96 个配置对模型进行模拟，我们统计了每一个配置在系统达到稳定时对应的平均合作频率。通过观察发现，系统的平均合作频率在 100 个时间步左右即达到稳定并不再波动，因此我们对每一个配置取其在第 300 时间步的平均合作频率的值，对每一个配置重复运行了 10 次，以求平均。

结果如图 5-10 所示。从图 5-10 中可以看出 β 对合作行为是促进的，β 的增加意味着合作行为付出的代价变低，当 β 超过 1～1.5 的某值（记为 β_c）时，系统的合作频率会有一个显著的跳跃，而当 β 小于 β_c 时，系统的合作频率增长缓慢，维持在一个较低的水平。β_c 可以看作是激发系统合作行为的临界值，其值随信息的完备程度的不同而不同。例如，当 $\varepsilon = 0.4$ 时，$\beta_c = 1.2$，因此当信息的完备程度越高时，系统的合作行为越容易被激发。

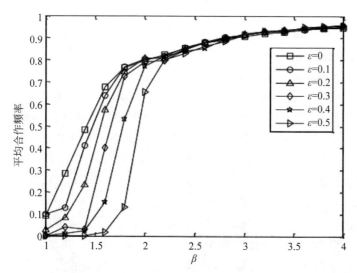

图 5-10　信息完备程度（$\eta = 1 - \varepsilon$）与收益－让利之比（β）对平均合作频率的影响

从图 5-10 中还可以看出，信息的完备程度对合作行为也是促进的，信息越完备，越透明，系统中的决策者越倾向于合作。然而，从图 5-10 中可以看出，当 $\beta \geqslant 2$ 之后，所有不同的 ε 的曲线都融合在一起，因此当 $\beta \geqslant 2$ 时，信息的完备程度对合作行为的影响是微乎其微的。同样，当 $\beta \geqslant 3.5$ 之后，所有的曲线趋近于稳定，此后 β 的增加对系统的合作频率的影响也可以忽略了。

综上所述，较高的信息完备性（$1 - \varepsilon$）与较低的合作代价（$1/\beta$）可以促进合作行为的产生，其中信息的完备性影响着激发合作行为的难易程度，而当合作行为的代价小于某一值

时,信息的完备程度对系统的影响可以忽略,当合作行为的代价继续小于某一值时,其合作行为代价本身对系统的影响也是可以忽略的[154]。

5.5 网络演化博弈的应用

5.5.1 突发公共卫生中的应用

突发公共卫生事件是指突然发生,造成或者可能造成社会公众健康严重损害的重大传染病疫情、群体性不明原因疾病、重大食物中毒和职业中毒以及其他严重影响公众健康的事件[156]。进入 21 世纪以来,世界范围内暴发了 SARS、禽流感、甲型 H1N1 等重大突发公共卫生事件,其具有非常规突发事件的若干典型特征:自然危机和人类活动所造成的突发事件之间具有衍生耦合性,即重大传染病疫情的暴发往往是自然因素和人为因素的交互影响;危机具有潜在衍生危害,破坏性严重,甚至引发综合性社会经济危机,涉及卫生、经济和社会等多个领域,采用常规管理体系无法有效地应对处置。近二十年来,我国先后暴发了 SARS、禽流感、甲型 H1N1 流感等重大传染病疫情,我国公共卫生医疗体系面临着严峻的挑战。

1. 要素博弈

2009 年 3 月,墨西哥暴发"人感染猪流感"疫情,病原为变异后的新型甲型 H1N1 流感病毒,毒株包含有猪流感、禽流感和人流感 3 种流感病毒的基因片段,可以在人类之间进行传播。由于一些国家在其国际航班没有配备红外线测温仪器等与甲型流感防疫相关的设施,造成病毒在全球大面积扩散。世界卫生组织数据显示,自 2009 年 3 月甲型 H1N1 流感暴发以来,截至 2010 年 8 月 10 日世界卫生组织宣布全球流感疫情不再处于最高警戒级别,甲型 H1N1 流感全球大流行结束,全球共 214 个国家出现甲流病例,至少 18 449 人因感染甲流死亡[157]。我国因庞大的人口,频繁的人员流动以及十分广阔复杂且发展不均衡的地域,公共卫生预防体系不可避免地存在着巨大的脆弱性,特别是很多地方的医疗设施还不具备应对大规模传染病的能力。在吸取了应对 SARS 危机成功经验的基础上,中国政府第一时间迅速启动了甲型 H1N1 流感疫情全国性的防控机制,全面展开与防控疫情相关的出入境检验检疫、应急技术储备和物资准备、宣传公众防控知识、国际交流和合作等防控措施。上述严格的防控措施不仅没有在社会公众中引起恐慌,反而得到包括网络舆情在内全社会的一致理解和高度支持。

重大突发公共卫生事件中政府部门和社会公众的策略互动过程中,政府部门的策略集合 S1 包括"严格防控"策略 C 和"不作为"策略 N,$S1=\{C,N\}$。随着疫情的发展和人类对疫情认知的更新,政府部门采取的具体应对措施也处于动态调整的过程中,该行为方式符合演化博弈理论参与者采取模仿行为的"有限理性"假设。社会公众所选择的策略集合 S2 由"自由流动"策略 F 和"自愿隔离"策略 S 组成,$S2=\{F,S\}$。其中,"自由流动"策略 F 是指一些甲型流感患者和疑似患者无视我国政府有关防控规定和社会公德,或者一些处于潜伏期的患者由于未能发现自身的异常症状,依然乘坐公交、地铁、大巴等公共交通工具自由流动造成疫情扩散。"自愿隔离"策略 S 是指社会公众积极配合政府有关规定的,包括归国人员主动居家隔离一周;有发热($\geqslant 37.5^{\circ}\mathrm{C}$)或急性呼吸道症状的人员,以及与患者有过密切接触者,主动联系定点医疗机构进行医学排查和治疗;积极做好自身防护工作等。

在政府不采取任何防控措施下,社会公众采取自由流动策略 F 时,其造成疫情大范围扩散的概率记为 p_1,相应地造成社会经济损失记为 V。如果政府部门采取了严格的防控措施 C,包括我国政府在疫情扩散的前期阶段将甲型 H1N1 流感确诊病例收治到定点医院提供免费治疗,对密切接触者进行大范围的跟踪和排查工作等,政府部门严格的防控的成本记为 c,该防控成本 c 看作是收治人数 n 的线性函数。此时,社会公众采取自由流动策略造成疫情扩散的概率下降为 p_2,$p_1 > p_2$。由于我国农村地区等很多地方的医疗设施不具备应对大规模传染病的能力,根据疫情暴发和扩散初期阶段人类对甲型 H1N1 病毒的致病毒性、变异能力和传播途径的有限认知,以及人类历史上若干次流感疫情大暴发的集体记忆,如果疫情不加以严格防范,将可能以较大的概率 p 大范围扩散,造成的社会经济损失 V 大于严格防控的社会成本,即 $p_1 V > c$。如果一些社会公众仍然无视政府部门有关全民防控的部署自由流动,按相关规定,"患有突发传染病或疑似突发传染病而拒绝接受检疫、强制隔离或者治疗,过失造成传染病传播,情节严重,危害公共安全的,处三年以上七年以下有期徒刑"[158],该惩罚额度记为 b。社会公众积极配合政府部门的防控措施,如归国人员主动居家隔离一周,隔离期间无法办公、出游和交往会友等造成的损失记为 a,显然 $b > a$。但是,由于患病或者疑似患病个体的自由出行造成疫情扩散的社会损失具有负的外部性,个体仅承担部分损失,$p_1 V/n$,$|a| > |p_1 V/n|$。分析图 5-11 动态博弈模型可知,我国政府部门与社会公众在甲型 H1N1 流感疫情防控过程中选择的最佳反应策略分别是(严格防控 c,自愿隔离 S),即子博弈完美均衡路径。

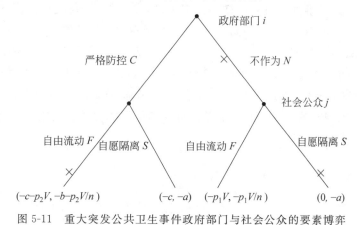

图 5-11　重大突发公共卫生事件政府部门与社会公众的要素博弈

2. 一般化复制动态方程与传染病 SI 方程

演化博弈理论研究了有限理性的群体具体的学习、模仿动态过程及其稳定性。其中,最常见的一种学习的动态模型是复制动态模型[159]。演化博弈选择动态模型应用于社会经济系统演化问题分析时,考虑到不同策略存在着相应行动被观察到的可能性差异,一些策略可能更难以被观察和学习,因此 Sethi 提出了一般化复制动态模型[160]。该模型将时间 t 分为长度为 γ 的固定间隔的时间序列,在每一个时间间隔内,参与者考虑修改他们的策略。在大群体中随机抽取若干个个体并试图观察他们的行动和收益,那么当前采取策略 j 的个体被抽取的可能性可由群体份额 θ_j 表示。如果某些采取策略 j 的个体被选中,与那些策略相关的行动和收益被观察到的可能性用 δ_j 表示。假设某些选取策略 i 的人观察到 j 的收益至少和现在的收益一样高,则他们转向策略 j 的可能性和 $\pi_i - \pi_j$ 成比例。通过合适的收益正态化,该概率等于 $\pi_j - \pi_i$。因此,在时间 τ 内,当前策略为 i 的参与者转换到选择策略 j 的群体比例为 p_i^j。

$$p_i^j = \begin{cases} \tau\delta_j(\pi_j - \pi_i)\theta_j, & \text{如果} \pi_j > \pi_i \\ 0, & \text{其他} \end{cases} \tag{5-12}$$

定义集合:

$$B_i(\theta) = \{j \in I \mid \pi_j(\theta) > \pi_i(\theta)\} \tag{5-13}$$

其包含了群体比例分布为 $p(t)$ 时收益高于策略 i 的所有策略。考虑在时间 $(t+\tau)$ 的群体比例:

$$\theta_i(t+\tau) = \theta_i(t) + \sum_{j \notin B_i(\theta)} \tau\delta_i(\pi_i - \pi_j)\theta_i(t)\theta_j(t) - $$
$$\sum_{j \in B_i(\theta)} \tau\delta_j(\pi_j - \pi_i)\theta_j(t)\theta_i(t) \tag{5-14}$$

式(5-14)整理后,取极限 $\tau \to 0$,可以得到一般化复制动态模型:

$$\frac{d\theta_i(t)}{dt} = \theta_i(t)\left[\delta_i \sum_{j \in B_i(\theta)}(\pi_i - \pi_j)\theta_j(t) - \sum_{j \in B_i(\theta)}\delta_j(\pi_j - \pi_i)\theta_j(t)\right] \tag{5-15}$$

在公共卫生突发事件暴发和扩散的初期阶段,政府部门和社会公众普遍缺乏关于疾病起源、致死率、传播途径、有效的防护措施和疫情扩散状况等的相关信息。现有研究表明:在信息混乱的危急情况下,社会群体的行为方式具有明显的从众心理和模仿特征[161]。世界动物卫生组织总干事瓦莱特认为,与控制 SARS 疫情非常相似,抗击甲型 H1N1 流感战役的关键是控制人与人的传播[162]。在尚未研制出甲型 H1N1 流感病毒的特效药情况下,控制疫情传播最行之有效的办法是采取隔离防护措施。因此,疫情的扩散过程可以用社会公众选择自由流动策略 F 的群体比例增长率间接地 $\frac{d\theta_F(t)}{dt}$ 表示;将要素博弈的收益代入一般化复制动态模型式(5-15),得

$$\frac{d\theta_F(t)}{dt} = \theta_F(t)\delta_F \sum_{F \in I}(\pi_F - \pi_s)\theta_s(t) \tag{5-16}$$

整理得

$$\frac{d\theta_F(t)}{dt} = \theta_F(1-\theta_F)\delta_F(\pi_F - \pi_s) \tag{5-17}$$

式(5-17)即著名的传染病扩散 SI 方程(即 Logistic 方程):

$$\frac{dI(t)}{dt} = \varepsilon I(t)(1-I(t)) \tag{5-18}$$

传染病扩散 SI 方程经常用于突然暴发的、缺乏有效控制的、处于暴发早期阶段的 SARS、禽流感、甲型 H1N1 流感等疫情流行病分析中。比较自然传播机制的传染病传播模型式(5-18)与社会经济系统演化的演化 ε 博弈模型式(5-17)，可以发现：传染病扩散 SI 方程式(5-18)中的感染率 ε 定义为每人每天平均接触的人数。从演化博弈理论的角度分析，该感染率 ε 取决于政府部门与社会公众互动过程中不同策略的收益差($\pi_F - \pi_s$)，以及各种行动策略的可观察性。显然，重大突发公共卫生事件的演化博弈模型式(5-17)进一步丰富了经典的传染病传播模型式(5-18)的传播途径，从而将社会经济系统中政府部门的防控机制融入传染病的自然传播过程中。

运用演化博弈理论的一般化复制动态模型分析重大突发公共卫生事件的传播过程可以得到如下结论：①重大突发公共卫生事件的演化过程等价于传染病扩散 SI 模型；②传染病的感染率 ε 取决于政府部门与社会公众互动过程中不同策略的收益差 $\Delta\pi$ 以及各种行动策略的可观察性 δ：$\varepsilon = \delta\Delta\pi$。

假设社会总人口数为 K，采取自由流动策略的人数为 M，求解式(5-17)：

$$\frac{\mathrm{d}M}{\mathrm{d}t} = M(K - M)\left(\frac{\lambda_F}{K}\right)(\pi_F - \pi_s) \tag{5-19}$$

分离变量后，两边积分，令 $M(0) = M_0$，解得甲型 H1N1 流感疫情传播的频数方程为

$$M(t) = \frac{1}{\frac{1}{k} + \left(\frac{1}{M} - \frac{1}{K}\right)e^{-\beta t}} \tag{5-20}$$

其中 $\beta = (\lambda_F / K)(\pi_F - \pi_s)$。

根据图 5-11 扩展式博弈模型所示，在我国政府采取严格防控策略 C 下，社会公众采取自由流动策略 F 的支付 $\pi_F = -b - p_2 V/n$，而采取自愿隔离策略 S 的支付 $\pi_s = -a$。将上述支付代入式(5-20)，在我国政府积极防控应对甲型 H1N1 流感疫情的模式下，甲型 H1N1 流感疫情传播的频数方程为

$$M(t) = \frac{1}{\frac{1}{K} + \left(\frac{1}{M_0} - \frac{1}{K}\right)e^{-\left(\frac{\lambda_F}{K}\right)\left(a - b - \frac{p_2 V}{n}\right)t}} \tag{5-21}$$

5.5.2　交通工程中的应用

交通规则作为一类特殊的制度，其形成沿袭了制度产生机制理解上的两种思路：一是制度设计论传统；二是制度演化形成论传统。前者认为制度是少数社会精英积极主动设计出来的博弈规则；后者认为制度是人类在有限理性情况下随机匹配进行重复博弈的结果[163-164]；前者在方法上较多采用基于完全理性的传统博弈论，后者采用基于有限理性的演化博弈论。演化博弈论方法假定参与人是有限理性的，他们不能马上找到最优策略，但是可以通过不断地模仿和学习群体中的高支付策略逐渐逼近最优策略[165-166]。

1. 问题的提出

假定所有的驾驶员构成了群体 Ω。群体 Ω 中的两个驾驶员 A、B 在同一道路上相遇，

如果他们都沿着左行驶或者都沿着右行驶,则他们不会相撞;如果他们一个沿着左行驶,而另一个沿着右行驶,则他们会相撞,如图 5-12(a)所示。与此对应的博弈如图 5-12(b)所示。

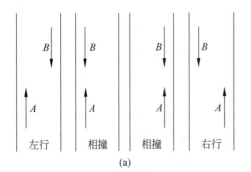

图 5-12　交通规则中的协调问题及直行交通的协调博弈

如果驾驶员 A 和 B 具有完全理性,则他们进行直行交通博弈时,会马上准确无误地找到这个完全信息静态博弈的纯策略纳什均衡 PNE 为(左行,左行)和(右行,右行)。这样他们就能避免相撞。

但是,更现实的情况是并非每个驾驶员都具有完全理性,而是只具有有限理性。于是那些具有有限理性的驾驶员们不能马上找到最佳策略;而是要通过多次重复博弈,并不断模仿那些高支付值策略后,才可能找到最佳的策略[165]。

有限理性的驾驶员在不断寻找其最佳策略的过程中,其行为方式为:模仿群体 Ω 中的高支付策略。如果他发现下期沿着左行驶的期望收益会更高,则他下期就会选择沿着左行驶;如果他发现下期沿着右行驶的期望收益会更高,则他下期就会选择沿着右行驶。所以,驾驶员会时而沿着左行驶,时而沿着右行驶;并非始终仅选择一种策略。于是,如果将左行者(或右行者)界定为"某时期 t 选择左行(或右行)的驾驶员",则某驾驶员(如张三)在时期 t_1 是左行者,在时期 t_2 就可能变成了右行者。

2. 直行交通规则的复制动态模型

1) 模型的建立

假定时期 t,群体 Ω 中选择沿着左行驶的驾驶员的比重为 $x(t)$。那么,$(t+1)$ 时期,群体 Ω 中选择沿着左行驶的驾驶员比重 $x(t+1)$ 是如何确定的?

影响 $x(t+1)$ 的第一个因素是 t 时期驾驶员选择沿着左行驶的期望收益值 $u_左(t)$ 与整个群体 Ω 的平均收益值 $\bar{u}(t)$ 的比较。显然,如果 $u_左(t) > \bar{u}(t)$,则表明选择沿着左是高收益策略,于是"沿着左行驶"的策略就会在 $(t+1)$ 时期得到群体 Ω 中更多驾驶员的模仿;而使 $(t+1)$ 时期群体 Ω 中选择沿着左行驶的驾驶员比重 $x(t+1)$ 大于 $x(t)$;反之,如果 $u_左(t) < \bar{u}(t)$,则表明选择沿着左行驶是低收益策略,于是"沿着左行驶"的策略就会在 $(t+1)$ 时期得不到群体 Ω 中驾驶员的模仿,相反"沿着右行驶"的策略会得到模仿;而使 $(t+1)$ 时期群体 Ω 中选择沿着左行驶的驾驶员比重 $x(t+1)$ 小于 $x(t)$。如果 $u_左(t) = \bar{u}(t)$,则表明选择沿着左行驶和选择沿着右行驶没有无差异,于是群体 Ω 中各驾驶员保持

已有的选择;而使($t+1$)时期群体 Ω 中选择沿着左行驶的驾驶员比重 $x(t+1)$ 等于 $x(t)$。

影响 $x(t+1)$ 的第二个因素是 t 时期选择沿着左行驶的驾驶员的比重 $x(t)$。$x(t)$ 越大,表示 t 时期群体 Ω 中的某个驾驶员与选择沿着左行驶的另一个驾驶员相遇的概率越大。因此,当"沿着左行驶"是高收益策略时,如果 $x(t)$ 越大,则"沿着左行驶"策略被模仿的概率也越大;"沿着左行驶"是低收益策略时,如果 $x(t)$ 越大,则"沿着左行驶"策略被抛弃的概率也就越大。

简言之,如果时期 t,"沿着左行驶"策略的期望收益相对高于群体 Ω 的平均期望收益,那么($t+1$)时期选择沿着左行驶的驾驶员在群体 Ω 中的比重 $x(t+1)$ 就会越大。如果时期 t,选择"沿着左行驶"的驾驶员比重 $x(t)$ 越大,那么($t+1$)时期选择或者抛弃沿着左行驶的驾驶员的比重 $x(t+1)$ 就会越大。

当 $x(t)$ 关于 t 连续时,或重复博弈的次数很多时,或单次博弈的时期很短时,将上面两个影响因素综合起来,可得到演化博弈理论中经典的复制动态模型(replication dynamics model)[167]。复制动态模型的方程为

$$\frac{\partial x(t)}{\partial t} = x(t)(u_左(t) - \bar{u}(t)) \tag{5-22}$$

式中,$\dfrac{\partial x(t)}{\partial t}$ 代表选择沿着左行驶的驾驶员比重随时期 t 的变化率;$x(t)$ 为时期 t 选择沿着左行驶的驾驶员的比重;$u_左(t)$ 代表时期 t 某驾驶员选择沿着左行驶的期望收益值;$\bar{u}(t)$ 为时期 t 整个群体 Ω 的平均期望收益值。

2)模型的求解

在博弈收益结构如图 5-12(a)所示的情况下,某驾驶员在时期 t 选择沿着左行驶的期望收益为

$$u_左(t) = x(t) \times 1 + (1 - x(t)) \times (-1) = 2x(t) - 1 \tag{5-23}$$

某驾驶员在时期 t 选择沿着右行驶的期望收益为

$$u_右(t) = x(t) \times (-1) + (1 - x(t)) \times 1 = 1 - 2x(t) \tag{5-24}$$

于是,整个群体 Ω 在时期 t 的平均期望收益为

$$\bar{u}(t) = x(t) \times u_左(t) + (1 - x(t))u_右(t) = (2x(t) - 1)^2 \tag{5-25}$$

于是,复制动态模型方程式(5-22)的具体表达式为

$$\frac{\mathrm{d}x(t)}{\mathrm{d}t} = 2x(t)((2x(t) - 1)(1 - x(t))) \tag{5-26}$$

式(5-26)的平面相位图如图 5-13 所示。

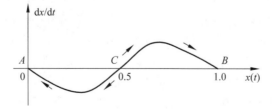

图 5-13　直行交通博弈的平面相位图

根据式(5-26)和图 5-13 可得

当 $x(t)=0,1,\frac{1}{2}$ 时

$$\frac{\mathrm{d}(x)}{\mathrm{d}t}=0 \tag{5-27}$$

当 $x(t)\in\left(0,\frac{1}{2}\right)$ 时，

$$\frac{\mathrm{d}(x)}{\mathrm{d}t}<0 \tag{5-28}$$

当 $x(t)\in\left(\frac{1}{2},1\right)$ 时，

$$\frac{\mathrm{d}(x)}{\mathrm{d}t}>0 \tag{5-29}$$

3) 结论

(1) 随着时期的延续或随机重复博弈次数的增加,选择沿着左行的驾驶员在整个群体 Ω 中的比重 $x(t)$ 收敛于 3 个点: $\lim_{t\to\infty}x(t)=0$, $\lim_{t\to\infty}x(t)=0.5$, $\lim_{t\to\infty}x(t)=1$。其中, $\lim_{t\to\infty}x(t)=0$ 的含义为选择沿着左行的驾驶员在整个群体 Ω 中的比重最终会演变为 0,即群体 Ω 中的每个驾驶员最终都会选择沿着右行驶。 $\lim_{t\to\infty}x(t)=1$ 的含义为选择沿着左行的驾驶员在整个群体 Ω 中的比重最终会演变为 1,即群体 Ω 中的每个驾驶员最终都会选择沿着左行驶。 $\lim_{t\to\infty}x(t)=0.5$ 的含义为选择左行的驾驶员在整个群体 Ω 中的比重为 0.5。

(2) 在这 3 个收敛点中, $\lim_{t\to\infty}x(t)=0$ 和 $\lim_{t\to\infty}x(t)=1$ 满足局部稳定性,因此它们能抵抗得住来自外部非累加性的小冲击或扰动,任何一次性的小偏离都会重新回归到原收敛处。但是, $\lim_{t\to\infty}x(t)=0.5$ 并不满足局部稳定性,来自外部的任意一次性小冲击都会使原均衡崩溃,即 $\lim_{t\to\infty}x(t)=0$ 和 $\lim_{t\to\infty}x(t)=1$ 是演化稳定策略(evolutionary stable strategy,ESS),而 $\lim_{t\to\infty}x(t)=0.5$ 不是 ESS。

由此得到直行交通规则:当 $\lim_{t\to\infty}x(t)=0$ 时,群体中的每个驾驶员最终都选择右行;当 $\lim_{t\to\infty}x(t)=1$ 时,群体中的每个驾驶员最终都选择左行。

(3) 直行交通规则具有多样性,既存在沿着左边行驶的交通规则 $\lim_{t\to\infty}x(t)=1$,如 1967 年前的瑞典;也存在沿着右边行驶的交通规则 $\lim_{t\to\infty}x(t)=0$,如法国。

(4) 由于 $\lim_{t\to\infty}x(t)=0$ 和 $\lim_{t\to\infty}x(t)=1$ 只是局部稳定,不是全局稳定,所以当现行的交通规则受到外来的巨大冲击时,或者受到连续不断的累积性小冲击时,就会突变为其他的交通规则,即它们不是随机稳定策略[168]。如法国大革命时期,沿右边行驶被认为是民主,沿左边行驶被认为是保守的封建贵族,于是随着法国对欧洲的战争扩张,导致欧洲的许多国家的交通规则由革命前的沿左行驶在极短时期内变成现在的靠右行驶。中国交通规则 1946 年之前采取左行交通规则,随着二战期间美国向中国大量输入沿右行驶的车辆的不断增多,最终导致 1946 年开始中国改变了左行交通规则,转而采取右行交通规则。

从演化博弈对直行交通规则的产生进行的模型分析,不仅适用于交通规则的产生,也

可用来分析运输领域新交易规则的产生。例如,现代综合交通运输体系中形成了铁路和海运统一集装箱尺寸规范标准,淘汰非标准型号[169]。使用演化博弈分析交通规则时,应当注意到许多交通运输规则的产生与演变,不仅依赖于微观主体参与的自发演化,而且还可能受到交通管理部门施加或引入的外部力量的影响,尤其是对于比较注重借鉴发达国家的发展中国家和地区而言,更是如此。

习　题　5

1. 演化博弈理论与经典博弈理论的不同主要体现在什么地方?

2. 假设一条街道上均匀住着两个资本家,他们要分别在这条街道上开一家理发店,假设两家理发店完全一样,那么两个资本家为了追求自己的利益最大化,会选择把理发店开在街道的什么位置?

3. 请解释如何将复杂网络和博弈论联系在一起。

4. "二指莫拉问题"。甲、乙二人游戏,每人出一个或两个手指,同时又把猜测对方所出的手指数叫出来。如果只有一个人猜测正确,则他赢得的数目为二人所出手指数之和,否则重新开始。写出该对策中各局中人的策略集合及甲赢得的矩阵,并回答局中人是否存在某种出法比其他出法更有利。

5. A、B 为作战双方,A 方拟派两架轰炸机 I 和 II 轰炸 B 方的指挥部,轰炸机 I 在前面飞行,II 随后。两架轰炸机中只有一架带有炸弹,而另一架仅为护航。轰炸机飞至 B 方上空,受到 B 方战斗机的阻击。若战斗机阻击后面的轰炸机 II,它仅受 II 的射击,被击中的概率为 0.3(I 来不及返回攻击它)。若战斗机阻击 I,他将同时受到两架轰炸机的射击,被击中的概率为 0.7。一旦战斗机未被击中,他将以 0.6 的概率击毁其选中的轰炸机。请为 A、B 双方各选择一个最优策略,即对于 A 方,应选择哪一架轰炸机装载炸弹?对于 B 方,战斗机应阻击哪一架轰炸机?

数据挖掘

6.1　数据挖掘的核心技术

数据挖掘(data mining)是指从大量的数据中提取出可信、新颖、有效并能被人们理解的、潜在的模式、规律或趋势的高级处理过程。

数据挖掘技术是人们长期对数据库技术进行研究和开发的结果。数据挖掘技术历经了数十年的发展,其中包括数理统计、人工智能和机器学习。尤其是近20年来,随着人工智能技术的逐步成熟,它们在数据挖掘中得到了充分的应用。今天,这些成熟的技术,加上高性能的关系数据库引擎以及广泛的数据集成,使得数据挖掘技术在当今的数据库环境中进入了实用的阶段。数据挖掘使用的核心技术主要有以下6种。

1. 数理统计

数理统计(statistic)在商业应用中有着广泛的应用,而且是支持数据挖掘的最有效经典技术之一,能应用在包括预测、分类和发现等各种数据挖掘分析中。回归作为预测分析的一种功能强大并普遍使用的技术,有着不同的类型,包括线性回归和非线性回归,但其基本思想使创建的模型能匹配预测属性中的值。其中,逻辑回归是为创建预测模型而被广泛使用的一项统计技术。

2. 最近邻

最近邻(nearest neighbor)是在历史数据库中寻找有相似预测值的记录,并使用未分类记录中最接近的记录值作为预测值。最近邻技术是最容易使用和理解的技术之一,因为它是以与人们思维方式相似的方式处理—监测最接近的匹配样本。

3. 关联规则

关联规则(association rule)是数据挖掘的一种主要形式,而且它也是与大多数人想象的数据挖掘过程最相似的一种数据挖掘形式。规则发现是一项规模庞大的工作,数据库中所有可能的联系和模式都会被系统地抽取出来,然后再估算它们的正确性和重要性。在该系统中,规则本身是"如果……那么……"的简单形式。例如,如果客户购买了饼干,他同时购买奶酪的可能性为90%。要得到有用的规则,还需要两条与规则相关的重要信息:正确率——规则正确的概率是多少;覆盖率——规则出现的频率是多少。

4. 神经元网络

神经元网络(neural network)是从人工智能领域发展起来,在计算机上运行的实现模式识别和机器学习算法的计算程序,通过对大量历史数据库的计算建立预测模型。与其他技术不同,神经元网络是自动进行训练和建模的,它看上去更像一个黑箱,用户无须也无法知道它是如何工作的,也没有一组公式能描述建立的模型。

5. 决策树

决策树(decision tree)如 CHAID、CART 等是能够被看作一棵树形的预测模型,树的每个分支都是一个分类问题,树叶是带有分类的数据分割。由于决策树在数据挖掘的几个比较关键的特性上都获得了较高的评价,所以它可以应用于多种商业问题,目前市场细分、信用卡欺诈和客户流失预测中都大量使用决策树模型。另一方面,决策树还可以为其他算法提供数据预处理。

6. 遗传算法

遗传算法(genetic algorithm)是一种基于进化的理论,通过模拟自然进化过程,采用包括遗传结合、遗传变异以及自然选择等设计方法,解决最优化问题的计算模型。近年来,随着对于遗传算法研究的不断深入完善,遗传算法被应用到越来越广泛的领域,特别是在解决航班调度问题、煤气管道的最优控制、通信网络链接长度的优化问题、铁路运输计划优化等问题上,遗传算法都取得了很大的成功。

6.2 "大数据"的典型特征

大数据是一个较为抽象的概念,正如信息学领域大多数的新兴概念,大数据至今尚无确切、统一的定义。维基百科中大数据的定义为[170]:大数据是指利用常用软件工具获取、管理和处理数据所耗时间超过可容忍时间的数据集。笔者认为,这并不是一个精确的定义,因为无法确定常用软件工具的范围,可容忍时间也是一个概略的描述。IDC(互联网数据中心)对大数据的定义为[171]:大数据一般会涉及两种或两种以上数据形式。它要收集超过 100TB 的数据,并且是高速、实时数据流;或者是从小数据开始,但数据每年会增长 60%以上。这个定义给出了量化标准,但只强调数据量大、种类多、增长快等数据本身的特征。研究机构 Gartner 给出了这样的定义:大数据是需要新处理模式才能具有更强的决策力、洞察发现力和流程优化能力的海量、高增长率和多样化的信息资产。这也是一个描述性的定义,在对数据描述的基础上加入了处理此类数据的一些特征,用这些特征描述大数据。当前较统一的认识是大数据有 4 个基本特征:数据规模(volume)大、数据类型(variety)多样、数据处理速度(velocity)快、数据价值(value)密度低,即所谓的 4V 特性。这些特性使得大数据区别于传统的数据概念。大数据的概念与"海量数据"不同,后者只强调数据的量,而大数据不仅用来描述大量的数据,还更进一步指出数据的复杂形式、数据的快速时间特性以及对数据的分析、处理等专业化处理,最终获得有价值信息的能力。

6.2.1　数据规模大

大数据聚合在一起的数据规模是非常大的,根据 IDC 的定义,至少要有超过 100TB 的可供分析的数据,数据量大是大数据的基本属性。导致数据规模激增的原因有很多,首先是随着互联网络的广泛应用,使用网络的人、企业、机构增多,数据获取、分享变得相对容易,以前只有少量的机构可以通过调查、取样的方法获取数据,同时发布数据的机构也很有限,人们难以短期内获取大量的数据,而现在用户可以通过网络非常方便地获取数据,同时用户通过有意的分享和无意的单击、浏览都可以快速提供大量数据;其次是各种传感器数据获取能力的大幅提高,使得人们获取的数据越来越接近原始事物本身,描述同一事物的数据量激增。早期的单位化数据对原始事物进行了一定程度的抽象,数据维度低,数据类型简单,多采用表格的形式收集、存储、整理,数据的单位、量纲和意义基本统一,存储、处理的只是数值而已,因此数据量有限,增长速度慢。而随着应用的发展,数据维度越来越高,描述相同事物所需的数据量越来越大。以当前最普遍的网络数据为例,早期网络上的数据以文本和一维的音频为主,维度低,单位数据量小。近年来,图像、视频等二维数据大规模涌现,随着三维扫描设备以及 Kinect 等动作捕捉设备的普及,数据越来越接近真实的世界,数据的描述能力不断增强,数据量本身必将以几何级数增长。此外,数据量大还体现在人们处理数据的方法和理念发生了根本的改变。早期,人们对事物的认知受限于获取、分析数据的能力,一直利用采样的方法,以少量的数据近似地描述事物的全貌,样本的数量可以根据数据的获取、处理能力设定。不管事物多么复杂,通过采样得到部分样本,数据规模变小,就可以利用当时的技术手段进行数据管理和分析,如何通过正确的采样方法以最小的数据量尽可能分析整体属性成了当时的重要问题。随着技术的发展,样本数目逐渐逼近原始的总体数据,且在某些特定的应用领域,采样数据可能远不能描述整个事物,可能丢掉大量重要细节,甚至可能得到完全相反的结论,因此,当今有直接处理所有数据而不是只考虑采样数据的趋势。使用所有的数据可以带更高的精确性,从更多的细节解释事物属性,同时必然使得要处理的数据量显著增多。

6.2.2　数据类型多样

数据类型繁多、复杂多变是大数据的重要特性。以往的数据尽管数量庞大,但通常是事先定义好的结构化数据。结构化数据是将事物向便于人类和计算机存储、处理、查询的方向抽象的结果,结构化在抽象的过程中,忽略一些在特定的应用下可以不考虑的细节,抽取了有用的信息。处理此类结构化数据,只需事先分析好数据的意义,以数据间的相关属性构造表结构表示数据的属性,数据都以表格的形式保存在数据库中,数据格式统一,以后不管再产生多少数据,只需根据其属性将数据存储在合适的位置,就可以方便地处理、查询,一般不需要为新增的数据显著地更改数据聚集、处理、查询方法,限制数据处理能力的只是运算速度和存储空间。这种关注结构化信息,强调大众化、标准化的属性使得处理传统数据的复杂程度一般呈线性增长,新增的数据可以通过常规的技术手段处理。而随着互联网络与传感器的飞速发展,非结构化数据大量涌现,非结构化数据没有统一的结构属性,难以用表结构表示,在记录数据数值的同时,还需要存储数据的结构,增加了数据存储、处理的难度。而时下网络上流动的数据大部分是非结构化数据,人们上网不只是看新闻、发送文字邮件,还会上传或下载照片、视频、发送微博等非结构化数据,同时,遍及工作、生活中各个角落的传感器也时刻不断地产生各种半结构化、非结构化数据,这些结构复杂、种类多样,同时规模又很大的半结构化、非结构化数据逐渐成为主流数据。如上所述,非结构化数据量已占到数据总量的 75% 以上,且非结构化数据的增长速度比结构化数据快 10~50 倍。在数据激增的同时,新的数据类型层出不穷,已经很难用一种或几种规定的模式表征日趋复杂、多样的数据形式,这样的数据已经不能用传统的数据库表格整齐地排列、表示。大数据正是在这样的背景下产生的,大数据与传统数据处理最大的不同就是其重点关注非结构化信息,大数据关注包含大量细节信息的非结构化数据,强调小众化、体验化的特性使得传统的数据处理方式面临巨大的挑战。

6.2.3　数据处理速度快

　　数据处理速度快是大数据区别于传统海量数据处理的重要特性之一。随着各种传感器和互联网络等信息获取、传播技术的飞速发展、普及,数据的产生、发布越来越容易,产生数据的途径增多,个人甚至成为数据产生的主体之一,数据呈爆炸的形式快速增长,新数据不断涌现,快速增长的数据量要求数据处理的速度也要相应提升,才能使得大量的数据得到有效的利用,否则不断激增的数据不但不能为解决问题带来优势,反而成了快速解决问题的负担。同时,数据不是静止不动的,而是在互联网络中不断流动,且通常这样的数据的价值是随着时间的推移而迅速降低的,如果数据尚未得到有效处理,就失去了价值,大量的数据就没有意义。此外,在许多应用中要求能够实时处理新增的大量数据,如有大量在线交互的电子商务应用就具有很强的时效性。大数据以数据流的形式产生、快速流动、迅速消失,且数据流量通常不是平稳的,会在某些特定的时段突然激增,数据的涌现特征明显。而用户对于数据的响应时间通常非常敏感,心理学实验证实,从用户体验的角度,瞬间(moment,3 秒)是可以容忍的最大极限,对于大数据应用而言,很多情况下都必须在 1 秒或者瞬间内形成结果,否则处理结果就是过时和无效的,这种情况下,大数据要求快速、持续地实时处理。对不断激增的海量数据的实时处理要求是大数据与传统海量数据处理技术的关键差别之一。

6.2.4　数据价值密度低

　　数据价值密度低是大数据关注的非结构化数据的重要属性。传统的结构化数据依据特定的应用对事物进行了相应的抽象,每一条数据都包含该应用需要考量的信息,而大数据为了获取事物的全部细节,不对事物进行抽象、归纳等处理,直接采用原始的数据,保留了数据的原貌,且通常不对数据进行采样,直接采用全体数据,由于减少了采样和抽象,呈现所有数据和全部细节信息,可以分析更多的信息,但也引入了大量没有意义的信息,甚至是错误的信息。因此,相对于特定的应用,大数据关注的非结构化数据的价值密度偏低,以当前广泛应用的监控视频为例,在连续不间断监控过程中,大量的视频数据被存储下来,许多数据可能是无用的,对于某一特定的应用,如获取犯罪嫌疑人的体貌特征,有效的视频数据可能仅仅有一两秒,大量不相关的视频信息增加了获取这有效的一两秒数据的难度。但是,大数据的数据密度低是指相对于特定的应用,有效的信息相对于数据整体是偏少的,信息有效与否也是相对的,对于某些应用是无效的信息对于另外一些应用则成为最关键的信息,数据的价值也是相对的,有时一条微不足道的细节数据可能造成巨大的影响,例如网络中的一条几十个字符的微博,就可能通过转发而快速扩散,导致相关的信息大量涌现,其价值不可估量。因此,为了保证新产生的应用有足够的有效信息,通常必须保存所有数据,这样就使得一方面是数据的绝对数量激增,另一方面是数据有效信息量的比例不断减少,数据价值密度偏低。

6.3　复杂网络与数据挖掘融合——社会网络分析

社会网络(social network)是用于反映社会个体成员之间因为互动而形成的相对稳定的关系体系的一种网络拓扑结构。社会网络由许多节点(node)和连接这些节点的一种或多种特定链接(link)组成。

社会网络的研究主要从社会网络的静态性质和动态特征两方面考虑。前者的研究包括拓扑分析[172]、社区发现[173]和关键节点挖掘[174]等;后者的研究主要集中在社会网络形成、社区进化和社会网络中的信息传播[173]等方面。不同的社会网络有相同特征,即每个网络都由若干个"社区"(community)构成,社区内部节点间的联系相对紧密,社区之间的节点联系相对稀疏。不同的社会网络可划分为几个、几十个,甚至上万个社区。分析社会网络并对网络进行社区发现是最难解决的,也是最核心的问题之一。事实上,发现社会现象的因果关系是通过研究群体而非个体实现的。许多基于社会网络的应用研究,如关系学习、行为建模和预测、链接特征选择、可视化及群的演化分析都是以社区检测和分析为前提。由于社区检测能揭示网络结构和功能之间的关系,且对包括信息科学、物理、数学和生物等领域都有重要意义,因此近年来备受关注。

社会网络分析是用于分析一组行动者关系的研究方法。一组行动者可以是人、社区、群体,乃至整个组织等,他们的关系模式反映出的现象或数据是网络分析的焦点。从社会网络的角度出发,人在社会环境中的相互作用可以表达为基于关系的一种模式或规则,而基于这种关系的模式反映出了社会结构,这种结构的量化分析是社会网络的出发点。

习　题　6

1. 简述关联规则算法。
2. 简述数据挖掘中遗传算法的特点以及基本原理。
3. 简述复杂网络中大数据的典型特征。
4. 什么是决策树以及构造决策树的方法?
5. 简述决策树算法的优缺点。

大规模复杂网络数据获取及存储的技术研究

2012年3月，美国奥巴马政府公布了"大数据研发计划"，美国国家科学基金会、国防部、能源部、国家健康研究所、地质勘探局和国防部先进研究计划局6个联邦部门和机构共同投资2亿美元，致力提高和改进人们从海量和复杂的数据中获取知识的能力。这是美国1993年宣布"信息高速公路"计划后又一次重大科技发展部署。2012年5月，我国召开第424次香山科学会议，这是我国第一个以大数据为主题的重大科学工作会议。中国计算机学会、通信学会等于2012年分别成立了"大数据专家委员会"。国家自然科学基金委员会2013年的《项目指南》中，大数据成为最热门的关键词！2012年12月13日，中关村成立大数据产业联盟，由云基地、联通、用友、联想、百度、腾讯、阿里巴巴等企业组成第一批理事单位。2014年将大数据首次写入政府报告，称为实际意义上的中国大数据元年；2016年，《大数据产业健康发展（2016—2020年）》正式发布，全面部署"十三五"时期大数据产业发展工作，推动大数据产业健康快速地发展；2018年，大数据和行业应用深度融合，大数据产业将步入高质量发展的新阶段。

数据量的激增带来很多共性问题，如数据的可表示、可处理和可靠性问题等。与此同时，各学科自身也有各具特色的大数据问题。网络科学既是以网络为研究对象的一门有数百年历史的专业性很强的学科，又是众多学科中不同研究对象的统一抽象的表达方式，其遭遇的问题和挑战往往特别典型、特别重要！目前万维网具有超过万亿的统一资源定位符（URL），Facebook有10亿节点和千亿连边，大脑神经元网络有数百亿节点，中国三大通信运营商拥有数亿用户，如何处理大规模的网络数据，已经成为学术界和企业界亟待解决的关键科学技术问题。

7.1 分布式网页爬虫设计

分布式网页爬虫设计系统整体架构如图7-1所示，由主线程、异步抓取线程、网页解析线程三类线程构成，其中，网页解析线程由网页解析线程池统一分配调度。线程间的通信由网页结果队列和URL任务队列负责，两个消息队列由轻量级消息队列Nanomsg创建，采用Pipeline模式。主线程主要负责异步抓取线程和网页解析线程池的创建。异步抓取线程主要负责从URL任务队列中获取网页网址，然后完成网页的Socket抓取，并将得到的网页存入网页结果队列中。网页解析线程池主要负责分配网页解析线程,从网页结果队列提取网页进行分析。网页解析线程主要负责从网页内容中提取出有效的 URL 并存入 URL 任务队列。

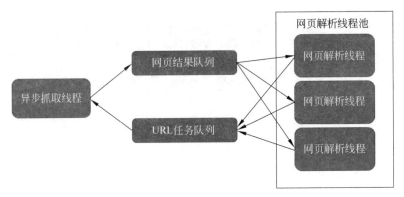

图 7-1　分布式网页爬虫设计系统整体架构

完成本爬虫系统主要需要实现两个核心线程,分别是异步抓取线程和网页解析线程。

异步抓取线程设计抓取线程主要靠 Libevent 库实现。Libevent 库是一个基于 Reactor 模型的网络库,支持异步的调用函数,只需在初始化的时候调用 event_init() 函数,程序就会在该事件发生时调用对应的函数库。为了实现通过 Libevent 完成网页的连接和抓取,需要注册两个事件 receiveResponse_cb 和 eventcb,其中 receiveResponse_cb 负责读取,eventcb 负责设置判断是否发生建立连接事件、超时事件、读取结束事件等。

线程整体逻辑如图 7-2 所示,首先完成相关事件注册,然后让线程处于循环查询状态,判断相关事件是否发生,如果定时事件被触发,爬取线程就会从 URL 任务队列中读取 URL,然后通过 Socket 建立网络连接,并将连接事件加入队列。如果连接建立时间被触发,则爬取线程会向服务器发送 HTTP 请求。当连接数据事件到达事件被触发,爬取线程会读取 HTTP 响应,并将网页内容放入网页结果队列。

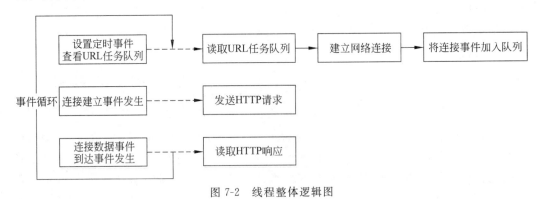

图 7-2　线程整体逻辑图

1. 网页解析线程设计

网页解析线程主要负责解析 HTML,通过使用有限状态自动机提取 HTML 中出现的有效连接,并将 URL 链接存入 URL 任务队列中。其整体流程如下。

从网页结果队列中读取并抓取 HTML,匹配网页中的字符集,提取网页中的有效 URL,将提取出的 URL 放入 URL 队列中,从 HTML 中提取链接使用的有效状态自动机,如图 7-3 所示。

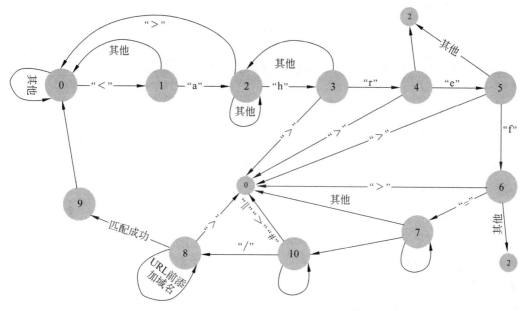

图 7-3　网页解析线程整体流程图

HTML 链接中的 URL 主要放在〈a〉标签中的 href 属性中,采用状态机的方式提取出标签中的 URL。分析时也需要去除 href＝"♯"、href＝"javascript∷void(0)"等这样的无效链接,对于 href＝"a. html♯a1"这样的锚点链接,要将后面的锚点去掉,只留下 a. html。这样在去重的时候,能够保证不将 a. html♯a1 和 a. html♯a2 视为两个链接。同时需要把相对 URL 地址转化为绝对地址,并将 URL 中无效的部分剔除。

在提取过程中,还要完成 URL 的去重工作,避免反复抓取同一个 URL 地址。在去重过程中,将使用大规模字符串查找中的 TRIE 树进行查重,使用 TRIE 树时,需要进行线程的同步。由于提取操作是单线程的,所以 TRIE 树的插入、查找操作也是单线程的。所以,使用时需要用 pthresd_mutex_t 进行线程间的同步与互斥操作。

2. 消息队列设计

消息队列采用的是 Nanomsg 库,这是一个使用 C 语言编写的消息队列,可以轻松完成跨线程、跨进程、跨机器的通信。Nanomsg 的通信模式有 NN_PAIR、NN_REPREQ、NN_PIPELINE 等通信模型。本程序采用的通信模型主要是 NN_PIPLINE 的通信模型,它是一种单向的通信,其通信模型如图 7-4 所示。

3．线程池

进程池线程主要采用 threadpool. c 和 threadpool. h 两个文件。其中 create_threadpool 函数新建了一个 线程池,并对线程池进行初始化操作。实际需要调用

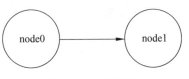

图 7-4　通信模型

线程时,只使用 dispatch 函数,将要调用的函数指针、参数传递进去。线程池会自动调用执行并回收资源。通过线程池可以很好地控制分析线程运行的个数,做到按需分配线程,减少了因频繁生成和销毁线程造成的线程开销。

7.2　复杂网络数据的语义建模

本文假设已经有了中国国家博物馆和故宫博物院这两个数据源,并且已经有了这两个数据源的语义模型。现在针对上海博物馆这个新的数据源,对其建立语义模型,具体方法如下。

7.2.1　新数据源属性的语义类型学习

为一个新的数据源建立语义模型的第一步是判定其数据属性的语义类型,将其称为语义标签。语义标签中通过利用本体论对数据源列属性作标记,这个步骤的目标是为源属性分配语义类型。正式语义类型有下面两种:一种是本体类〈class_uri〉;另一种是由本体类和它的一个数据组成的属性对〈class_uri,property_uri〉。

7.2.2　原数据源语义图构建

建立一个与语义模型对应的有向加权图,然后再利用语义类型 T 和领域本体 0 对加权图进行扩展。与语义模型相似,加权图中包含下面 3 类元素:类节点、数据节点和链接。链接对应的是本体 0 中的属性,且每个链接都赋予了权重。

构建语义图的步骤为:①添加已知的语义模型;②将目标源属性的语义类型加入步骤①产生的模型中;③利用数据源对应领域本体 0 扩展图。

1．添加已知语义模型

添加故宫博物院和中国国家博物馆语义模型并构建图,首次加入时,图是空的,只需要把所有的节点和链接添加到图中,如果图不为空,则新节点和对应的新链接添加到图 7-5 中,每添加一个节点,为其标记一个唯一标识符 $n_i(i=1,2,\cdots)$。如果图中已存在待添加的节点或链接,则只需将相应标识符添加到其对应标签中。

2．添加语义类型

将数据源属性对应的语义类型添加到现有图 7-5 中。如 7.2.1 节所述,两种语义类型:一种是〈class_uri〉,其数据值为 URIS 类型,指向网络上的资源,即网络资源标识符;

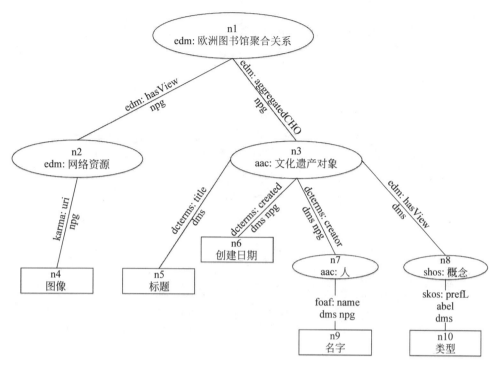

图 7-5 含有链接的语义图

另一种是⟨class_uri, property_uri⟩, 其数据值为文本类型数据。首先对每个通过机器学习得到的语义类型 T 在图 7-5 中进行搜索, 看是否已经含有该语义类型的匹配项。若没有匹配项, 就在图 7-5 中添加该语义类型对应的链接和节点完成匹配, 若为部分匹配, 就在此之上补充相关链接和节点, 得到完整的匹配。

3. 添加本体路径

本步骤根据领域本体内容在图 7-6 中查找类节点之间有联系的路径。具体分为两种情况: 一种是类节点之间有直接联系, 可以建立直接相连的路径; 另一种是类节点之间存在间接联系, 即需要通过子类层次推断出的路径建立连接路径。例如, 在本体中存在相应类的对象属性的链接, 或存在相应类的父子关系的类的链接, 就在图 7-6 中建立两个类节点的链接。

4. 生成语义模型

本部分通过构建的图形推测源属性之间的联系。首先需要找到数据源属性与图 7-7 中节点之间的映射; 然后再使用这些映射生成候选语义模型, 并对这些候选语义模型进行评分排序。对这些候选语义模型进行评分排序, 要保证在图 7-7 中节点之间的路径都被赋予一个权重, 现在要获取链接的权重总和最小的树, 即求 Steiner 树问题, 给定一个边加权图和顶点的子集, 称为 Steiner 节点, 目标是找到跨越所有 Steiner 节点的最小权树。

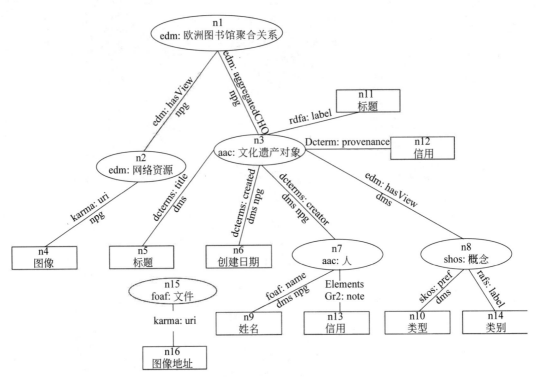

图 7-6   含有本体路径的语义图

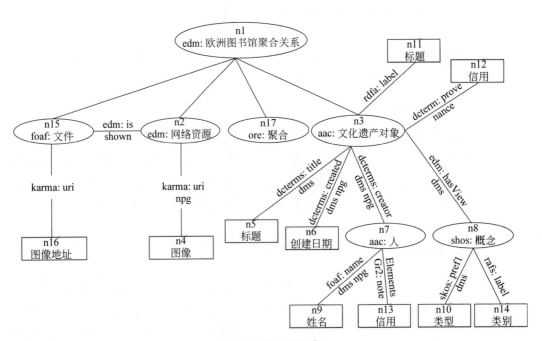

图 7-7   语义图生成

7.3　非结构化网络数据的分布式索引技术

随着互联网技术的蓬勃发展,非结构化数据的数量日趋增大,面对呈现爆炸式增长的大规模非结构化数据,如何从中快速准确地获取有价值的信息是各行业面临的一个严峻挑战,传统的商业数据库主要用于管理结构化数据,缺乏对存储在数据库字段中的内容进行索引和分析处理的机制,因此,它难以满足用户对大规模非结构化数据快速准确的访问需求;而搜索引擎不仅能够处理大规模数据,而且还可以为非结构化数据建立全文索引,因此可以为用户提供快速有效的查询。

搜索引擎的核心是全文索引,即它能够为文本中出现的每个词、短语、句子等建立索引,并将其保存至索引库中。常见的索引模型有署名文件、位图、PAT 树、互关联后继树、倒排索引模型等。本节主要介绍倒排索引构建。

倒排索引的构建过程就是将正排中的词条 term 映射成其编号 term_id,然后将每一个正排文件解析成词条编号 term_id 到 map⟨url_id,term_count⟩的映射,写入相应的倒排文件的过程。具体步骤如下。

(1) 对于每一个正排文件目录(100 个),首先需要将正排文件中的 url_id 到 map⟨term,term_count⟩的集合映射解析成 term_id 到 map⟨url_id,term_count⟩的映射。

(2) 将 term_id 相同的所有文档的 id 及相应的词信息放在倒排记录表中,每个倒排记录表记录的是词的 term_id 对应的文档 id 及相应的词频信息。

(3) 处理完一个目录后,将该内存中的倒排索引照 url_id%100 散列到对应的倒排文件中,散列到哪个临时文件中,便写入哪个临时倒排文件中。

(4) 最后通过基于败者树的多路归并,将 100 个倒排文件归并成一个倒排文件。

倒排表实际上是按块存储的。倒排表主要记录每个词的编号 cid 及出现的频率 count 等信息,每个倒排索引文件都包含一个头页 HeadPage、若干个目录页 CataPage 和若干个数据页 Page。头页中存储文件描述信息(dump)、目录页个数(catapageCnt)、数据页个数(pageCnt)、第一个目录页的页号(firstCataPageNo)、第一个数据页的页号(FirstPageNo)和当前头页的页号 curHeadPageNo。目录页存储当前目录页页号(curCataPageNo)、下一个目录页页号(nextCataPageNo)和数据页数组 pageEntry(包括可用空间 freeSpace 和数据页页号 dataPageNo)。数据页则记录了数据 data、下一页页号(nextPageNo)、当前页可用空间 freeSpace、记录标识 rid(包括当前页页号 pageNo 和记录插槽号 slotNo)以及当前页记录数 recCnt 等信息。

7.4　大规模复杂网络数据可视化技术

对复杂网络节点及其关系的可视化有助于理解网络的结构,寻找关键节点,发现异常现象。从 1998 年 Watts 和 Strogatz[175]引入小世界(small-world)网络模型,到 1999 年 Barabsia Albert[176]指出许多实际复杂网络的连接度分布具有幂律形式,对于复杂网络的研究逐渐深入。我国学者对复杂网络也进行了大量研究,如方锦清和汪小帆等[177]详细介绍了复杂网络的发展历史、统计学特征和网络模型等。

网络关联关系是复杂网络中最常见的关系,层次结构也属于网络信息的一种特殊情况。基于网络节点和连接的拓扑关系,直观地展示了网络中潜在的模式关系,如节点或边聚集性是网络可视化的主要内容之一。对于具有海量节点和边的大规模网络,如何在有限的屏幕空间中进行可视化,将是大数据时代面临的难点和重点。除了对静态的网络拓扑关系进行可视化,大数据相关的网络往往还具有动态演化性。因此,如何对动态网络的特征进行可视化也是不可或缺的研究内容。

研究者提出了大量网络可视化或图可视化技术,Herman 等人综述了图可视化的基本方法和技术,即经典的基于节点和边的可视化,是图可视化的主要形式。除此之外,还有层次特征的图可视化的典型技术,如 H 状树 H-Tree、圆锥树 Cone Tree、气球图 Balloon View、放射图 Radial Graph、三维放射图 3D Radial、双曲树 Hyberbolic Tree 等。对于具有层次特征的图,空间填充法也是经常采用的可视化方法,如树图技术。

Treemaps 及其改进技术是基于矩形填充、Voronoi 图填充、嵌套圆填充的树可视化技术。Gou 等人综合集成了上述多种图可视化技术,提出了 TreeNetViz,综合了放射图、基于空间填充法的树可视化技术。这些图可视化方法技术的特点是直观表达了图节点之间的关系,但算法难以支撑大规模(如百万以上)图的可视化,并且只有当图的规模在界面像素总数规模范围以内时,效果才较好(如百万以内),因此面临大数据中的图,需要对这些方法进行改进,如计算并行化、图聚簇简化可视化、多尺度交互等。

大规模网络中,随着海量节点和边的数目不断增多,如规模达到百万以上时,可视化界面中会出现节点和边大量聚集、重叠和覆盖问题,使得分析者难以辨识可视化效果。图简化(graph simplification)方法是处理此类大规模图可视化的主要手段。

(1) 一类简化是对边进行聚集处理,如基于边捆绑(edge bundling)的方法,使得复杂网络可视化效果更清晰。此外,Ersoy 等人还提出了基于骨架的图可视化技术,主要方法是根据边的分布规律计算出骨架,然后再基于骨架对边进行捆绑。

(2) 另一类简化是通过层次聚类与多尺度交互,将大规模图转化为层次化树结构,并通过多尺度交互对不同层次的图进行可视化。

这些方法技术将为大数据时代大规模图可视化提供有力的支持,同时我们应该看到,交互技术的引入也将是解决大规模图可视化不可或缺的手段。

习 题 7

1. 爬虫系统中主要有哪两个核心线程,并解释什么是线程?

2. 按通信方式划分,分布式网络爬虫可以分为哪几种模式?

3. 在语义建模中,将数据构建成语义图的步骤有哪些?

4. 语义标签中利用本体论对数据源列属性做标记的目的是什么?

5. 简述在非结构化网络数据的索引技术中倒排索引的大致过程。

6. 大规模网络中存在很多节点和边,且数目不断增加。如何对大规模网络进行可视化?

节点影响力排序

节点影响力研究已经成为当前信息科学、社会科学、复杂性科学等学科和领域关注的热点和前沿性问题。例如,在社交网络的舆情传播中,具有高影响力的节点(如微博大 V、焦点媒体、公众人物等)在观点传播、信息传递等过程中扮演着重要的角色,往往起到推波助澜或风向逆转的作用,挖掘、认识和利用这些高影响力节点成为引领传播方向、增强舆情导控以及降低负面影响的关键。又如,在庞大的科研合作关系网络中,如何准确、有效地进行作者识别,客观、公正地测度作者学术贡献的重要程度,是基金资助、职称评定乃至人才评价体系构建的重要环节。除此之外,节点影响力的测度和排序在信息传播、市场推广、语意探测、群体性事件等多个领域也发挥了重要的作用。

如何有效、快速、精准地测度并排序节点的影响力成为首先需要解决的问题。信息科学家从信息扩散的广度、速度以及深度等维度衡量,社会科学家从节点的社会影响力、资本、权利等指标衡量,等等。这些研究从不同的维度和视角在一定程度上有效测度了节点的影响力。但不容忽视的是,随着互联网、社交媒体、网络平台的迅速发展,网络化属性已经成为当前社会、经济、信息以及交通等复杂系统的一个重要特征。一般而言,复杂系统可以抽象为节点及其连边组成的复杂网络。节点作为嵌入复杂网络中的个体,节点间的互动关联会导致网络涌现出丰富的动力学特性和新的结构性特征,网络结构的多样性以及网络演变的动态性又会使得网络中节点的行动、功能、作用及其影响力呈现层级化、差异化等特点。由此可见,基于复杂网络的视角能够进一步洞察微观主体和宏观结构之间的互动关系,能够更加全面和深入地分析节点的网络位置与影响力之间的内在联系和影响过程。

8.1 结构性的节点影响力排序

复杂网络中节点的影响力可以从网络拓扑结构入手研究网络中结构性的节点影响力。最早对这一问题进行研究的是社会学家,随后其他领域的学者们也开始研究这一问题,提出一系列评估指标。本小节从网络的局部属性、全局属性、网络的位置以及随机游走 4 个角度出发,介绍基于网络拓扑结构中结构性的节点影响力排序的不同方法。

8.1.1 基于网络局部属性的指标

基于网络局部属性的节点重要性排序指标主要考虑节点自身信息和其邻居信息,这些指标计算简单,时间复杂度低,可用于大型网络。

节点的度(degree)定义为该节点的邻居数目,具体表示为 $k_i = \sum_{j \in N_i} a_{ij}$,其中 N_i 表示节点 v_i 的邻居节点。度指标直接反映一个节点对网络中其他节点的直接影响力。在一个社交网络中,有大量邻居数目的节点可能有更大的影响力,有更多的途径获取信息,或有更高的声望。又如,在引文网络中,文章的被引用次数可用来评价科学论文的影响力[178]。王建伟等[179]认为网络中节点的重要性不但与自身的信息具有一定关系,而且与该节点的邻居节点的度也存在一定关联,即该节点的度及其邻居节点的度越大,节点越重要。Chen 等人[180]考虑节点最近邻居和次近邻居的度信息,定义了一个多级邻居信息指标(local centrality)对网络中节点的重要性排序。节点 v_i 的多级邻居信息指标 $L_c(i)$ 的具体定义如下:$L_c(i) = \sum_{j \in \Gamma(i)} \sum_{u \in \Gamma(j)} N(u)$,其中 $\Gamma(i)$ 为节点 v_i 最近邻居集合;$\Gamma(j)$ 为节点 v_j 最近邻居集合;$N(u)$ 为节点 v_u 最近邻居数和次近邻居数之和。任卓明等人[181]综合考虑节点的邻居个数,以及其邻居之间连接的紧密程度,提出了一种基于邻居信息与集聚系数的节点重要性评价方法 $P(i)$,具体表示为

$$P(i) = \frac{f_i}{\sqrt{\sum_{j=1}^{N} f_j^2}} + \frac{g_i}{\sqrt{\sum_{j=1}^{N} g_j^2}} \tag{8-1}$$

f_i 为节点 v_i 自身度与其邻居度之和,即 $f_i = k(i) + \sum_{u \in \Gamma(i)} k(u)$,其中 $k(u)$ 表示节点 v_u 的度;$v_u \in \Gamma(i)$ 表示节点 v_i 的邻居节点集合。g_i 表示为

$$g_i = \frac{\max_{j \in G}\left\{\frac{c_j}{f_j}\right\} - \frac{c_i}{f_i}}{\max_{j \in G}\left\{\frac{c_j}{f_j}\right\} - \min_{j \in G}\left\{\frac{c_j}{f_j}\right\}} \tag{8-2}$$

其中 c_i 为节点 v_i 的集聚系数。该方法只需要考虑网络局部信息,适合于对大规模网络的节点重要性进行有效分析并排序。Centola[182]研究在线社会网络的传播行为时,发现在高聚集类网络中传播得更快,节点在传播中的重要性与该节点的集聚性有关。Goel 等人[183]通过研究 Facebook 系统中的朋友关系演化特性发现邻居节点的绝对数目不是节点重要性的决定性因素,起决定作用的是邻居节点之间形成的联通子图的数目。

以上这些方法都是基于网络局部属性的节点影响力排序的。

8.1.2　基于网络全局属性的指标

基于网络全局属性的节点重要性排序指标主要考虑网络全局信息,这些指标一般准确性比较高,但时间复杂度高,不适用于大型网络。

特征向量(eigenvector)[184]是度量网络节点重要性的一个重要指标。度指标把周围邻居视为同等重要,而实际上这些邻居的重要性是不一样的,考虑到节点邻居的重要性对该节点的重要性有一定影响。如果邻居节点在网络中很重要,则这个节点的重要性可能很高;如果邻居节点的重要性很低,即使该节点的邻居很多,则该节点不一定很重要。通常称这种情况为邻居节点的重要性反馈。特征向量指标是网络邻接矩阵对应的最大特征

值的特征向量。具体定义如下。

$$C_e(i) = \lambda^{-1} \sum_{j=1}^{N} a_{ij} \boldsymbol{e}_j \tag{8-3}$$

其中 λ 为节点的邻接矩阵 $\boldsymbol{A}$ 的最大特征值；$\boldsymbol{e} = (e_1, e_2, \cdots, e_n)^{\mathrm{T}}$ 为邻接矩阵 $\boldsymbol{A}$ 对应最大特征值 λ 的特征向量。特征向量指标是从网络中节点的地位或声望角度考虑,将单个节点的声望看成所有其他节点声望的线性组合,从而得到一个线性方程组。该方程组的最大特征值对应的特征向量是各个节点的重要性,然后通过获得的各个节点的重要性大小进行排序。Poulin 等人[185] 在求解特征向量映射迭代方法的基础上提出累计提名(cumulated nomination)的方法,该方法计算网络中的其他节点对目标节点的提名值总和。节点的累计提名值越高,其重要性越高。累计提名方法计算量较少、收敛速度较快,适用于大型网络和多分支网络。Katz 指标[186] 同特征向量一样,可以区分不同的邻居对节点的影响力。不同的是,Katz 指标赋予邻居不同的权重,对短路径赋予较大的权重,而对长路径赋予较小的权重。具体定义为:$S = \beta A + \beta^2 A^2 + \beta^3 A^3 + \cdots = (\boldsymbol{I} - \beta \boldsymbol{A})^{-1} - \boldsymbol{I}$,其中 $\boldsymbol{I}$ 为单位矩阵,$\boldsymbol{A}$ 为网络的邻接矩阵,β 为权重衰减因子。为了保证数列的收敛性,β 的取值必须小于邻接矩阵 $\boldsymbol{A}$ 最大特征值的倒数,然而该方法中,权重衰减因子的最优值只能通过大量的实验获得,因此具有一定的局限性。

紧密度(Closeness)[187] 可用来度量网络中的节点通过网络对其他节点施加影响的能力。节点的紧密度越大,表明该节点越居于网络的中心,在网络中越重要。紧密度的具体定义如下。

$$C_c(i) = \frac{N-1}{\sum_{j=1}^{N} d_{ij}} \tag{8-4}$$

其中,d_{ij} 表示节点 v_i 到节点 v_j 的最短距离。紧密度依赖于网络的拓扑结构,对类似于星形结构的网络,可以准确地发现中心节点,但是对于随机网络则不适合,而且该方法的计算时间复杂度为 $O(N^3)$。

Zhang 等人[188] 考虑节点的影响范围,定义了 kernal 函数法,具体定义如下。

$$U(i) = \sum_{j=1}^{N} \mathrm{e}^{-\frac{d_{ij}^2}{2h^2}} + \sum_{j=1}^{N} \mathrm{e}^{-\frac{L(p)^2}{2h^2}} \tag{8-5}$$

其中,p 表示节点 v_i 到其余节点的非最短距离路线,$L(p)$ 表示这些非最短路线的长度。虽然 kernal 函数法较紧密度更准确,但时间复杂度依然没有降低,不适用于大型网络。

Huang 等人[189] 分析了美国 1996—2006 年间公司董事网络的结构。在该网络中,节点由公司的董事构成,若两位董事在同一个公司任职,则表示他们有连接关系。作者认为,公司董事的影响力取决于该董事手中掌握多少获取公司信息的渠道,因此提出一种识别公司董事影响力的方法。将网络中节点 v_i 的影响力记为

$$I(i) = \frac{\sum_{j=1}^{N} \omega_j r_{j1} r_{j2} \cdots r_{jd_j}}{\sum_{j=1}^{N} \omega_j} \tag{8-6}$$

其中,ω_j 表示该公司的市值。d_i 是董事 i 与董事 j 之间的最短路径,r_j 是信息在传递过程

中的衰减率。

Freeman 于 1977 年在研究社会网络时提出介数指标(betweenness)[190]，该指标可用于衡量个体社会地位。节点 v_i 的介数为网络中所有的最短路径中经过节点 v_i 的数量，记为

$$C_c(i) = \sum_{s<t} \frac{n_{st}^i}{g_{st}} \tag{8-7}$$

其中，g_{st} 表示节点 v_s 到节点 v_t 之间的最短路径数；n_{st}^i 表示节点 v_s 和节点 v_t 之间经过节点 v_i 的最短路径数。节点的介数值越高，这个节点越有影响力，即这个节点也就越重要。例如，判断社交网络中某人的重要程度，某个人在关系网络中能够与各类人群打交道，其拥有人脉越广泛，影响范围越大，其他人与此人也就越密切相关，因此该人也就越重要。

Travencolo 等人[191]提出了节点可达性指标(accessibility)。可达性指标是描述节点在随机游走的前提下，h 步之后该节点能够访问不同目标节点的数目的可能性，具体定义为

$$E(\Omega,i) = -\sum_{j=1}^{N} \begin{cases} 0, & p_h(j,i) = 0 \\ p_h(j,i)\ln(p_h(j,i)), & p_h(j,i) \neq 0 \end{cases} \tag{8-8}$$

$$E(i,\Omega) = -\sum_{j=1}^{N} \begin{cases} 0, & p_h(j,i) = 0 \\ \left(\frac{p_h(j,i)}{N-1}\right)\left(\ln\frac{p_h(j,i)}{N-1}\right), & p_h(j,i) \neq 0 \end{cases} \tag{8-9}$$

其中，$p_h(j,i)$ 表示从 v_i 点出发到 v_j 点的可能性，h 表示步长，$p_h(j,i)$ 即从 v_i 点到 v_j 点游走 h 步的不同路径数与得到的总的不同路径数之比。这里，Ω 是指除 v_i 以外的所有节点。除此之外，随机游走遇到以下 3 种情况时将会停止。

(1) 游走达到所定义的最大步长 H。

(2) 游走达到一个点，而该点的度数为 1，即无法再行走下去。

(3) 游走无法再进行下去，因为所有与该点相邻的点都已经被访问过了。

为了完善多样性的概念，提出了对外可达性 $OA_h(i)$ 和对内可达性 $IA_h(i)$ 两个指标，分别记为

$$OA_h(i) = \frac{\exp(E(\Omega,i))}{N-1} \tag{8-10}$$

$$IA_h(i) = \frac{\exp(E(i,\Omega))}{N-1} \tag{8-11}$$

对外可达性指在行走 h 步之后，起始点 i 达到所有剩下点的可能性。对内可达性是指从每个点出发行走 h 步后，能够到达点 v_i 的可能性，也可理解为到达频率。Travencolo 的实验结果显示，处于中心区域的节点有较高的对外可达性，可以被近似看成现实中的"交流区"，而处于网络边缘的节点对外可达性较低。

Comin 等人考虑介数与度的关系，定义了一个节点重要性排序的指标 $\hat{B}(i)$，具体定义为 $\hat{B}(i) = \frac{B(i)}{(k(i))^\lambda}$，其中 $B(i)$ 为节点 v_i 的介数值，$k(i)$ 为节点 v_i 的度，λ 为最优参数。该指标值越大，则认为该节点越重要。虽然该方法较介数和度指标的准确性要高，但时间复杂度并没有降低，而且引入了参数，使得其实用性不强。

其他的基于网络路径的全局方法（如李鹏翔等）提出用节点被删除后形成的所有不连通节点之间的距离（最短路）的倒数之和度量所删节点的重要性。谭跃进等定义了网络的凝聚度，在此基础上提出了一种评估复杂网络节点重要性的节点收缩方法，认为最重要的节点会在该节点收缩后使网络的凝聚度最大。该方法综合考虑了节点的连接度以及经过该节点最短路径的数目。余新等通过计算网络中的节点被移除时网络直径和网络连通度变化梯度评估网络中节点的重要性，利用该算法对美国 ARPA 网络中节点的重要程度进行了分析。饶育萍等提出了一种基于全网平均等效最短路径数的网络抗毁评价模型，认为全网平均等效最短路径越多，网络的抗毁能力越强。并在此基础上提出一种节点重要性评价方法。如果节点失效后网络抗毁能力下降越多，则该节点在网络中的重要性越大。程克勤等根据有权网络中边的权值计算节点的边权值，并依据边的权值计算全网平均最短路径，以此度量节点重要性，并依据节点的重要性进行排序。

8.1.3　基于网络位置属性的指标

Kitsak 等人[192]于 2010 年首次提出了节点重要性依赖于其在整个网络中的位置的思想，并且利用 k-核分解获得了节点重要性排序指标（k-shell），该指标时间复杂度低，适用于大型网络，而且比度、介数指标更能准确识别在疾病传播中最有影响力的节点。近几年不少学者受到这种思想的启发，对 k-核进行了扩展和改进，使其应用范围更广，准确性更好。

k-核分解方法通过递归地移去网络中所有度值小于或等于 k 的节点。k-核的定义如下：由集合推导出的子网络 $H=(C,E\,|\,C)$，满足 C 中的任意节点 V，其度值均大于 k 的最大子网络被称为 k-核，其中满足 k-核值等于 k 小于 $k+1$ 的那部分节点称为 k-shell，简称 k_s。k-核分解示意图如图 8-1 所示，该网络被划分为 3 个不同的层。

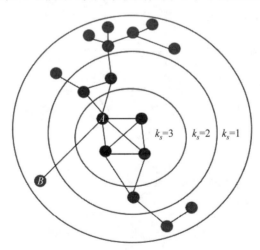

图 8-1　k-核分解示意图

一些学者认为网络中的 Hub 节点或者高介数的节点是传播中最有影响力的节点。这是因为 Hubs 节点拥有更多的人际关系，而高介数的节点有更多的最短路径通过它，于是疾病控制要确定这样的节点。但是，Kitsak 等人调查了社交网络、邮件网络、病人接触网络、演员合作网络等实证网络，并且通过传播动力学的建模分析指出，对于单个传播源情形，Hub 节点或者高介数的节点不一定是最有影响力的节点，而通过 k-核分解分析确定的网络核心节点（即 k_s 值大的节点）才是最有影响力的节点。在存在多个传播源的情况下，度大的 Hub 节点往往比 k_s 大的节点具有更高的传播效率。然而，k_s 指标赋予大量节点以相同的值，如 Barabasi-Albert（BA）网络模型的所有节点的 k_s 值都相等，从而导致 k_s 指标无法衡量其节点的重要性。

Zeng 等人[193]考虑节点的 k_s 信息和经过 k-核分解后被移除节点的信息，提出了混合度分解方法（MDD）：$k(i)_m = k(i)_r + \lambda k(i)_e$。

其中，$k(i)_m$ 表示经过 k-核分解后节点的度信息，即节点的 k_s 值；$k(i)_e$ 表示经过 k-核分解后，被移除节点的度信息。当 $\lambda = 0$ 时，$k(i)_m$ 表示节点 v_i 的 k_s 值；当 $\lambda = 1$ 时，$k(i)_m$ 表示节点的度信息。MDD 的分解流程为

（1）在初始状态下，网络中节点的 $k(i)_m$ 值与 $k(i)_r$ 值相等。

（2）移去网络中 $k(i)_m$ 值最小的节点，这些节点被称为 M-shell。

（3）采用公式 $k(i)_m = k(i)_r + \lambda k(i)_e$ 更新网络剩余节点的 k_m，并通过依次移除网络中 $k(i)_m$ 值小于或等于 M 的节点，将这类节点赋值为 M-shell，直至网络中所有剩余节点的 k_m 值大于 M。随着 M 值的变大，重复步骤（2）和（3），直到网络中的所有节点都能获得其对应的 M 值，具体分解方法如图 8-2 所示。

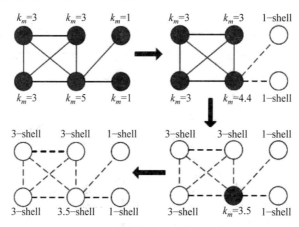

图 8-2　混合度分解方法示意图（$\lambda = 0.7$）

Garas 等人[194]先将加权网络转变成无权网络，再进行经典的 k-核分解。加权网络的 k-核分解的具体计算如下。

$$k(i)_w = \left[k(i)^\alpha \left(\sum_j^{k(i)} \omega_{ij} \right)^\beta \right]^{\frac{1}{\alpha+\beta}} \tag{8-12}$$

其中，$k(i)$ 为节点 v_i 的度，$\sum_j^{k(i)} \omega_{ij}$ 为节点 v_i 的边权值之和，α、β 为可调参数。如图 8-1 中，假设边 AB 的权重为 3，其他所有边的权重为 1，其中 $\alpha = \beta = 1$，通过式（8-12）可得，$k(A)_w = 2$，$k(B)_w = 2$，此时 $k_s(B) = 2$。

Liu 等综合考虑目标节点自身 k-核的信息和目标节点与网络最大 k-核的距离,提出了新的度量节点重要性的指标。该指标解决了 k_s 指标赋予网络中大量节点以相同的值导致其无法准确衡量其节点重要性的缺陷。具体定义如下。

$$\theta(i \mid k_s) = (k_s^{\max} - k_s + 1) \sum_{j \in J} d_{ij}, \quad i \in S_{k_s} \tag{8-13}$$

其中,$k_s^{\max}$ 为网络最大 k-核值,d_{ij} 表示节点 v_i 到节点 v_j 的最短距离。节点集合 J 定义为网络中的最大 k-核值的节点,S_{k_s} 定义为节点的 k-核值为 k_s 的节点集合。

由于最小 k-核节点的 k_s 值是相同的,而且根据 k-核分解原理,度为 1 以及大部分介数为 0 的节点都属于最小 k-核节点,因此仅依靠节点自身 k-核、度或介数信息不能很好区分这类节点的传播能力。任卓明等提出了基于最小 k-核节点邻居集合中最大 k_s 值的深度指标 $H(i)$,该指标依靠最小 k-核节点与网络中的其他层级节点的连接关系,判断最小 k-核节点的重要性。具体表示为 $H(i) = \max\{ks_j\}, j \in J(i)$,其中 $J(i)$ 为节点 v_i 的邻居集合,ks_j 为节点 j 的 k_s 值。

Hou 等考虑度、介数、k-核 3 个不同的指标对节点重要性的影响,采用欧拉距离公式,计算度、介数、k-核 3 个不同的指标的综合作用。该指标记为

$$D(i) = \sqrt{k^2(i) + C_b^2(i) + k_s^2(i)} \tag{8-14}$$

其中,$k(i)$、$C_b(i)$、$k_s(i)$ 表示节点 v_i 的度、介数、k-核。

8.1.4　基于随机游走的节点影响力排序

基于随机游走的节点影响力排序方法是基于网页之间的链接关系的网页排序技术,由于网页之间的链接可以解释为网页之间的相互关联和相互支持,据此判断出网页的重要程度。

Page Rank 算法[195]:当网页 A 有一个链接指向网页 B 时,就认为网页 B 获得了一定的分数,该分值的高低取决于网页 A 的重要程度,即网页 A 的重要性越大,网页 B 获得的分数越高。由于网页上链接的相互指向非常复杂,所以该分值的计算是一个迭代过程,最终将依照网页所得的分数排序并将检索结果送交用户,这个量化了的分数就是 Page Rank 值。算法流程及规则如下。

首先,给定所有节点的初始 Page Rank 值 $PR_i(0)$,$i = 1, 2, \cdots, N$,满足 $\sum_{i=1}^{N} PR_i(0) = 1$。其次,依据 Page Rank 校正规则:给定一个标度常数 $s \in (0, 1)$。首先按照基本的 Page Rank 校正规则计算各个节点的 PR 值,然后把每个节点的 PR 值通过比例因子 s 进行缩减。这样,所有节点的 PR 值之和也就缩减为 s,再把 $1 - s$ 平均分给每个节点的 PR 值,以保持网络总的 PR 值为 1,即为 $PR_i(k) = s \sum_{j=1}^{N} a_{ij} P$。其中,如果节点 v_i 指向连接节点 v_j,则 $a_{ij} = 1$,否则 $a_{ij} = 0$。用户每一步都以一个较小概率 $1 - s$ 随机访问互联网上的任何一个网站,同时保持以概率 s 访问当前网页提供的链接。同时加入最后一项可以保证算法走出"悬挂节点(dangling node)"以及避免死循环。Page Rank 算法能够根据用户查询的匹配程度在网络中准确定位节点的重要程度,而且计算复杂度不高,为 $O(MI)$,其中 M

为网络中边的数目,I 为算法达到收敛所需的迭代次数。

当网络中存在孤立节点或社团时,采用 Page Rank 算法对网络中的节点进行排序会出现排序不唯一的问题。Lü 等提出的 Leader Rank 弥补了这一缺陷,具体方法是:在已有节点外另加一个节点(ground node),并且将它与已有的所有节点双向连接,于是得到 $N+1$ 个节点的网络(图 8-3),这个新的网络是一个强连通网络,再按 Leader Rank 算法对网络节点进行排序,结果表明 Leader Rank 算法比 Page Rank 算法排序更精准,而且对网络噪声(节点随机加边或删边)有更好的容忍性。算法流程如下。

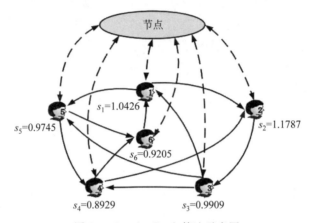

图 8-3　Leader Rank 算法示意图

初始步:每个节点的初始分数 $s_i(0)=1$,其中节点的分数为 $s_g(0)=0$。

第二步:在时间步 t,节点 v_i 的分数为 $s_i(t)$,如果节点 v_i 指向节点 v_j,则 $a_{ij}=1$,否则 $a_{ij}=0$。k_j^{out} 为节点 v_j 的出度,有

$$s_i(t+1) = \sum_{j=1}^{N+1} \frac{a_{ij}}{k_j^{\text{out}}} s_i(t) \tag{8-15}$$

第三步:不断重复第二步,直到时间步 t_c,节点 v_i 的分数不变,收敛于一个定值 $s_i(t_c)$,此时节点的分数记为 $s_g(t_c)$。经过上面的步骤,节点 v_i 的影响力 s_i 满足:

$$s_i = s_i(t_c) + \frac{s_g(t_c)}{N} \tag{8-16}$$

Radicchi 等人[196]提出一种扩散算法,分析了有向加权网络的节点重要性排名,并给出了科学家的科研影响力和职业运动员的影响力排序的实例分析,该排序算法类似 Page Rank。具体计算如下。

$$P(i) = (1-q) \sum_{j=1}^{N} P(j) \frac{\omega_{ij}}{s_j^{\text{out}}} + \frac{q}{N} + \frac{1-q}{N} \sum_{j=1}^{N} P(j) \delta(s_j^{\text{out}}) \tag{8-17}$$

其中,初始状态下 $P(i)=1/N$,N 为网络节点数,$q \in [0,1]$ 为可调参数。w_{ij} 表示节点 v_i 到节点 v_j 的权重,$\delta(x)$ 函数,其中 $x=0$ 时,$\delta(x)=1$;当 $x=1$ 时,$\delta(x)=0$。

Masuda 等人[197]对基于拉普拉斯算子的节点中心性度量方法进行了扩展,扩展后的方法与 Page Rank 算法类似。该方法不仅适用于强连通的有向网络,也适用于有孤立社团的网络,不同的是,前者是连续时间的简单随机游走,后者为离散时间的简单随机游走。

Kleinberg 于 1998 年提出 Hypertext-Induced Topic Search 算法[198]。他将网页分为两类,即表达某一特定主题的 Authoritie 和把 Authoritie 串联起来的 Hub。Authoritie 为具有较高价值的网页,其重要性依赖于指向它的页面;而 Hub 为指向较多 Authoritie 的网页,依赖于它所指向的页面,每个节点引入两个权值:Authority 权值和 Hub 权值。HITS 算法的目标是通过一定的迭代计算得到针对某个检索提问的最具价值的网页,即 Authority 权值排名最高的网页。HITS 算法在学术界应用较为广泛,其计算复杂度为 $O(NI)$,其中 N 为网络中节点的数目,I 为算法达到收敛所需的迭代次数。然而,HITS 算法不能识别非正常目的的网页引用,导致计算结果与实际结果有偏差。

8.2 功能性的节点影响力排序

节点(集)的移除和收缩方法与系统科学中确定一个系统核心的思路暗合[199],其最显著的特点是在重要节点排序的过程中,网络的结构会处于动态变化中,节点的重要性往往体现在该节点被移除之后对网络的破坏性。从衡量网络的健壮性角度看,一些节点一旦失效或移除,网络就有可能陷入瘫痪或者分化为若干个不连通的子网。实际生活中的很多基础设施网络,如输电网、交通运输网、自来水-天然气供应网络等,都存在"一点故障,全网瘫痪"的风险。为了预防风险,研究人员提出了很多方法研究节点收缩或者移除之后网络的结构与功能的变化,从而为新系统的设计与建造提供依据。比较典型的是系统的"核与核度"理论。许进等人[200]在定义规则网络图的核概念基础上,提出了核度的测量方法,研究了网络核度与节点数、边数的关系,并根据它们之间的关系设计了规则网络构造定理;李鹏翔等人认为直接的联系往往是间接联系的必经之路,在评估节点重要性的过程中更加重要,用节点集被删除后形成的所有不直接相连的节点对之间的最短距离的倒数之和反映节点删除对网络连通的破坏程度;陈勇等人[201]分析了通信网络,考察去掉节点(集)及其相关边后所得到的图的生成树的数目,数目越小,表明该节点(集)越重要;谭跃进等人[202]用收缩节点方法替代删除节点法,综合考虑了节点的度以及经过该节点的最短路径的数目,将节点收缩后网络的聚集度作为节点重要性评估的标准。系统科学的方法给我们提供了新的视角,但由于计算复杂度较高,目前这类方法还仅限于小规模的网络实验。此外,Restrepo 等人[203]提出通过考察网络最大特征值在移除节点后的变化衡量节点影响力的方法,该方法还可以应用于刻画网络连边的重要性。

1. 节点删除的最短距离法

破坏性反映重要性。节点删除的最短距离法认为一个节点移除后的破坏性与所引起的距离变化有关:移除一个节点(集)会引起网络分化,并形成若干个连通分支,网络中节点对之间较短距离的变化越大,被移除的节点越重要。该算法区别对待不同长度的路径,认为"相对直接的、近距离的联系造成的破坏性大于相对间接的、远距离的联系造成的破坏性"。具体地,在连通图中一个节点被删除之后,对网络的整体状况的影响体现在两个方面:直接损失和间接损失。直接损失是指被删除的节点与其他剩余的节点之间不再存在通路,如果连通网络中共有 n 个节点,删除一个节点后产生的不连通节点对的数目为 n

－1。如果删除的是节点集,直接损失还应该包括删除的节点集内节点之间的不再连接的损失。间接损失是指删除一个节点造成剩余节点之间不连通而引发的损失,用 $N_k(k=1,2,\cdots,s)$ 表示一个节点 v_i 被删除后,网络分化成的 s 个连通子图中第 k 个连通子图的节点数,则该节点被删除后形成的不再连接的节点对的数目为 $\sum\limits_{t=1}^{s}\sum\limits_{r=t+1}^{s}N_t N_r$,记由于删除节点 v_i 造成的不再相连的节点对表示为集合 E(包括直接损失和间接损失两部分),那么节点 v_i 的重要性等于集合 E 中节点对之间的最短距离的倒数之和,即

$$\mathrm{DSP}(i) = \sum_{(j,k)\in E} \frac{1}{d_{jk}} \tag{8-18}$$

其中,d_{jk} 为删除节点 v_i 之前 v_j 与 v_k 间的最短距离。

注意:当 j 或 $k=i$ 的时候,相当于直接损失;当 $j\neq k\neq i$ 的时候,相当于间接损失。节点删除的最短距离法在衡量一些节点集的影响力方面优势比较突出。在实际的大规模网络中,仅删除一个节点时网络的拓扑图一般不会分化为几个连通子图,网络的间接损失为 0,节点删除的最短距离法效果并不明显。而如果同时删除多个节点,则很容易使网络不再连通,这时该方法的优越性就显现出来了。

2. 节点删除的生成树法

在通信网络中,节点删除后网络中节点对之间的最短距离会发生变化,但一般对网络时延影响不大,用最短距离法不一定准确。这时可通过考察节点删除后网络拓扑图的生成树个数衡量节点的影响力。在图论中,一个图的树是该图的一个连通的无环子图,一个图的生成树定义为拥有该图的所有顶点的树。节点删除的生成树法认为一个节点删除后对应的网络的生成树的数目越少,该节点越重要。给定一个无向连通图,其邻接矩阵为 A,网络拉普拉斯矩阵 $L=D-A$(将矩阵 A 主对角线上的元素 a_{ii} 替换为节点 v_i 的度值,非对角线上的元素值全部乘以 -1)。那么,这个连通无向图的生成树个数 t_0 为矩阵 L 的任意一个元素 l_{pq} 的余子式 M_{pq} 的行列式,即 $t_0=|M_{pq}|$。删除任意一个节点 v_i,网络的邻接矩阵变为 A_{-i},然后用上面的方法计算网络的生成树个数为 t_{-i},由此可定义节点 v_i 的中心性指标为 $\mathrm{DST}(i)=1-\dfrac{t_{-i}}{t_0}$。

在节点的移除对网络的连通性影响不大的网络中,节点删除的生成树法优于最短距离法,但节点删除的生成树法有一些缺点,例如,只能用在连通网络中。若一个节点删除后网络变得不再连通,这些节点的影响力就难以判断了,这时可采用节点收缩法评估节点的影响力。

3. 节点收缩法

节点收缩就是将一个节点和它的邻节点收缩成一个新节点。如果 v_i 是一个很重要的核心节点,将它收缩后整个网络将能更好地凝聚在一起。最典型的就是星形网络的核心节点收缩后,整个网络就会凝聚为一个大节点。从社会学的角度讲,社交网络中人员之间联系越方便(平均最短路径长度 d 越小),人数越少(节点数 n 越小),网络的凝聚程度越

高。因此，定义网络的凝聚度为

$$\partial[G] = \frac{1}{n*d} = \frac{1}{n*\dfrac{\sum_{i\neq j}d_{ij}}{n(n-1)}} = \frac{n-1}{\sum_{i\neq j}d_{ij}} \tag{8-19}$$

其中，d_{ij} 表示 v_i 与 v_j 的最短路径长度。$n=1$ 时，令凝聚度 $\partial[G]=1$，显然 $0<\partial[G]\leqslant 1$。节点收缩法主要考察节点收缩前后网络凝聚度的变化幅度，由此判定网络中节点的重要性，故定义节点 v_i 的重要性指标为

$$\mathrm{IMC}(i) = 1 - \frac{\partial[G]}{\partial[G_{-v_i}]} \tag{8-20}$$

其中，$\partial[G_{-v_i}]$ 表示将节点 v_i 收缩后得到的网络的凝聚度。由式(8-20)可得

$$\mathrm{IMC}(i) = 1 - \frac{n*d(G) - (n-k_i)*d(G_{-v_i})}{n*d(G)} \tag{8-21}$$

可见，节点收缩法中节点的重要程度由节点的邻居数量和节点在网络路径中的位置共同决定。由于每次收缩一个节点，都要计算一次网络的平均路径长度，时间复杂度比较高，所以节点收缩法不适于计算大规模网络。

习 题 8

1. 简述节点影响力排序有什么作用。
2. 节点影响力排序有哪些评价指标？
3. 简述合理的评价指标所需条件。
4. 列出常见的重要节点挖掘方法。

第9章

网络聚类技术分析

9.1　经典社区发现算法

关于网络社区结构的研究,它不仅与计算机科学中的图形分割(graph partition, GP)[204]技术密切相关,还与社会学中的分级聚类(hierarchical clustering,HC)技术也有着不容忽视的关系[205,206]。经过最近十来年的发展,社区发现的研究取得了重要进展,并在很多领域有了成功的应用[207]。通过大量的研究,发现许多实际网络都不是同构,而是异构的。所谓网络异构,指的是社会网络是由许多不同类型的节点组合到一起,而不是由一大批相同类型(即性质完全相同)的节点随机地连接在一起,具体地说,整个网络是由一些社区或者说模块、类的东西组成的[208]。如图 9-1 所示,图中 4 个虚线所示部分给出了对应网络中包含的社区结构。每个社区内的节点之间的连接十分紧密,但不同社区内的节点之间的连接却较为松散。

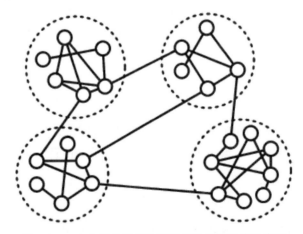

图 9-1　一个小型的具有社团结构性质的网络示意图

一般来说,社区可以有多种叫法,如模块、类、群、组等。以万维网为例,该网络可以看作由许多网站社区构成的一个网络,其中具有类似兴趣、讨论相同或者类似话题的网站一般都可以看成同属一个社区[209-211]。同样,在电路网络或者生物网络中,我们可以根据各个节点在性质上的不同将这些节点划分到不同的社区中[212-214]。网络中的社区结构可以帮助我们了解该网络的结构,并且帮助我们分析该网络的特性。社区结构分析不仅对于分析网络特性很重要,而且也广泛应用在生物学、物理学、计算机图形学和社会学等领域中[215,216]。

社区现象表达了多个个体具有的共同体特性,在复杂网络中是一种非常普遍的现象。社区结构划分算法在复杂网络社区结构划分的研究中,通常用来划分两类网络:一类是比较常见的网络,即仅包含正联系的网络(网络中边的权值为正实数);另一类是符号社会网络,即网络中既包含正向联系的边,也包含负向联系的边。相应地,划分网络中社区结构的算法也分为两大类。就第一类网络而言,传统划分社区的算法又可细分为两类:

第一类是基于图论的算法,其基本思想是给定一个网络,将其分解成一些子网络,各个子网络内的节点数基本相等,并且处于不同子网内的节点之间的连接非常少。图分割(graph partitioning)是计算机科学中非常经典的社团挖掘方法。基于图分割的著名算法有 Kernighan-Lin 算法(简称为 K-L 算法)[217]、基于拉普拉斯图特征值的谱平分法[218,219]、派系过滤算法[220,221]和 W-H 快速谱分割法[222]等。其中,K-L 算法是一种基于贪婪算法的二分法,这是一种试探优化方法。该算法在稀疏图中的时间复杂度为 $O(n^3)$。K-L 算法的最大缺陷是必须为算法预先指定两个社区的大小,否则算法会得到错误的划分结果,这就使 K-L 算法的应用非常有限,在大多数的真实网络中根本无法得到应用。此外,即便克服了 K-L 算法的这一缺点,仍然不能解决 K-L 算法作为图分割方法的先天性不足。至于谱平分法,人们使用这类方法时,预先不能确定究竟将图分成多少个子图才合适,因为谱平分法只能将图分成两个子图,或者说分成偶数个子图,且不知何时停止。

第二类是层次聚类算法。层次聚类算法属于社会学的方法。它主要用于分析社会网络之间的相似性或边之间连接的强度。层次聚类算法可分为两大类:凝聚算法和分裂算法,划分的依据是在网络中是增加边,还是去除边,增加边的是凝聚算法,去除边的是分裂算法。例如,基于边介数度量的分裂算法[223,224]和基于相似度度量的凝聚算法[225]等。

凝聚方法的基本思想是:先基于某种方法针对各节点对之间的相似性进行计算,然后算法起始于相似性值最高的节点对,往一个原始空网络(也称作空图)中添加边。该空网络中初始有 n 个节点,但初始并没有边存在。这个加边的过程可以在任一时刻终止,此时网络被认为是由若干个社区组成。可以用世系图或树状结构图表示这个从空图到最终图的整个算法的流程。凝聚算法的典型代表为 Newman 快速算法[225],该算法可用于分析含有高达 100 万节点的复杂网络。此后,Clauset、Newman 和 Moore 等人又提出了一种新的贪婪算法,简称为 CNM 算法[226]。该算法基于 Newman 快速算法,并采用数据结构"堆"对网络的模块化度进行计算和更新,其复杂度只有 $O(n\log^2 n)$。在很多不同的现实网络中,凝聚算法的确已经得到了广泛的应用,但这并不能掩饰这类算法存在的问题。首先,在一些应用中,即使已经知道了社区数目,却并没有得到正确的社区结构。其次,凝聚算法倾向于找到社区的核心,而忽略社区的周边,原因是:社区的核心部分一般与它周围的节点紧密相连,所以很容易被发现;而社区间的连边部分相对来说联系较弱,所以很难划分。极端的情况是:某个节点只和某个特定社区有关系,且仅有一条边相连,凝聚算法在此时很难将该节点划分到正确的社区内。

与凝聚算法相反,分裂算法的思想是:从待划分社区的网络入手,在已连接的节点对中找出相似性最低的节点对,然后移除它们之间的连边。通过迭代这一过程,整个网络将逐步被分解成越来越小的子网络。这个过程可以在任何情况下终止,通常把终止时的网络看成若干网络社区的集合。同样,分裂方法的流程也可以利用树状结构图表示。该图可以将"网络逐步分解为若干个越来越小的子网络"这个过程更好地描述出来。GN 算法就属于分裂算法。尽管该算法弥补了一些传统算法的不足,但是仍然存在一个缺陷:不能直接根据网络的拓扑结构判断它所求的社区是否有意义,即不知道划分出的社区是否是实际的网络社区结构。还有就是,GN 算法在对社区数目不清楚的情况下,也不知道算法该在哪一次迭代后结束。社区发现技术正在不断地发展并且更新,例如有些新的层次聚类算法,它们主要是为了降低算法的复杂度[227-229],另外一些算法是为了解决社区重叠问题[230-232],还有一些算法是以理解不同层次的社区结构为目的的[233-235]。

而对于符号网络,Doreian 和 Mrvar 提出的算法是一种利用局部搜索对符号网络进行社区划分的算法[236]。另外,Bo Yang 等提出的算法是一种基于代理的启发式划分符号网络社区结构的算法(FEC)[237]。

9.1.1　谱平分法

20 世纪 70 年代就已经有谱分析了。谱分析的普及是在 20 世纪 90 年代。谱分析的主要思想是:分析拉普拉斯矩阵或标准矩阵(由邻接矩阵形成)的特征向量以及特征值,然后寻找网络中的社团结构。下面以拉普拉斯矩阵为例,介绍这种算法。

一个有 N 个节点的无向图 G 的 Laplace 矩阵是一个 $N \times N$ 维的对称矩阵 L。L 的非对角线上的元素 L_{ij} 表示节点 v_i 和节点 v_j 的连接关系:如果这两个节点之间无边连接,则 L_{ij} 值为 0,否则为 -1。而 L 的对角线上的元素 L_{ii} 是节点 v_i 的度。也可以将 L 矩阵表示为 $L = K - A$,其中 K 是一个对角矩阵,其对角线上的元素对应各个节点的度,而 A 为该网络的邻接矩阵。矩阵 L 有一个特征向量为 $l = (1, 1, \cdots, 1)$ 的特征值为 0。理论上已证明,不为零的特征值对应的特征向量的各元素中,同一个社区内的节点对应的元素近似相等。

下面考虑一下网络社区结构中的一种特殊情况:如果一个网络中只有两个社区存在,那么网络的拉普拉斯矩阵就能够看作由两个近似的对角矩阵块所组成。对于一个实对称矩阵,由于其非退化的特征值对应的特征向量一定是正交的,所以除最小特征值零外,其他特征值对应的特征向量总是并且也只可能是包含正、负两种元素。这样,当网络中只有两个社区(群,组)时,就可以按照这样的规则对网络节点进行分类:对于非零特征值相应的特征向量中的元素,它们对应的网络节点归为一类。其中一个社区(群,组)中的节点,它们对应的元素都是正值,而另一个社区(群,组)中的节点,它们对应的元素都是负值,也就是说,依据网络的拉普拉斯矩阵的第二小特征值 λ_2 就可以将该网络分为两个社区(群,组)。这也再次告诉了我们谱平分法的基本思想。

如果一个网络由完全独立的几个社区组成,即构成它的 g 个社区之间不存在联系边,只有社区内部才存在联系边,那么该网络的 Laplace 矩阵 L 就是一个分成 g 块的对角矩阵块。其中,每一分块的对角矩阵对应着一个社区。显然,该对角矩阵有一个特征值为 0,且对应每个社区都有一个对应的特征向量 v:当节点 v_i 属于该社区时,$v=1$;当节点 v_i 不属于该社区时,$v=0$。因此,矩阵 L 对应特征值 0 一共有 g 个退化的特征向量。

　　由于拉普拉斯矩阵 L 所有的行与列的元素累加之后的结果都为零,因此 L 矩阵的特征值中必有一个值是零,且 $l=(1,1,\cdots,1)$ 是该零特征值对应的特征向量。而其他不为零的特征值,正如前面所述,其相应的特征向量中的每个元素中,处于同一个社区内的节点,其对应的元素值是近似相等的。也可以得到如下结论:除那个零特征值之外,所有其他的特征值都大于零。谱平分法就是依据拉普拉斯矩阵 L 的第二个小特征值 λ_2 将网络分成两个子网络,其中 λ_2 是图的代数连接度,λ_2 的值越小,平分的效果越好。尽管计算一个 $N\times N$ 矩阵的全部特征向量的时间复杂度为 $O(n^3)$,但是由于实际网络的拉普拉斯矩阵是一个稀疏矩阵,因此可以借用 Lanczos 方法获得主要的特征向量,该方法速度比较快,其时间复杂度为 $\dfrac{m}{\lambda_3-\lambda_2}$,其中 m 表示网络中边的总数。

　　谱方法最早用于解决图分割被广泛应用于复杂网络社区发现[238-241]。根据上述理论,谱方法采用二次型优化技术最小化预定义的"截"函数。"截"函数一般指子网间的连接紧密程度,具有最小"截"的划分被认为是最优的网络划分。当一个网络被划分为两个子网络时,"截"即子网间的连接密度。已经证明,最小化"截"函数是 NP 完全问题[242,243]。谱方法采用矩阵分析技术将求解最小"截"问题转化为求解带约束的二次型优化问题:$\min\{(XTMX)/(XTX)\}$,其中,M 表示对称半正定矩阵,向量 X 表示网络划分。针对不同问题,可以提出不同的"截"函数。对于"规范截",M 是网络的规范化拉普拉斯矩阵 $M=\dfrac{D-1}{2(D-A)-\dfrac{1}{2}}$,其中 A 为网络的邻接矩阵,D 为由节点度构成的对角矩阵;对于"平均截",M 是网络的拉普拉斯矩阵(laplacian matrix),$M=D-A$;对于其他截函数,M 是拉普拉斯矩阵的不同变体。通过拉格朗日方法可以计算 M 的第二小特征向量,求得以上约束二次型的近似最优解,也就是网络的近似最优划分。

　　谱方法实际上是一种二分法,在每次二分过程中,谱方法把网络分成两个近似平衡的子网络。当网络中含有多个社区时,谱方法递归地分割现存的子网络,直到满足预定的停止条件为止。针对复杂网络社区发现问题,谱方法的主要不足是:①谱方法不具备自动识别网络社区总数的能力,需要借助先验知识定义递归终止条件;②现实世界中的复杂网络往往包含多个网络社区,而谱方法的递归二分策略不能保证得到的网络划分是最优的多网络社区结构。谱平分法对 Zachary 的社区发现结果如图 9-2 所示。

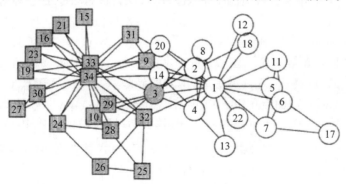

图 9-2　谱平分法对 Zachary 的社区发现结果

9.1.2　Kernighan-Lin 算法

Kernighan-Lin 算法（简称 K-L 算法）[244]、Guimera-Amaral 算法（简称 G-A 算法）[245]、快速 Newman 算法（简称 FN 算法）[246]是 3 种典型的基于局部搜索优化技术的复杂网络社区发现算法。这类算法包含 3 个基本部分：目标函数、候选解的搜索策略和最优解的搜索策略。以上 3 种算法采用了几乎相同的候选解搜索策略，但其采用的目标函数和最优解搜索策略却不相同。Kernighan-Lin 算法属于图分割方法，是迭代二分法的典型应用。

针对图分割问题，Kernighan 和 Lin 在 1970 年提出 K-L 算法[244]，该方法也可用于复杂网络社区发现。它是一种基于贪婪算法原理将网络划分为两个大小已知的社区的二分法。其基本思想是：为网络的划分引进一个增益函数 Q，定义为社区间连接数目与社区内连接数目之差，然后寻找使 Q 值最大的划分方法。其候选解搜索策略是：交换不同社区的节点或将节点移动到其他社区。从初始解开始，K-L 算法在每次迭代过程中不断产生、评价、选择候选解，直到从当前解出发找不到更好的候选解为止。算法可描述如下。

首先，将网络中的节点随机地划分为已知大小的两个社区。在此基础上，考虑所有的节点对，其中每个节点对的两个节点分别来自两个不同的社区。规定每个节点只能交换一次。对每个节点对，假设交换这两个节点，计算可能得到 Q 的增益 $\Delta Q = Q_{交换后} - Q_{交换前}$，然后交换最大的 ΔQ 对应的节点对，同时记录交换后的 Q 值。根据上述条件，重复上述交换过程，直到某个社区的所有节点都被交换一次为止。值得注意的是，在节点对交换的过程中，Q 值并不一定是单调递增的。也就是说，即便某一步的交换会使 Q 值有所下降，该 Q 并不一定是最大值，在其后的步骤中也仍然可能出现一个更大的 Q 值。当交换结束后，找到上述交换过程中记录的最大的 Q 值。这时对应的社区结构就被认为是该网络实际的社区结构。

K-L 算法在整个搜索过程中拒绝所有较差的候选解，只接受当前更好的候选解，因此它找到的解往往是局部最优解，而不是全局最优解，即可能不是全局最优解。K-L 算法存在 3 个缺点：①初始解非常敏感，需要先验知识，如社区的个数或社区的平均规模，产生一个较好的初始社区结构。②由缺点①造成不好的初始解往往导致较差的最终解和缓慢的收敛速度。③Kernighan-Lin 算法要求必须事先知道网络的社区的大小，这在实际网络分析中难以应用。它还面临着如何事先知道网络社区数目，以确定二分法要重复到哪一步停止的问题。

9.1.3　Maximun Flow Communities 算法

由最大流-最小截定理可知：网络中的最大流等于最小截集的容量。2002 年，Flake 等人基于图论的最大流-最小截定理提出了复杂网络社区发现 Maximun Flow Communities 算法（简称 MFC 算法）[247]。该算法的基本假设是：网络中的最大流量由网络"瓶颈"的容量决定。而在具有社区结构的复杂网络中，复杂网络的社区间连接组成了该网络的"瓶颈"。因此，通过计算最小截集可以识别社区间连接，经过反复识别并删除社区间连接，MFC 算法逐渐分离出网络社区。计算最小截集的时间决定了 MFC 算法。

K-L算法对 Zachary 的社区发现结果如图 9-3 所示。

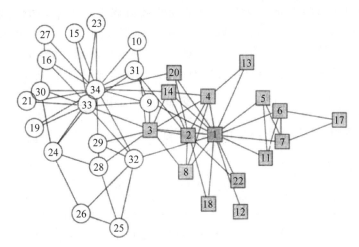

图 9-3　K-L 算法对 Zachary 的社区发现结果

9.1.4　极值优化算法

极值优化(extremal optimization,EO)算法是一种求解模块度最优值的启发式搜索方法。其基本思想是:通过调整局部极值优化全局的变量,从而提高运算效率。在用局部变量代替全局变量的问题中,首先要解决的是在能够满足全局变量要求的条件下,这个局部变量应该具有什么样的形式。在模块度 Q 的优化问题中,这个局部变量的取值应该与每个节点对模块度的贡献大小有关。节点 v_i 的贡献大小 q_i 可表示为

$$q_i = k_{r(i)} - K_i a_{r(i)} \tag{9-1}$$

其中,$k_{r(i)}$ 表示属于社区 r 的节点 v_i 与该社区内其他节点相连的边的条数,而 K_i 为节点 v_i 的度数,$a_{r(i)}$ 表示一端与节点 v_i 相连的边在整个网络所有边中所占的比例。模块度 Q 与 q_i 变量满足下面的关系式:

$$Q = \frac{1}{2m} \sum_i q_i \tag{9-2}$$

其中,m 表示网络的总边数,由于都只与节点 v_i 的度数有关,所以它显然是一个局部变量。为了与模块 $Q \in [-0.5,1)$ 保持一致,q_i 的范围也应保持在 $0 \sim 1$ 内。为此做如下归一化处理:

$$\lambda_i = \frac{q_i}{k_i} = \frac{k_{r(i)}}{K_i} - a_{r(i)} \tag{9-3}$$

通过比较每个节点 λ_i 的大小,得到各个节点对社区结构的总的模块度的贡献。在定义了局部优化变量 λ_i 以后,极值优化的启发式搜索算法如下。

(1)初始化:把整个网络先随机分为两个部分,每个部分的节点数相同,视为网络的初始社区结构。

(2)迭代:在每一次的迭代中,将网络中对所在社区贡献最小的那个节点移至它相邻的另一个社区。每一次移动后,都要重新计算网络中节点的新的 λ_i 值。

重复第(2)步的迭代,直到网络的社区结构到达一个"最优状态"。也就是说,此时的模块度 Q 已经达到极值。此后,移除最终得到的每两个部分之间的边,得到若干个连通的社区。在各个连通的社区内部再继续回归迭代,从而进行进一步的社区分裂,直到整个网络的模块度达到最大。此算法中,当网络的模块度不再增加时就停止迭代。但是,事实上,模块度是否会继续增加是难以定量判断的。在具体算法实现中,如果模块度在 aN 度内都没有再继续增加,就认为此时模块度已经达到一个局部极大值,这里 a 是一设定常数,N 为网络的节点个数。此外,EO 其实是一种二分算法,每一次分裂并不能保证得到最好的分裂结果,即不能保证得到最好的社区结构。

9.1.5 层次社区发现算法

社区层次结构普遍存在于网络社区中,即一个大的社区可以进一步划分为若干个小的社区。社会学家最早发现社区的层次结构,根据社会网络节点的距离或相似度提出了层次聚类算法。网络社区层次结构通常采用层次树状图表示,树中的每一层对应着网络的社区。层次聚类算法根据是合并节点,还是切割节点分为凝聚算法和分裂算法两类。

凝聚算法采用自底向上的策略,首先将网络中的每个节点作为一个社区,按照给定方法计算网络中有关联的节点对的相似度,然后依次合并相似度最大的节点对,合并成为一个社区,直到合并所有节点到一个社区中或在合并过程中满足指定的终止条件。整个过程构成一个树状图,从树状图的某一层断开即可得到网络的社区结构。

分裂算法正好与凝聚算法相反,它采用自顶向下的策略,首先将整个网络视为一个社区,计算相关联节点之间的相似度,然后找到相似度最小的节点对,删除节点之间的连边。重复这个过程,逐步把整个网络划分为越来越小的社区,直到所有节点成为对立的社区或者满足指定的终止条件。整个过程构成一个树状图,从树状图的某一层断开即可得到网络的社区结构。

1. GN 算法

GN 算法是由 Girvan 和 Newman 提出的一种基于边介数(betweenness)的层次分裂算法。该算法的基本思想是:不断计算调整网络节点之间连边的数并删除边介数最大的连边,最终将网络划分为若干个社区。其中边介数定义为所有节点对之间的最短路径中经过该边的路径数目,通过边介数可以有效地区分社区内部节点连边和社区之间节点连边。GN 算法的社区结构发现过程如图 9-4 所示,图 9-4(a)表示边介数最大的连边,图 9-4(b)表示删除边介数最大的连边得到的社区结构图。

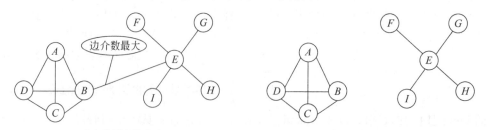

(a) 边介数最大的连边　　　　　(b) 删除边介数最大的连边得到的社区结构图

图 9-4　GN 算法的社区结构发现过程

GN 算法步骤如下。

(1) 计算网络中每条连边的边介数。

(2) 删除边介数最大的连边。

(3) 重新计算网络中所有节点连边的边介数。

(4) 重复步骤(2)和(3),直到所有连边都被删除。

GN 算法将网络分裂成任意数量的社区,可以从算法中得到的树状图中看出网络社区层次结构的形成过程。针对已知社区数目的网络,首先采用 GN 算法得到的网络的树状图,然后只在树中对应数目的层划分即可达到网络的社区结构。针对未知社区数目的网络,GN 算法无法预知最终应该分裂成多少个社区。从 GN 算法的步骤可以看出,算法每次删除最大边介数的连边后,都需要重新计算剩余连边的边介数,导致算法的时间复杂度较高。算法的最坏时间复杂度为 $O(m^2 n)$,其中 m、n 分别为网络中的连边数目和节点数目。GN 算法从整个网络的全局出发进行社区发现,成为目前进行网络社区发现的标准算法,并得到广泛应用。

2. Newman 快速算法

Newman 快速算法是 GN 算法的改进算法,是一种基于贪心策略的层次凝聚算法。该算法依据社区评估标准模块度的增量进行层次聚类。设网络共有 n 个节点、m 条连边,每一步合并对应的社区数目为 r,定义一个 $r \times r$ 对称矩阵 e,矩阵元素的值表示两个社区之间的连边数目占网络总连边数的比例。例如,e_{ij} 表示社区中的节点与社区中节点之间连边的数目在网络总边数的百分比。Newman 快速算法的步骤如下。

(1) 初始化网络所有节点各自为一个独立的社区,即开始网络有 n 个社区,初始化的 e_{ij} 和 a_i 分别为

$$e_{ij} = \begin{cases} \dfrac{1}{2}, & \text{节点 } v_i \text{ 和 } v_j \text{ 有边} \\ 0, & \text{其他} \end{cases} \tag{9-4}$$

$$a_i = \frac{k_i}{2m} \tag{9-5}$$

其中,m 为网络中连边的数目,k_i 为节点 v_i 的度。

(2) 依次按照 Q 的最大或者最小的方向合并有边相连的社区对,并计算合并后的模块度增量 Q。

$$\Delta Q = e_{ij} + e_{ji} - 2a_i a_j = 2(e_{ij} - a_i a_j) \tag{9-6}$$

(3) 合并社区对后修改社区对称矩阵 e 和社区 i 和 j 对应的行列。

(4) 重复执行步骤(2)和(3),不断合并社区,直至整个网络合并成一个社区为止。

Newman 快速算法按照凝聚聚类方法得到网络社区的层次树状图,树中每一层对应了网络的社区结构。针对未知社区数目的网络,可以采用社区评估标准模块度 Q 判断社区的划分质量,计算树状图中每一层对应的模块度,选择模块度最大层进行划分,将得到的社区结构作为最终的社区结构。Newman 快速算法总的时间复杂度为 $O((m+n)n)$,对于稀疏网络则为 $O(n^2)$。Newman 快速算法比 GN 算法在总的时间复杂度上有很大提

高,发现的社区效果与 GN 算法相当。

9.1.6　重叠社区发现算法

目前重叠社区结构是社区发现研究的一个热点,研究人员提出了许多有效的算法,根据划分社区的对象及标准不同,可以分为两大类:第一类以网络中的节点为研究对象,考虑如何通过划分、聚类、优化等技术将节点归为重叠节点;第二类以网络中的连边为研究对象,这样由于一个节点可能与多个连边关联,按照连边集合划分社区,可以间接使得某些节点属于多少社区,从而发现社区重叠结构。

1. 派系过滤算法

2005 年,Palla 等人最先提出了能够发现重叠社区的派系过滤算法(Clique Percolation Method,CPM)。该算法以网络中的节点集为研究对象,认为网络中的社区是由一系列相互连通的完全子图组成的。这些完全子图也称为派系(clique),k-派系(k-clique)指的是由 k 个节点构成的完全图。两个 k-派系相邻是指两个 k-派系存在 $k-1$ 个公共节点,两个 k-派系连通是指其中一个 k-派系可以通过若干个相邻的 k-派系到达另一个 k-派系。k-派系社区是指由所有连通的 k-派系组成的极大子图。

网络中会存在一些节点同时属于多个 k-派系,但是它们所属的这些 k-派系可能不相邻。也就是说,它们所属的多个 k-派系之间公共的节点数不足 $k-1$ 个。这些节点同属的多个 k-派系不是相互连通的,导致这几个 k-派系不属于同一个 k-派系社区,因此这些节点最终可以属于多个不同的社区,从而发现社区的重叠结构。例如,$k=3$ 时,3-派系网络如图 9-5 所示。

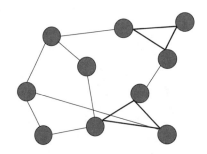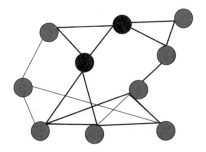

图 9-5　3-派系社区实例图

图 9-5 中,黑色粗线组成的三角形表示网络中的 3-派系,黑色实心圆圈表示 3-派系社区中的重叠节点。

从 k-派系的定义可以得知,在一个包含 s 个节点的完全图中任意挑选 $k(0<k\leqslant s)$ 个节点,这 k 个节点可以组成一个 k-派系。任意两个有 $k-1$ 个公共节点且节点数大于 k 的完全子图之间,总能够找到一个 k-派系。所以,派系过滤算法的过程是首先寻找网络中最大的完全子图,然后利用这些完全子图寻找 k-派系的连通子图(即 k-派系社区),不同的 k 值对应不同的社区结构。派系过滤算法的主要过程如下。

(1) 根据网络中节点的度由小到大的顺序,找出网络中的所有派系。

（2）根据第（1）步中找到的所有派系构造派系重叠矩阵，矩阵的每一行（列）对应一个派系，矩阵对角线上的元素表示对应派系的大小，而非对角线上的元素表示两个不同派系之间的公共节点数。

（3）给定参数 k，修改第（2）步中得到的派系重叠矩阵，将对角线上元素小于 k，非对角线上元素小于 $k-1$ 的元素设置为 0，其他元素设置为 1，得到 k-派系的社区结构重叠矩阵。

（4）根据第（3）步处理后的派系重叠矩阵，对角线元素为 1 对应的派系表示满足条件的 k-派系，非对角线元素为 1 表示这两个 k-派系是相邻的，因此通过派系重叠矩阵可以快速求出各个连通部分，即 k-派系的社区。

从算法的过程可以看出，不同的 k 值会影响到最终得到的社区结构。随着 k 值的增大，社区越来越小，结构越来越紧凑。研究者对真实网络做了不同 k 值的实验，根据实验结果，k 的取值一般为 4～6。CPM 算法严格定义派系之间的相邻关系，要求必须有 $k-1$ 个相邻节点，许多网络很难满足此条件，因此再发现的社区结构并不理想。

2. 连边聚类算法

以往社区发现算法的研究均以网络节点集为对象，最近 Evans 等人换个角度，以网络中的连边集为对象进行社区发现研究，提出了基于线图的连边划分网络的发现重叠社区结构算法。他们认为网络中的社区是连边集合的一个划分，因为一个节点可以与多条连边关联，而一条连边只能属于一个社区，这样就可以使得一个节点属于多个社区，从而间接地发现社区的重叠结构。采用连边集合发现社区结构如图 9-6 所示。

图 9-6 中，虚线和实线各自构成一个社区，然后找出边所关联的节点，发现社区重叠节点，即黑色实心节点。

图 9-6　连边社区示例图

该算法首先将原网络图转换为加权的线图，即将原网络中的连边作为线图中的节点，线图中的节点存在连边当且仅当原网络中对应的连边存在公共节点，边的权值为 $1/(k-1)$，其中 k 为共享节点的度。然后根据节点模块度的思想提出了针对线图社区评估的 3 种不同类型的标准。最后采用随机行走对线图网络进行预处理，根据提出的评估标准划分社区，从而找到社区重叠结构。

除了以上介绍的几种主要方法外，其他复杂网络社区发现方法也极具想法。第一类是基于相似度的层次聚类方法。在这类方法中，根据网络拓扑结构定义节点间的相似度，如基于随机游走的相似度、基于结构全等的相关系数（correlation coefficient）和节点聚类中心度（clustering centrality）等。研究发现，万维网呈现的全局拓扑结构是由多个分散的、自治实体的局部行为通过多种自组织方式集合而成的。针对具有自组织特点的 WWW 社区发现问题，文献[248]提出了节点聚类中心度概念和基于节点聚类中心度的复杂网络社区发现算法（identifying community structure，ICS），并给出了该算法在搜索引擎中的实际应用。ICS 分析了复杂网络的网络节点的局部信息之间的关系和宏观拓扑结构,评价各个节点重要程度的局部中心度(local centrality),并推断出隐藏在网络中的全局社区结构。此外,复杂网络社区发现的另一个思路是:将网络社区发现转化为向量空间聚类。这种思想最早可以追溯到 1970 年 Hall 针对图分割问题提出的加权二次型变换算法[249]。该算法能够将网络投影到一维空间,使得网络中连接紧密的节点在一维空间中的位置相对较近,而连接稀疏的节点在一维空间中的位置相对较远。通过给每个网络节点分配一个合理的 K-维坐标,可以把网络社区发现问题转换为传统的空间点聚类问题,然后采用 K-means 等经典聚类算法聚类这些新生成的空间点。Donetti 和 Munoz 在 2004 年提出了一种结合谱方法和空间点聚类方法的复杂网络社区发现算法[250]。他们通过计算拉普拉斯矩阵的 K 个最小特征向量将网络映射到 K-维空间中,然后采用某种基于距离的空间聚类算法得到最终的网络社区结构。

9.2　复杂网络属性图聚类算法

属性图上的聚类问题是图聚类问题上的一个特例。属性图被定义为:节点间存在边的同时,每个节点或每条边都拥有特有的属性标签。属性图上的聚类不仅要考虑到节点结构上的相似性,同时还要考虑节点属性间的相似性。属性图的聚类问题可以从两方面进行描述:基于属性的聚类和基于拓扑结构的聚类。传统的聚类问题仅根据数据属性间的相似性对数据聚类,同一簇下的数据间属性相似度高,不同簇中的数据间属性相似度低;基于图的聚类问题则是仅根据图数据间存在的连接结构聚簇,同簇的数据节点间的连接较稠密,不同簇的数据节点间的连接较稀疏。属性图的聚类则综合了上述两方面的工作。可见,属性图聚类的主要问题在于如何将两方面信息结合,从而更精确地发现聚簇结构。属性图的聚类是建立在传统关系数据聚类和图聚类两方面研究的基础上提出的。

9.2.1　基于距离的聚类

该类算法的思想是:根据点对间的属性相似性和结构相似性人为或自动地确定点对间的距离度量函数,该度量同时反映点对间的属性相似性和结构相似性。根据点对间的距离可以应用 k-medoids 算法和谱聚类算法等将属性图的聚类问题转化为带权图的聚类问题。尽管在这之后的过程可能不尽相同,但用距离度量函数将属性信息和结构信息结合起来,这是该类算法的主要特点。

文献[251]是目前最早同时考虑属性信息和结构信息的聚类算法。该文章提出将带权邻接矩阵作为点对间的相似性度量,边的权重定义为点对间具有相同属性值的个数。该文之后应用已有的带权图聚类算法,根据结合了属性信息和结构信息的带权邻接矩阵,对属性图进行聚类。显然,该文的贡献在于聚类时首次同时考虑属性信息和结构信息,但根据属性确定点对间相似性的方法十分粗糙,而且只能处理属性值为布尔型的情况。文献[252]将属性值域扩展到连续数值型的情况,然而上述工作均为人工定义结构和属性间的权重,该方法的效率很高,但聚类质量不高,而且由于需要人工定义权重,对于不同应用背景的图数据的可拓展性很差。

YANG ZHOU 等人提出 SA-Cluster 算法及其扩展算法(SA-Cluster-Opt 和 Inc-

Cluster[253]）。这种算法定义了结合属性相似性和结构相似性的距离度量，并在原始图中增添属性节点形成增广图。该算法采用 k-medoids 算法，用增广图上的随机游走距离作为距离度量聚类。增广图是在原始图基础上，将某属性的属性值相同的所有点连接到一个公共的人工节点上。该文将增广图上的节点对之间的随机游走距离作为节点对之间的距离度量函数。算法根据点对间随机游走距离，通过不断学习，确定属性与结构间的权重关系。算法在增广图中随机选取 k 个顶点作为初始顶点，通过计算顶点间的随机游走距离，得到顶点间的相似度度量，最后采用类 k-medoids 算法聚类。为了有效计算随机游走矩阵，作者对这种矩阵的计算提出优化算法、SA-Cluster-Opt 近似算法和 Inc-Cluster 增量算法。

9.2.2　基于模型的聚类

该类算法的思想是建立属性图的产生式模型，根据模型确定最佳的聚类方案。文献[255]首先提出了基于模型的属性图聚类算法，文献[256]对文献[255]进行了改进，并且将定值模型改进为属性图的贝叶斯概率模型，将属性图的聚类问题转化为一般的概率推断问题，即推断特定的 $\mathbf{Z}$ 以最大化目标函数：

$$\mathbf{Z}^* = \arg\max(\mathbf{Z} \mid \mathbf{X}, \mathbf{Y}) \tag{9-7}$$

其中，Z 为 $N \times 1$ 的矩阵，元素 Z_i 取值为 $1 \sim K$，K 为聚类个数，由用户指定；$\mathbf{X}$ 为 $N \times N$ 的矩阵，元素 X_{ij} 的取值为 0 或 1，表示点 V_i 和 V_j 间是否存在边；$\mathbf{Y}$ 为 $N \times T$ 的矩阵，T 为属性的个数；Y_i^t 为属性 t 的值域 $\mathrm{dom}(a_t)$。

该算法采用类 EM 算法得出图生成概率最高的聚类方案，而且不同之处在于，算法[255]是针对属性值域为连续的情况提出的，该算法针对值域为离散情况提出。然而，该算法复杂度较高，资源消耗极大，对于大型图数据并不适用。

9.2.3　基于多特征融合的属性图聚类算法

1. 基于多特征融合的单属性图聚类算法

1）定义

单属性图是指节点之间存在拓扑关系，节点自身具有同构属性特征的图模型。因此，图中节点间存在边的连接关系，而每个节点本身与一组属性向量连接，就可以对单属性图进行如下形式化的定义。

定义 1　三元组 $G(V, E, A)$ 表示单属性图，其中 $V = \{v_1, v_2, \cdots, v_n\}$ 表示图中 N 个节点的集合；$E = \{(v_i, v_j), 1 \leqslant i, j \leqslant N, i \neq j\}$ 表示图中所有节点之间连接边的拓扑关系；向量 $A = \{a_1, \cdots, a_m\}$ 表示每个节点具有 m 个不同的属性。

如图 9-7 所示，这是一个具有 3 个不同属性特征（城市、公司和年龄）和 8 个不同节点的单属性图，图中的节点与节点之间存在连接关系，每个节点本身具有 3 个不同的属性特征。

聚类结果应该具有簇内节点连接稠密，簇间节点连接稀疏的性质。单属性图聚类的定义类似，但是单属性图聚类需要考虑两个方面：①与传统的图聚类一样，同一个簇内的

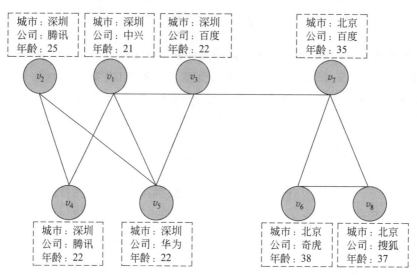

图 9-7　单属性图示例

节点连接稠密,不同簇之间的节点连接稀疏;②同一个簇内的节点之间属性相似度高,而不同簇之间节点的属性相似度低。因此,对单属性图聚类时,需要将拓扑关系和节点属性这两个特征维度进行融合,在聚类过程中做到平衡这两方面的影响。如图 9-7 所示,该图可以划分为两个子图,节点 $v_1 \sim v_5$ 被划分到同一个子图,节点 $v_6 \sim v_8$ 被划分到同一个子图。这两个子图之间的节点连接相对稀疏,子图内部的节点连接相对稠密,并且第一个子图中节点的城市属性都是深圳,年龄属性都是 20~25 岁,而第二个子图中节点的城市属性都是北京,年龄都是 30 多岁。这说明将这个单属性图划分成这样两个子图时,同时考虑了节点之间的拓扑关系和节点属性的相似性。

2) 算法基本思想

单属性图包含图的拓扑结构与节点属性两个特征维度,如果仅考虑图的拓扑结构,就把节点属性信息丢失了,聚类问题也就退化成一般的图聚类问题。而如果只考虑节点属性特征,就丢失了节点间拓扑关系信息,也就不知道节点与节点之间的联系,因此就丢失了网络数据的现实意义。所以,在设计解决单属性图聚类问题的方法时,需要同时考虑这两个方面。如何合理有效地融合这两个特征维度是单属性图聚类算法设计的首要问题,参考多视图聚类的方法,可以知道融合方法有前融合、后融合和迭代融合等融合多个特征维度的方法。文献[256]提出的基于多非负矩阵分解的多视图聚类方法说明多非负矩阵分解可以对多个特征维度进行融合,并取得良好的聚类效果。

在研究一般的图聚类问题时,人们发现利用非负矩阵分解进行聚类可以达到不错的效果。文献[257]中提出一种基于对称非负矩阵分解的图聚类算法,实验结果表明该算法在图结构数据集上能取得一定的效果。与此同时,已有的单属性图聚类算法大多数没有考虑到属性的权重问题。而现实世界的数据的属性权重一般不完全相同,有些属性对聚类结果影响较大,而有些属性对聚类结果影响较小。例如,按兴趣爱好划分网络社区中的用户时,用户"感兴趣的领域"比"年龄"和"性别"等用户其他属性对聚类结果的影响更大。

因此,对节点的不同属性赋予不同的权重对聚类效果具有一定影响。

目前的单属性图聚类研究中缺乏基于非负矩阵分解的相关研究成果。为了对单属性图的拓扑关系和节点的属性等两个不同维度的特征进行融合,以及对节点的不同属性的重要性加以区分,本章将提出一种带权重联合非负矩阵分解的单属性图聚类算法。该算法首先采用文献[257]中对称非负矩阵分解目标函数构造图的拓扑结构部分,然后对节点属性矩阵进行加权处理,并同时使用传统的非负矩阵分解构造节点属性特征部分。将这两部分融合到一个统一的目标函数中进行求解和迭代,直到收敛为止。最后对分解后包含两个特征信息的矩阵进行聚类,达到单属性图聚类的基本要求。

3) 算法设计

首先给定一个具有 n 个节点与 m 个属性特征的单属性图 $G(V,E,A)$,假设这 n 个节点之间拓扑关系的邻接矩阵为 $\boldsymbol{S} \in R_+^{n \times m}$,它们的 m 个不同的属性特征组成的属性矩阵为 $\boldsymbol{A} \in R_+^{n \times m}$,其中 R_+ 为非负实数集。然后给定两个矩阵的分解因子 $\boldsymbol{V} \in R_+^{n \times k}$、$\boldsymbol{U} \in R_+^{m \times k}$,其中 k 表示聚类簇的数目。与此同时,为了对这 m 个不同的属性赋予不同的权重,算法提供了一个对角矩阵 $\boldsymbol{\Lambda} \in R_+^{m \times m}$ 对不同的属性进行加权。接着就可以得到两个近似函数 $\boldsymbol{S} \approx \boldsymbol{VV}^{\mathrm{T}}$ 和 $\boldsymbol{A\Lambda} \approx \boldsymbol{VU}^{\mathrm{T}}$,其中第一个近似函数表示对邻接矩阵进行逼近,第二个近似函数表示对加权属性矩阵进行逼近。最后提供一个平衡因子 $\lambda \in R_+$ 对这两个特征维度进行融合,从而得到一个新的目标函数。于是,矩阵分解因子 $\boldsymbol{V}$ 就同时融合了拓扑关系以及节点属性特征这两部分信息,然后只需要对 $\boldsymbol{V}$ 进行聚类,就可以达到单属性图聚类中既考虑节点间拓扑关系,又考虑节点属性特征的要求。

节点之间拓扑关系的邻接矩阵 $\boldsymbol{S}$ 中元素的取值一般为 0 或 1,而节点属性矩阵 $\boldsymbol{A}$ 中元素的取值却可能和 $\boldsymbol{S}$ 中元素的取值不在同一个量纲上。因此,在对这两个特征维度进行非负矩阵分解及融合之前,需要对它们进行归一化。该算法采用类似于向量 1-范数归一化的方法对这两个矩阵进行归一化,因此可以得出邻接矩阵 $\boldsymbol{S}$ 与属性矩阵 $\boldsymbol{A}$ 的归一化式(9-8)和式(9-9)。

$$S = \frac{S}{\sum\limits_{a=1}^{n}\sum\limits_{b=1}^{m} S_{a,b}} \tag{9-8}$$

$$A = \frac{A}{\sum\limits_{a=1}^{n}\sum\limits_{b=1}^{m} A_{a,b}} \tag{9-9}$$

根据以上相关描述,可以将节点间拓扑关系与节点属性等两个特征维度抽象地融合到如下的目标函数中。

$$\min_{U,V,\Lambda \geqslant 0} \frac{1}{2}(\parallel \boldsymbol{S} - \boldsymbol{VV}^{\mathrm{T}} \parallel_F^2 + \lambda \parallel \boldsymbol{A\Lambda} - \boldsymbol{VU}^{\mathrm{T}} \parallel_F^2) \tag{9-10}$$

然后将目标函数表示成矩阵迹函数的形式,就得到了如下迹函数表示的目标函数。

$$J = \frac{1}{2}\mathrm{Tr}[(\boldsymbol{S} - \boldsymbol{VV}^{\mathrm{T}})(\boldsymbol{S} - \boldsymbol{VV}^{\mathrm{T}})^{\mathrm{T}}] + \frac{\lambda}{2}\mathrm{Tr}[(\boldsymbol{A\Lambda} - \boldsymbol{VU}^{\mathrm{T}})(\boldsymbol{A\Lambda} - \boldsymbol{VU}^{\mathrm{T}})^{\mathrm{T}}]$$

$$= \frac{1}{2}[\mathrm{Tr}(\boldsymbol{SS}^{\mathrm{T}}) + \mathrm{Tr}(\boldsymbol{VV}^{\mathrm{T}}\boldsymbol{VV}^{\mathrm{T}}) - 2\mathrm{Tr}(\boldsymbol{SVV}^{\mathrm{T}})] +$$

$$\frac{\lambda}{2}\big[\text{Tr}(\boldsymbol{A}\boldsymbol{\Lambda}^2\boldsymbol{A}^{\text{T}}) + \text{Tr}(\boldsymbol{V}\boldsymbol{U}^{\text{T}}\boldsymbol{U}\boldsymbol{V}^{\text{T}}) - 2\text{Tr}(\boldsymbol{A}\boldsymbol{\Lambda}\boldsymbol{U}\boldsymbol{V}^{\text{T}})\big] \tag{9-11}$$

其中，Tr 表示矩阵的迹函数。为了对式(9-11)的目标函数进行优化，本章采用了拉格朗日乘子法。首先引入 3 个拉格朗日乘子矩阵 α、β、γ，它们分别对应矩阵分解因子 V、矩阵分解因子 U 以及权重对角阵 Λ 的非负约束。然后就可以构造形式如下的拉格朗日函数了。

$$L = J + \text{Tr}(\alpha^{\text{T}}V) + \text{Tr}(\beta^{\text{T}}U) + \text{Tr}(\gamma^{\text{T}}\Lambda) \tag{9-12}$$

接下来，分别求式(9-12)的函数 L 对矩阵分解因子 V、矩阵分解因子 U 以及权重对角阵 Λ 的偏导数：

$$\frac{\partial L}{\partial V} = -(\boldsymbol{SV} + \boldsymbol{S}^{\text{T}}\boldsymbol{V} + \lambda \cdot \boldsymbol{A}\boldsymbol{\Lambda}\boldsymbol{U}) + (2\boldsymbol{VV}^{\text{T}}\boldsymbol{V} + \lambda \cdot \boldsymbol{A}\boldsymbol{\Lambda}\boldsymbol{U}) \tag{9-13}$$

$$\frac{\partial L}{\partial U} = -\lambda\boldsymbol{\Lambda}\boldsymbol{A}^{\text{T}}\boldsymbol{V} + \lambda\boldsymbol{U}\boldsymbol{V}^{\text{T}}\boldsymbol{V} + \beta \tag{9-14}$$

$$\frac{\partial L}{\partial \Lambda} = -\lambda\boldsymbol{A}^{\text{T}}\boldsymbol{V}\boldsymbol{U}^{\text{T}} + \lambda\boldsymbol{A}^{\text{T}}\boldsymbol{A}\boldsymbol{\Lambda} + \gamma \tag{9-15}$$

根据 Karush-Kuhn-Tucker(KKT)条件[258]，明显可以得出如下结果：对于 $\forall 1 \leqslant i \leqslant n, 1 \leqslant j \leqslant k$，有 $\left(\frac{\partial L}{\partial V}\right)_{i,j} V_{i,j} = 0$ 和 $\alpha_{i,j}V_{i,j} = 0$。类似地，也可以得到 $\forall 1 \leqslant i \leqslant m, 1 \leqslant j \leqslant k$，有 $\left(\frac{\partial L}{\partial U}\right)_{i,j} U_{i,j} = 0$ 和 $\beta_{i,j}U_{i,j} = 0$，以及 $\forall 1 \leqslant I, j \leqslant m$，有 $\left(\frac{\partial L}{\partial \Lambda}\right)_{i,j} \Lambda_{i,j} = 0$ 和 $\gamma_{i,j}\Lambda_{i,j} = 0$。根据这些条件，可以推导出如下关于矩阵分解因子 V、矩阵分解因子 U 以及权重对角阵 Λ 的迭代公式。

$$V_{i,j} \leftarrow V_{i,j} \frac{(\boldsymbol{SV} + \boldsymbol{S}^{\text{T}}\boldsymbol{V} + \lambda \cdot \boldsymbol{A}\boldsymbol{\Lambda}\boldsymbol{U})_{i,j}}{(2\boldsymbol{VV}^{\text{T}}\boldsymbol{V} + \lambda \cdot \boldsymbol{V}\boldsymbol{U}^{\text{T}}\boldsymbol{U})_{i,j}} \tag{9-16}$$

$$U_{i,j} \leftarrow U_{i,j} \frac{(\boldsymbol{\Lambda}\boldsymbol{A}^{\text{T}}\boldsymbol{V})_{i,j}}{(\boldsymbol{UV}^{\text{T}}\boldsymbol{V})_{i,j}} \tag{9-17}$$

$$\Lambda_{i,j} \leftarrow \Lambda_{i,j} \frac{(\boldsymbol{A}^{\text{T}}\boldsymbol{\Lambda}\boldsymbol{U}^{\text{T}})_{i,j}}{(\boldsymbol{A}^{\text{T}}\boldsymbol{A}\boldsymbol{\Lambda})_{i,j}} \tag{9-18}$$

很明显，通过上述的迭代方式，这几个矩阵仍然是非负的。另外，在每次迭代过程中，都对属性权重对角阵 $\boldsymbol{\Lambda}$ 进行归一化，归一化方法形如式(9-19)所示。

$$\boldsymbol{\Lambda} = \frac{\boldsymbol{\Lambda}}{\sum\limits_{i=1}^{m}\boldsymbol{\Lambda}_{i,j}} \tag{9-19}$$

输入一个具有 n 个节点和 m 个属性特征的单属性图，其中 n 个节点之间拓扑关系的邻接矩阵为 $S \in R_+^{n \times n}$，节点的 m 个属性特征组成矩阵 $A \in R_+^{n \times n}$，并输入平衡因子 λ 和所需要聚类的簇数目 k。该算法首先按照式(9-8)和式(9-9)，对邻接矩阵 S 和属性特征矩阵 A 进行归一化处理，并将矩阵分解因子 $V \in R_+^{n \times k}$ 和 $U \in R_+^{m \times k}$ 的所有元素随机初始化为非负实数，以及初始化权重对角矩阵 $\Lambda \in R_+^{m \times m}$ 每个元素为 $\frac{1}{m}$，使得每个属性特征都具有相同的起始权重。然后根据式(9-12)设计相应的拉格朗日函数，并对该拉格朗日函数求偏导数。固定矩阵 U 和 $\boldsymbol{\Lambda}$，利用式(9-16)对矩阵 V 进行迭代；固定矩阵 V 和 $\boldsymbol{\Lambda}$，利用式(9-17)矩阵 U 进行迭代;固定矩阵 U 和 V,利用式(9-18)对矩阵 Λ 进行迭代。直到式(9-10)(所表示的目标函数逼近临界值,达到收敛为止。上述所有步骤执行完毕之后,对包含节点间拓扑关系和节点属性特征这两部分信息的矩阵分解因子 V 进行 k-means 聚类,其中簇的数目依旧设置为 k。最后,该算法输出包含 k 个簇的聚类结果。需要特别说明的是,一般非负矩阵分解中 k 的值要远远小于 n 和 m 的值。而该算法因为对节点做聚类分析,所以 k 的值必然小于 n 的值。但是,当节点的属性特征数目 m 特别小,又需要聚类出很多个簇的时候,在本章提出的算法中,允许存在 k 的值比 m 的值大的情况。

2. 基于多视图融合的多属性图聚类算法

多属性图的聚类与单属性图的聚类相似,在聚类过程中,所有的属性特征视图将会被考虑进来,因为属性特征不只是一个视图的缘故。与此同时,本节把多属性图数据看作带拓扑关系的多视图数据。因此,对多属性图进行聚类,可以参照多视图聚类进行。参照文献[256]提出的多非负矩阵分解的多视图聚类方法,以及第 JWNMF 算法在单属性图上聚类的良好表现,本章对带权重联合非负矩阵分解的聚类算法进行扩展,把只对一个属性特征视图和一个关系视图进行融合的目标函数改写为可以对多个属性特征视图和多个关系视图进行融合的目标函数。根据本节对多属性图的定义,只考虑了属性特征多视图的情况。因此,本章只考虑单关系的多属性图,而不考虑多关系的多属性图。

在对多个属性特征视图,以及图的拓扑结构进行融合时,如何平衡每个视图的影响很难界定。通过阅读文献,可以发现文献[259]中提出了一种基于社交媒体背景下的异构关系协同过滤算法(Hete-CF),该算法在目标函数中把用户与用户的关系、项目与项目的关系以及用户与项目的关系等多个异构的关系进行了融合,并且给每组异构关系提供一个权重。那么假设有 n 个异构关系,就用一个 $1 \times n$ 维的向量自动对每组异构关系进行加权迭代。本章将该算法的思想应用到多属性图的聚类中,将节点与属性特征视图的关系看作用户与项目的关系,因此可以把 Hete-CF 的目标函数中有关用户与项目关系融合的部分应用到多属性图的多个属性特征视图的融合中。

具体的算法思路如下:首先将单个属性特征视图部分的矩阵分解扩展至多个矩阵分解,以适应多属性特征视图的要求;然后对这些属性特征视图按 Hete-CF 算法中有关用户与项目的关系融合部分的描述,对每个属性特征视图矩阵分解部分进行权重的赋予;接着依旧按有关拓扑结构部分的描述,将拓扑结构与多属性特征视图进行融合。最后类似于单属性图聚类的做法,对包含所有视图信息的矩阵分解因子进行聚类。

9.2.4 基于多节点社团意识系统的属性图聚类算法

1. 定义

定义属性图 $G(V,E,X)$,其中节点集 $V = \{v_1, v_2, \cdots, v_n\}$,边集 $E = \{e_{ij}\}$,属性矩阵 $X = [X_{ij}]_{n \times p}$,$x_{ij}$ 是节点 v_i 的第 j 个属性值。因此,属性矩阵中的第 i 行 X_i 可被看作节点 v_i 的属性向量。本节主要分析二元属性,也就是当第 i 个节点表现出第 j 个属性时,$x_{ij} =$

1,否则 $x_{ij}=0$。我们的目标是利用属性图的聚类方法找出优良的 K 个社区,即在 G 中有 $P:=\{C_1,\cdots,C_K\}$。同时,一个完美的聚类框架应该在以下两条性质中取得平衡:社团内节点连接良好;社团内节点具有相似的属性值。为了更好地解释以上两条性质,本节以一个特定的社团 C_K 为例介绍以下概念。

定义 1(紧密度) 社团 C_K 的紧密度可以定义为

$$T(C_K) = n_k(n-n_k)\left(\frac{2L_k^{\text{in}}}{n_k^2} - \frac{L_k^{\text{out}}}{n_k(n-n_k)}\right)$$

$$= \frac{2(n-n_k)}{n_k}L_k^{\text{in}} - L_k^{\text{out}} \tag{9-20}$$

其中,n_k 是社团 C_K 内的节点个数,L_k^{in} 是社团 C_K 内边的数量,L_k^{out} 是社团 C_K 间边的数量。因子 $n_k(n-n_k)$ 对很小和很大的社区有惩罚作用,同时可以产生更多的均衡解。

定义 2(均匀性) 基 Havrda-Charvat 于关于二元离散概率分布的广义熵定理,C_K 的均匀性可以定义为

$$\Psi(C_K) = -\sum_{j=1}^{p} c_{kj}(1-c_{kj}) \tag{9-21}$$

其中 $c_k=(c_{k1},\cdots,c_{kp})$ 定义了社区 C_K 的属性中心,元素 c_{kj} 是第 j 个属性为 1 的概率。类似地,一个较大的 $\Psi(C_K)$ 表明 C_K 上的节点有相同的属性值。

基于调整后的紧密度和均匀性的定义,在给定属性图的条件下,一个好的 K 聚类划分应该满足:对于在 P 中的每一个 c_k,$T(C_K)$ 和 $\Psi(C_K)$ 都应该尽可能大。

2. 社区领导节点的识别

这里把属性图看作一个物理系统,在这个系统内,所有的节点都互相影响。推断这种影响产生了一种作用力,这种作用力使任意两个节点间都相互直接连接。同时,这种作用力还要满足以下 3 条性质:①相比其他节点,领导节点应该有更高的局部中心性;②随着两个节点物理距离的不断增加,这种吸引力将迅速减弱;③两个节点越相似,它们之间的相互吸引越强。基于以上 3 条性质,一个度量每个节点相互影响的方法就是应用 Gaussian 核函数 $K()$。通过将可调整带宽引入核函数 $K()$,每个节点的影响区域可以由带宽因素 δ 控制。在属性图中,每一个节点 v_i 的影响可以定义为

$$K(v_i,\delta) = \frac{1}{|\Gamma_i(\delta)|}\sum_{v_j\in\Gamma_i(\delta)} f_{ij}(\delta) \tag{9-22}$$

$$f_{ij}(\delta) = \frac{X_iX_j^{\text{T}}}{||X_i|\cdot|X_j||}e^{-\frac{d_{ij}^2}{2\delta^2}} \tag{9-23}$$

$$\Gamma_i(\delta) = \{v_i \mid d_{ij}\leqslant[2\delta]\} \tag{9-24}$$

其中,$\delta\in(0,\infty)$ 是用来控制每个节点影响区域的带宽因子;$f_{ij}(\delta)$ 是节点 v_i 和 v_j 之间的吸引力;d_{ij} 是节点 v_i 和 v_j 之间的最短路径;$\frac{X_iX_j^{\text{T}}}{||X_i|\cdot|X_j||}$ 是两个属性向量 X_i 和 X_j 的余弦相似度,其值越大,两个节点越相似;$\Gamma_i(\delta)$ 是对节点 v_i 的影响区域,对于每一个特定的 δ,每个节点对其他节点的影响带宽大约是 $[2\delta]$,当其大于 $[2\delta]$ 时,指数方程的值 $e^{-\frac{d_{ij}^2}{2\delta^2}}$

将迅速减少为 0，所以可以运用 δ 控制每个节点的影响区域，并且仅考虑两个互相影响的影响区域 $d_{ij} \leqslant [2\delta]$ 的节点时计算 $K(v_i, \delta)$。因此，如果一个节点的局部影响是最大的，即 $\forall v_j \in \Gamma_i(\delta), K(v_i, \delta) \geqslant K(v_j, \delta)$，那么它就是领导节点。

3. 领导节点的社区扩展

确定隐藏在属性图中所有的领导节点后，社团 K 的数目就被固定了。因此，通过在每一个领导节点采用局部扩展策略，就可以得到 K 个社团的划分。从领导节点 v_k 的角度看，可以将待解的属性图划分为 3 个区域：归属于领导节点 v_k 的社区 C_k、边界区域 B_k 和巨大的未知区域 U_k。其中 C_k 包括了 v_k 最重要的追随节点，B_k 和 C_k 紧密联系，即 $B_k = \{v_j \,|\, v_j \notin C_k \wedge v_i \in C_k \wedge e_{ij} \in E\}$；$U_k$ 对 C_k 不可见，同时 U_k 可以被定义为 $U_k = \{v\_j \,|\, v\_j \notin C\_K \cup B_K\}$。在以上设定条件下，基于一些促进 $\hat{T}(C_K)$ 和 $\psi(C_K)$ 的数值尽可能高的预定义标准，v_k 可以用 C_k 进行局部扩展。更重要的是，我们认为 B_k 和 C_k 对 v 都是可见的，因此 v_k 的可行区域可以被定义为 $V_k = \{C_k \cup B_k\}$。

假设领导节点 v_k 已经将其所在的社团拓展到 C_k，就可以求得边界节点 $v_i (v_i \in B_K)$。接下来将区分 3 种类型的连接：在 C_k 社团类的连接（定义为 L_k^{in}）；在 C_k 和 v_i 之间的连接（定义为 $L_{k_i}^{out}$）；在 C_k 和 B_k 中的其他节点之间的连接（定义为 $L_{k_i}^{out}$）。此外，$L_k^{out} = L_{k_i}^{out} + L_{k_i}^{out}$。为了简化计算，利用 L_k^{in} 和 k_i（v_i 的节点度）表示内在连接的数目：$L_k^{out} = aL_k^{in} = bk_i$；$L_{k_i}^{out} = cL_k^{in}, a \geqslant \dfrac{1}{L_k^{in}}, b \geqslant \dfrac{1}{k_i}$（因为对于任意在 B_K 中的 v_i，都至少在 C_K 中有一个邻接节点），$c \geqslant 0$。基于以上设定，现在社区 C_K 调整后的紧密度为

$$T(C_K) = \frac{n - n_k}{n_k} 2L_k^{in} - (a + c)L_k^{in} \tag{9-25}$$

在 C_K 吸收了 v_i 节点后，调整后的紧密度为

$$T(C_K \bigcup v_i) = \frac{n - n_k - 1}{n_k + 1} 2L_k^{in}(1 + a) - (cL_k^{in} + k_i - bk_i) \tag{9-26}$$

4. 面向自治域进行属性聚类划分

一个多节点社团意识系统被定义为 $CAMAS = \{A, n, \delta\}$，其中 $A = \{A_1, \cdots, A_n\}$ 是节点集合，n 是多节点社区意识系统中节点的总数，δ 是带宽因子。该系统中的每一个节点都可以用元组表示为 $\langle T_i, E_i, \Theta_i, \Gamma_i, K_i, \xi_i, C_i, B_i, V_i, n_i, l_i, c_i \rangle$，其中 $T_i = \{j \,|\, x_{ij} = 1\}$ 是属性识别信号 j 的集合，j 由属性向量 X_i 给出；$E_i = \{j \,|\, A_i$ 与 A_j 互相连接$\}$ 是 A_i 的邻居集合；Θ_i 是 A_i 的信息池；$\Gamma_i = \{\langle j, d_{ij}, T_j \rangle \,|\, \forall v_{ij} \in \Gamma_i(\delta)\}$ 是存储 A_i 影响域内拓扑属性信息的数据池；K_i 是节点 A_i 的影响力；ξ_i 是布尔变量，A_i 是一个领导节点时其值为真，否则其值为假；$C_i = \{j \,|\, A_j \in C_i\}$ 是由 A_i 领导的社团；$B_i = \{\langle j, d_{ij}, f_{ij} \,|\, A_j \in B_i\rangle\}$ 存储了 B_i 中边界节点的信息；$V_i = \{\langle j, d_{ij}, f_{ij} \,|\, A_j \in B_i\rangle\}$ 存储了 V_i 中节点的信息；$n_i = |C_i|$ 是 C_i 中节点的数量；l_i 是 C_i 中内连边的数量；c_i 是社团 C_i 的属性中心。利用记号 T_i 把 $f_{ij}(\delta)$，$K(v_i, \delta)$ 和 $\Delta \hat{\Psi} c_k(v_i)$ 分别改写为

$$f_{ij}(\delta) = \frac{|T_i \bigcap T_j|}{\sqrt{|T_i| \cdot |T_j|}} e^{-\frac{d_{ij}^2}{2\delta^2}} \tag{9-27}$$

$$K(v_i, \delta) = \frac{1}{|\Gamma_i|} \sum_{\langle j, d_{ij}, T_j \rangle \in \Gamma_i} \frac{|T_i \cap T_j|}{\sqrt{|T_i \cdot T_j|}} e^{-\frac{d_{ij}^2}{2\delta^2}} \qquad (9\text{-}28)$$

$$\triangle \hat{\Psi} c_k(v_i) = \sum_{j \in T_i} \frac{n_k(2c_{kj} - 1)}{(n_k + 1)^2} \qquad (9\text{-}29)$$

5. 面向自治域的计算流程

基于多节点社团意识系统,进一步提出一个面向自治域的算法,具体如下所示。

算法:面向自治域的社区扩展算法。

输入:属性图 $G = (V, E, X)$,带宽因子 δ。

输出:K 层划分 $P = \{C_1, \cdots, C_k\}$。

(1) 生成多节点社团意识系统:$\forall A_i \in A, A_i \leftarrow \langle T_i, E_i, \Phi, \Phi, \Phi, \Phi, \Phi, \Phi, \Phi, \Phi, \Phi \rangle$。

(2) $P \leftarrow \Phi$。

(3) 循环:对于 $\forall A_i \in A$。

(4) $\forall j \in E_i$,向 Θ_j 中添加 $(\langle i, \Phi, 1\Phi, T_i \rangle)$。

(5) 若 $\Theta_i = \Phi$,则从 Θ_i 发布顶点信息 $\langle S, \Phi, P, \Phi, T_i \rangle$。

(6) 如果 $i \neq S \wedge \exists (S, d_{iS}, T_S) \in \Gamma_i \wedge P \leqslant \lfloor 2\delta \rfloor$,则向 Γ_i 中添加 $\langle S, P, T_S \rangle$,并且向 Θ_j 中添加 $\langle S, \Phi, P+1, \Phi, T_S \rangle$。

(7) 否则,如果 $i \neq S \wedge \exists (S, d_{iS}, T_S) \in \Gamma_i \wedge P \leqslant \lfloor 2\delta \rfloor$,则 $\langle S, d_{iS}, T_S \rangle \leftarrow \langle S, P, T_S \rangle$,并且向 Φ_j 中添加 $\langle S, \Phi, P+1, \Phi, T_S \rangle$。

(8) 使用式(9-28)计算 K_i。

(9) 如果 $K_i \forall \langle j, d_{ij}, T_j \rangle \in \Gamma_i$,则 $K_i \geqslant K_j$。

(10) $\forall \xi_i = $"真"。

(11) 循环:对于 $A_i \in A$,如果 $\xi_i = $"真",则 $A_i \leftarrow \langle T_i, E_i, \Phi, \Gamma_i, K_i, $"真"$, \{i\},$ $\{\langle j, d_{ij}, f_{ij} \rangle | \forall \in E_i\}, \{j, d_{ij}, f_{ij}\}, 1, 0, X_i \rangle$。

(12) 若 $B_i \neq \Phi$,则从 B_i 中发布顶层元组 $\langle j^*, d_{ij}^*, f_{ij}^* \rangle$。

(13) 如果 $\triangle \hat{T}_{C_K}(v_i) > 0 \wedge \triangle \hat{\Psi}_{C_K}(v_i) > 0$,则 $B_i \leftarrow B_i \cup \{\langle k, d_{ik}, f_{ik} \rangle | k \in E_j \wedge k \notin C_i\}$。

(14) $C_i \leftarrow C_i \cup \{j^*\}$ 并更新 V_i, n_i, l_i, c_i。

(15) 否则,$B_i \leftarrow B_i - \langle j^*, d_{ij}^*, f_{ij}^* \rangle, P \leftarrow P \cup C_i$。

9.3 基于动态社交博弈的属性图聚类算法

在实际的网络化系统中,除了含有拓扑结构信息之外,每个节点还具有对于网络分析任务至关重要的属性信息。通常,人们可以通过采用属性图对这些系统进行建模,其中的一个节点代表一位用户,属性实现了对用户肖像的刻画,边指明了用户之间的关系。在节点具有高度差异性的真实网络化系统中,属性图研究的一个重要课题就是分析具有相同内部属性的簇是如何形成及演化的,即属性图的聚类问题。本节将属性图聚类理解为动态簇形成的博弈,在一个离散时间的动力学系统中,每一个节点的可行策略空间受每一个簇的约束。特别地,作为有限动态博弈的一个特例,动态社交博弈也将被深入研究,其有限纳什均衡序列的收敛性也得到了严格证明。通过合理定义每个节点的可行策略空间和效用函数,能够在动态簇形成博弈和动态社交博弈之间建立很好的联系。另外,在一个动态簇形成博弈中,通过对耦合的静态纳什均衡问题的有限集进行求解,可以找到属性图聚类的一个平衡解。最后,本节还将介绍一种自学习算法,从任意的初始簇设置开始,最终可以找到属性图聚类的平衡解,并保证每一个节点和簇都满足最终簇的设置。

现实中的许多网络化系统都由大量高度互连的行动者(actor)构成,这些行动者被多种额外的属性信息所刻画。通常大家采用属性图对这些系统进行建模,其中节点属性实现了对用户肖像的刻画,边指明了用户之间的关系。最具挑战性的研究课题莫过于将一个属性图划分为若干个具有紧密拓扑结构和相似节点属性的语义簇,这项任务通常被称为属性图聚类(attributed graph clustering,AGC)。属性图聚类在现实世界中有极为广泛的应用,由于每一个簇都有与其匹配的对应描述,因此可以给社交平台中的用户提供更加精准的推荐;另外还可以针对目标人群,帮助制定有效的市场定位策略。

过去几十年里,大量研究致力于解决图聚类问题。然而,当下仍存在许多问题需要我们花费更多的时间与精力。第一,拓扑结构和属性信息是两种独立的异构数据,很难对两者进行有效融合。近年来,学者们提出了一些线性组合方法和基于模型的方法,但对加权参数(融合距离函数)的设置仍非易事,并且对统计模型先验分布的选择需要丰富的专家经验。第二,当前基于博弈论的方法主要关注节点的单个收益,忽略了每一个簇扮演的角色。在实际社交团体中,由于存在一系列准入机制,因此对实际社交团体出现的深入理解仍然存在不足。第三,现有的属性图聚类算法通常具有较高的时间复杂度,特别是当考虑到所有属性时,该问题显得更为突出。因此,如何找到聚类有效性和计算复杂度之间的平衡点,依然是值得研究的问题。

为应对上述问题,首先考虑一个更加实际的场景:假设一个在线社交网络中存在 n 个用户,每个用户都具有一组属性对其进行勾勒,并且这 n 个用户活跃在 K 个不同且不相交的团体中。假定每个团体都有一组相应的凝聚力指标与之建立联系,这些指标取决于连接性质或内部用户的节点属性。每个阶段起始(如一周),所有团体都可以通过设置访问阈值阻止"坏"用户进入团体,进而保持自身良好的凝聚力。然后在整个阶段期间(例如,从周一到周日),每个用户都可以自由加入可访问的团体,另外进一步假定每个用户更偏好加入一个"更近"的团体。我们将致力于解决以下问题:什么条件下,上述的迭代过程可以收敛到一个稳定的状态,此时所有的用户和团体都满意于当前的"团体-加入"设置。本节将介绍采用有限动态博弈的思路对实际的个体和团体行为进行建模,继而检测出大量存在于真实在线社交网络中的簇。

9.3.1　属性图算法分析

1. 简单图的社区检测

在复杂网络分析中,被称为社区检测的传统的图聚类方法受限于简单图。早期的方法主要是基于度量过程中理想化的图生成模型。因此,简单图中的社区检测问题可以转化为一个基于特定目标函数的全局优化问题。模块度优化是最著名的指标之一,可以用其衡量社区结构的优劣。相比零模型中的期望值,社区内部边的密度越大,当前划分方式下的模块度得分就越高。除了模块度,还有其他的一些指标,如 WCC、Likelihood 等。

另外,不存在全局目标函数的社区检测方法通常采用自下而上的策略:首先定义局部社区的某些特定属性,然后搜索图中具有预定属性的节点集合,最后通过融合局部结构得到最终的全局社区结构。例如,Clauset 采用子图的边界节点定义局部模块度,并提出了一个贪婪算法对其进行优化。Luo 等人将一个子图的内度与外度的比率作为一种度量指标。由于以上两种度量指标包含较多的离群点,虽然可以实现较高的召回率,但其精确率却偏低。另外,还有一些方法利用节点之间的相似性度量局部社区质量,其中具有代表性的方法为基于 AOC 的社区检测方法 AOCCM。

2. 属性图聚类

属性图聚类算法大体可分为 3 种:①基于距离的方法;②基于模型的方法;③基于子空间的方法。

基于距离的方法主要是设计一个距离/相似度度量方法,借此将节点的拓扑信息和属性信息相结合。典型的距离函数可定义为

$$d_{TA}(i,j) = \alpha d_T(i,j) + (1-\alpha)d_A(i,j) \tag{9-30}$$

其中,$d_T(i,j)$ 和 $d_A(i,j)$ 分别代表节点 v_i 和 v_j 之间的拓扑相似性和属性相似性,α 为权重因子,$0 \leqslant \alpha \leqslant 1$。因此,基于距离的聚类方法可应用于节点聚类,其中包括 SA-Cluster 和其相应的扩展 SA-Cluster-Opt 等。

基于模型的方法则基于特定的图生成模型,采用统一的方式融合属性与边,并将概率模型用于属性图的聚类过程。当前最好的生成模型是 AGM,其从当前图中学习到属性的相关性,并拓展现有的生成图模型用于更大样本上的推理预测。类似的方法还有 CohsMix、贝叶斯概率模型、CESNA 和 MOEASA 等。然而,基于模型的方法需要丰富的专家经验选取统计模型的先验分布,且估计似然参数的时间复杂度通常较高。

基于子空间的方法致力于识别具有鉴别力的属性,继而得到良好划分的簇。此类方法认为,随意使用所有的可得属性会导致糟糕的聚类结果。因此,GAMer 方法将密度、规模和簇的维度等相关质量属性考虑在内,通过权衡这些属性实现网络中簇的检测。此外,一个总体框架 EDCAR 也进一步被提出,继而可以更有效地将子空间聚类和稠密子图挖掘联系起来。尽管在已选子空间中的子图具有一定的实际意义,但其具有较高的计算成本。

3. 基于博弈论的方法

一般来说,簇自然且有组织地在实际网络中以自下而上的方式进行演化。因此,在社交网络中,博弈论的研究者们想将个体间的交互行为模拟为博弈的过程,其中每位玩家的决策可以影响其他玩家的决策。Torsello 等人在他们的早期工作中提出了一个基于非合作博弈的通用框架,其中对两两分组和聚类情况进行了深入研究。之后,许多基于非合作博弈理论的方法相继被提出,用来解决图聚类问题。另外,一些基于合作博弈理论的图聚

类方法也陆续被提出,其假定玩家之间达成有约束力的协议并发现合作的收益,更关注玩家的联合策略,而非个体行为。除此之外,McSweeney 等人将节点间的交互行为建模为一个 Hedonic 博弈,采用融合分裂机制寻找相应的帕累托最优解。基于 Hedonic 联合博弈模型,Basu 和 Maulik 提出了最大拟团(SNS-CD),其中簇被定义为一个局部最大稠密子图,该子图内部的边数大于子图间的边数。Zhou 等人提出了一个联盟博弈框架,可以在博弈的均衡点发现稳定的社区结构。

尽管上述方法可解决传统社区检测方法中存在的若干问题,但在属性图聚类的问题上仍显不足。据我们所知,与本节最相关的工作是 Chen 等人提出的社区形成模型,其中每一个智能体的效用函数被定义为一组局部线性收益和损失函数的结合。由于他们提出的社区形成博弈过程属于一个势博弈,因此可以用一个势函数反映每个玩家效用函数的变化。与 Chen 的方法类似,本节将介绍的 DCFG 模型也依赖于一个势函数,但为一个广义序势函数。相比 CFM 算法,DCFG 模型的优势在于:①对效用函数的定义更具一般性,可根据节点到簇的距离进行扩展;②除考虑节点的效用函数之外,每个簇的收益也被考虑在内,最终达到的均衡会是对于 AGC 的更优解;③每个节点在每个阶段可行策略空间受每个簇的约束,计算复杂度将大大降低。

9.3.2 有限静态博弈

假定一个有 n 个玩家参与的有限静态博弈,$P = \{1, 2, \cdots, n\}$(n 是有限的),$S_i = \{s_i^1, s_i^2, \cdots, s_i^{K_i}\}$ 表示玩家 i 的纯策略集,K_i 是有限的,s_i^k 表示玩家 i 的第 k 个纯策略,其中 $k \in \{1, 2, \cdots, K_i\}$。在一个有限静态博弈中,每个玩家都有一个效用函数 $u_i(\bullet): S \to \mathbb{R}$(最小化),$S = \prod\limits_{i=1}^{n} S_i$ 表示所有玩家的联合策略集,$\prod$ 是笛卡儿积。策略点 $s \in S$ 是一个 n 元组,即 $s = \{s_1, s_2, \cdots, s_n\}$,$s_i \in S_i$ 表示玩家 i 的纯策略。$s_{-i} \in S_{-i}$ 表示除玩家 i 的其他玩家的策略,即 $s_{-i} = (s_1, \cdots, s_{i-1}, s_{i+1}, \cdots, s_n)$,且 $S_{-i} = \prod\limits_{j \neq i} S_j$。文中接下来的部分章节将采用 (s_i, s_{-i}) 强调玩家 i 的策略点 s。

定义 1 静态纳什均衡问题(static Nash equilibrium problem,SNEP) SNEP 为找到一个策略点 $s^* \in S$,此时没有玩家可以单方面改变其纯策略优化自身的效用值。

$$\forall i, u_i(s_i^*, s_{-i}^*) \leqslant u_i(s_i, s_{-i}^*), \forall s_i \in S_i \tag{9-31}$$

这样的点 s^* 称为静态纯纳什均衡或 SNEP 的一个解。

定义 2 静态势博弈(static potential game,SPG) 当一个有限静态博弈存在势函数 $\mathbb{J}(\bullet): S \to \mathbb{R}$,对于每一个玩家 $i \in P$,每一个 $s_{-i} \in S_{-i}$,$\forall s_i', s_i'' \in S_i$,有

$$u_i(s_i', s_{-i}) - u_i(s_i'', s_{-i}) = \mathbb{J}(s_i', s_{-i}) - \mathbb{J}(s_i'', s_{-i}) \tag{9-32}$$

此时称该博弈为静态势博弈。

定义 3 静态广义序势博弈(static generalized ordinal potential game,SGOPG)。当一个有限静态博弈存在一个势函数 $\mathbb{J}(\bullet): S \to \mathbb{R}$,对于每一个玩家 $i \in P$,每一个 $s_{-i} \in S_{-i}$,$\forall s_i', s_i'' \in S_i$,有

$$u_i(s_i', s_{-i}) - u_i(s_i'', s_{-i}) < 0 \Rightarrow \mathbb{J}(s_i', s_{-i}) - \mathbb{J}(s_i'', s_{-i}) < 0 \tag{9-33}$$

此时称该博弈为静态广义序势博弈。

推论 1 每一个有限静态(广义序)势博弈都存在一个静态纯纳什均衡。

9.3.3 动态社交博弈

对于有限静态博弈来说,一个更复杂且实际的扩展是有限动态博弈(finite dynamic game,FDG),此时所有玩家处于一个离散时间的动力学系统,其具有一个状态集以及状态转移过程。假定一个有 n 个玩家和 $\mathbb{T}$ 个阶段的 FDG,其中 $\mathbb{T}$ 既可为有限,也可为无限。下面将对一个 FDG 中的阶段和(系统)状态作如下假设。

假设 1 FDG 中的任一阶段 t 可以持续到一个有限的子阶段,$\pi^t=1,\cdots,T^t$,FDG 在 t 阶段的(系统)状态取决于所有玩家在 $t-1$ 阶段结束时的行为。除此之外,每个玩家在 t 阶段完整周期中的状态始终保持不变。

定义 4(系统状态) 根据假设 1,FDG 的状态集可表示为 $X=S=\prod_{i=1}^{n}S_i$,故 FDG 在 t 阶段的状态可表示为一个 n 元组 $x^t=\{x_1^t,x_2^t,\cdots,x_n^t\}\in S$,其中 $x_i^t\in S_i$ 为玩家 i 在 t 阶段的状态,且 $x_i^t=\bar{a}_i^{t-1}$ 为玩家 i 在 $t-1$ 阶段结束时的行为。为强调 t 阶段时玩家 i 的状态,将 x^t 记为 (x_i^t,x_{-i}^t),其中 $x_{-i}^t=(x_1^t,\cdots,x_{i-1}^t,x_{i+1}^t,\cdots,x_n^t)\in S_{-i}$ 为除玩家 i 之外的其他玩家在 t 阶段时的状态组合。

定义 5(质量函数) 假设存在一个质量函数 $\mathbb{Q}(\cdot):S\rightarrow\mathbb{R}$,可衡量当前系统状态 x^t 的好坏,表示为 $\mathbb{Q}(x^t)$。

定义 6(可行策略空间) $F_i^t(x^t)$ 表示每个玩家 i 在 t 阶段的可行策略空间,受 FDG 当前状态的约束。根据假设 1,对于每个玩家在阶段 t 的可行策略空间,有如下推论。

推论 2 在阶段 t 的整个周期内,任一玩家 i 的可行策略空间 $F_i^t(x^t)$ 都不会发生改变。

将 $F_i^t(x^t)$ 作为 x^t 的映射函数,$F_i^t(\cdot):S\rightarrow 2^{S_i}$,$2^{S_i}$ 为 S_i 的子集。特别地,$F_i^t(x^t)$ 可被进一步定义为一组参数约束方程:$F_i^t=\{s_i^k\in S_i:g_i(s_i^k,x^t)\geqslant 0\}$,其中 $g_i(s_i^k,x^t):S_i\times S\rightarrow\mathbb{R}^h$ 是玩家 i 受状态 x^t 约束的一组 h 约束方程,第 l 次表示为 $g_{il}(s_i^k,x^t)$,其中 $l\in\{1,\cdots,h\}$。假定任一玩家 i 的可行策略空间 $F_i^t(x^t)$ 为非空有限集(后面将提供一个充分条件确保条件 $\forall F_i^t(x^t)\neq\varnothing$ 成立),所有玩家在阶段 t 的联合可行策略空间可被表示为 $F^t(x^t)=\prod_{i=1}^{n}F_i^t(x^t)\subset S$,其一定也为一个非空集合且封闭于 S。采用 $a^t=\{a_1^t,a_2^t,\cdots,a_n^t\}\in F^t(x^t)$ 表示 $F^t(x^t)$ 中联合可行策略点,$a_i^t\in F_i^t(x^t)$ 表示阶段 t 玩家 i 的一个可行策略。除此之外,采用 (a_i^t,a_{-i}^t) 表示强调玩家 i 的联合可行策略点 a^t,其中 $a_{-i}^t=(a_1^t,\cdots,a_{i-1}^t,a_{i+1}^t,\cdots,a_n^t)$ 表示除玩家 i 之外的其他玩家在 t 阶段的可行策略。类似地,可得 $a_{-i}^t\in F_{-i}^t(x^t)=\prod_{j\neq i}^{n}F_j^t(x^t)\subset S_{-i}$。

定义 7(效用函数) 在一个有限动态博弈中,每位玩家同样有相应的效用函数,其取决于系统的当前状态和所有玩家在阶段 t 的可行策略,可表示为 $u_i(\cdot,\cdot):S\times S\rightarrow\mathbb{R}$,即玩家 i 在阶段 t 的效用值为 $u_i(x^t,a_i^t,a_{-i}^t)$。根据假设 1,对于任一周期中的任一玩家 i,其

状态 x_i^t 保持不变,可以在 $F_i^t(x^t)$ 中任意选择行为最小化自身的效用值。

定义 8(状态转移函数)　有限动态博弈的动力学特征由状态转移函数决定,表示为

$$x^{t+1} = \Theta(SG(x^t)) \tag{9-34}$$

其中,$\Theta(\bullet):SG \to S$ 可理解为从初始行为或策略点 $a^{t(\pi^t=1)} = x^t$ 开始,一个有限静态博弈 $SG(x^t) = <P, F_i^{x^t}, u_i^{x^t}(a^t)>$ 的动力学过程,其中假定 $\forall F_i^t(x^t) \neq \varnothing$。根据推论 2,对于 $SG(x^t) = <P, F_i^{x^t}, u_i^{x^t}(a^t)>$ 中的每位玩家,$F_i^{x^t} = F_i^t(x^t)$ 为其有限策略集,$u_i^{x^t}(\bullet):$ $F^{x^t} \to \mathbb{R}\left(F^{x^t} = \prod\limits_{i=1}^{n} F_i^{x^t}\right)$ 为其效用函数。在 t 阶段,由于 x^t 固定不变,因此效用函数可表示为

$$u_i(x^t, a_i^t, a_{-i}^t) = u_i^{x^t}(a_i^t, a_{-i}^t)$$
$$s.t.: \forall a_i^t \in F_i^{x^t}, \forall a_{-i}^t \in F_{-i}^{x^t} \tag{9-35}$$

其中,$F_{-i}^{x^t} = \prod\limits_{j \neq i}^{n} F_j^{x^t}$。

根据假设 1,$\Theta(SG(x^t))$ 在阶段 t 结束时的结果可作为联合可行策略点 $\bar{a}^t = \{\bar{a}_1^t, \bar{a}_2^t, \cdots, \bar{a}_n^t\} \in F^t(x^t)$。另外,假设到 x^{t+1} 阶段的转移过程只取决于当前的系统状态 x^t,因此可将 FDG 形式化为一个 8 元组 $FDG = <P, t, S_i, x^t, \mathbb{Q}(\bullet), F_i^t(\bullet), u_i(\bullet, \bullet), \Theta(\bullet)>$。在每个阶段 t 期间,系统状态 x^t 始终保持不变,每个玩家只能从各自的可行策略空间 $F_i^t(x^t)$ 中选择行为,并计算相应的效用值,然后通过状态转移函数 $\Theta(\bullet)$ 将当前状态 x^t 转移至下一状态 x^{t+1}。

定义 9　动态纳什均衡问题(dynamic Nash equilibrium problem,DNEP)　DNEP 研究如何找到耦合的状态——行为二元组序列 $\gamma^*(x^0) = \{(x^{*1}, a^{*1}), (x^{*2}, a^{*2}), \cdots, (x^{*\mathbb{T}}, a^{*\mathbb{T}})\}$。

对于任意 $t \in [1, \mathbb{T}]$,联合可行策略点 a^{*t} 对每个玩家 i 都满足以下条件:

$$u_i(x^{*t}, a_i^{*t}, a_{-i}^{*t}) \leqslant u_i(x^{*t}, a_i^t, a_{-i}^{*t})$$
$$s.t. \ x^{*1} = x^0$$
$$x^{*t} = \Theta(SG(x^{t-1})) = a^{*t-1}, t \in [2, \mathbb{T}] \tag{9-36}$$
$$a_i^{*t}, a_i^t \in F_i^t(x^{*t}), a_{-i}^{*t} \in F_{-i}^t(x^{*t})$$

a^{*t} 为 SNEP 的一个解,记为 $SG(x^{*t}) = <P, F_i^{x^{*t}}, u_i^{x^{*t}}(a^t)>$,$\gamma^*(x^0)$ 序列为纳什均衡序列(Nash equilibrium sequence,NES),也称为 DNEP 的一个解。

通过上述定义发现,DNEP 可以看成一个通常不易求解的耦合的 SNEP 序列。在对 FDG 的定义中,t 阶段任一玩家的可行策略空间由其当前状态 x^t 决定,而 x^t 是由 $t-1$ 阶段结束时所有玩家的行为决定的。然而,对于上述给定的 FDG,若在 t' 阶段存在至少一位玩家 i 满足 $F_i^{t'}(x^{t'}) = \varnothing$,则可能存在联合可行策略空间 $F^{t'}(x^{t'}) = \varnothing$。除此之外,即使满足 $\forall t \geqslant 1, F^t(x^t) \neq \varnothing$,也会出现 SNEP 不存在的情况。为解决上述问题,接下来将对 FDG 的一个特例进行研究,相关的重要属性也将被给出。

定义 10　动态社交博弈　若一个有限动态博弈满足以下两个条件,那么就称其为动态社交博弈(dynamic social game,DSG)。

（1）连续性：对于每个 $t \in [1, \mathbb{T}]$，$x^t \in F^t(x^t)$。

（2）势：对于每个玩家 i，每个状态 $x^t \in S$，$\forall \hat{a}_i^t, \check{a}_i^t \in F_i^t(x^t)$ 且 $\forall a_{-i}^t \in F_{-i}^t(x^t)$，存在一些势函数 $\mathbb{J}(\cdot, \cdot) : S \times S \to \mathbb{R}$，有：$u_i(x^t, \hat{a}_i^t, a_{-i}^t) - u_i(x^t, \check{a}_i^t, a_{-i}^t) = \mathbb{J}(x^t, \hat{a}_i^t, a_{-i}^t) - \mathbb{J}(x^t, \check{a}_i^t, a_{-i}^t)$，或

$$u_i(x^t, \hat{a}_i^t, a_{-i}^t) - u_i(x^t, \check{a}_i^t, a_{-i}^t) < 0 \Rightarrow \mathbb{J}(x^t, \hat{a}_i^t, a_{-i}^t) - \mathbb{J}(x^t, \check{a}_i^t, a_{-i}^t) < 0 \qquad (9\text{-}37)$$

DSG 可以表示为一个 9 元组：

$$\mathrm{DSG} = <P, t, S_i, x^t, \mathbb{Q}(\cdot), F_i^t(\cdot), u_i(\cdot, \cdot), \mathbb{J}(\cdot, \cdot), \Theta(\cdot)> \qquad (9\text{-}38)$$

简言之，一个 DSG 即一个 FDG，其每一阶段 t 的联合可行策略空间都为非空封闭的有限集合，且总是覆盖当前的系统状态。例如，条件①可表示为 $a^{t(\pi^t=1)} = x^t \Rightarrow a^{t(\pi^t=1)} \in F^t(x^t)$。另外，势函数 $\mathbb{J}(\cdot, \cdot) : S \times S \to \mathbb{R}$ 可以反映每个阶段 t 玩家效用值的变化（条件 2）。因此，DSG 的系统质量函数可定义为

$$\mathbb{Q}(x^t) = \mathbb{J}(x^t, a^t), \text{s.t.}, \forall x^t \in S \qquad (9\text{-}39)$$

其中，若满足 $x^t \in F^t(x^t)$，则等式（9-39）一定成立。为更好地理解 DSG，若干相应的重要概念定义如下。

定义 11 连续优化路径（continuous optimization path，COP）。DSG 对应的 COP 为一个耦合的状态-行为二元组序列，可表示为 $\gamma(x^0) = \{(x^1, a^1), (x^2, a^2), \cdots\}$，其中 $x^1 = x^0$，$x^t = a^{t-1}$，$t \geqslant 2$。对于任意 $t \geqslant 1$，可采用当前状态上的最优状态转移函数（optimal-state-transition function，OSTP）计算得到 a^t，此时 $x^t \neq x^{t+1}$，$\mathbb{J}(x^{t+1}, a^{t+1}) < \mathbb{J}(x^t, a^t)$。若 $\gamma(x^0)$ 是有限的，则满足 $x^{\mathbb{T}} = a^{\mathbb{T}}$ 的最后一项为最终状态-行为对。换言之，此时将不存在一个可以从初始行为点 $a^{\mathbb{T}}(\pi^{\mathbb{T}}=1) = x^{\mathbb{T}}$ 得到更好系统状态 $x^{\mathbb{T}}+1$ 的最优状态转换函数 $\Theta(\cdot)$，这时 $\mathbb{Q}(x^{\mathbb{T}}+1) < \mathbb{Q}(x^{\mathbb{T}})$。另外，这也表明初始行为点 $a^{\mathbb{T}(\pi^{\mathbb{T}}=1)} = x^{\mathbb{T}}$ 一定是 $\mathbb{SG}(x^{\mathbb{T}})$ 的一个 SPNE。若每个持续优化路径都是有限的，此时 DSG 就具有有限连续优化的性质（finite continuous optimization property，FCOP）。

引理 1 任一有限的动态社交博弈都具有有限连续优化的性质。

定义 12 最优状态搜索问题（optimal state search problem，OSSP）。在动态社交博弈中，OSSP 是研究如何从任意的初始状态 $x^0 \in S$ 找到一个有限的 COP，即 $\gamma(x^0) = \{(x^1, a^1), (x^2, a^2), \cdots, (x^{\mathbb{T}}, a^{\mathbb{T}})\}$。其中，最终状态-行为对的状态 $x^{\mathbb{T}}$ 称为最优状态（optimal state，OS）或 OSSP 的一个解。

定理 1 任意初始状态 $x^0 \in S$ 的有限动态社交博弈都存在一个有限纳什均衡序列。

定理 1 表明一个 DSG 的 DNEP 可以表示为一个有限的耦合 SNEPs 序列，可采用任一可收敛的动态过程 $\Theta^*(\cdot)$ 对其进行求解。有限纳什均衡序列的最终状态可表示为与之相关的 OSSP 的一个解。本节提出的 DSG 模型可应用于许多实际任务，下面将采用 DSG 解决属性图聚类的问题。

9.3.4 动态簇形成博弈和自学习算法

本小节中，属性图聚类过程被看作一个动态簇形成博弈（DCFG），其也是 DSG 的一个特例。首先对实际的属性图聚类问题进行公式化，然后给出 DCFG 的完整定义，最后提出一种自学习算法找到 AGC 的平衡解。

1. 属性图聚类

属性图 G 可以表示为一个三元组 $G=(V,\varepsilon,\boldsymbol{X})$，其中 $V=\{v_i\}_{i\in[1,n]}$ 表示 n 个节点的集合，$\varepsilon=\{e_{ij}\}_{\forall i,j\in[1,n]}$ 为 m 条边的集合，$\boldsymbol{X}=[x_{ip}]\in\mathbb{R}^{n\times D}$ 表示属性矩阵，D 表示 V 中节点拥有的属性个数，x_{ip} 表示节点 v_i 的第 p 个属性的值。因此，属性矩阵的第 i 行 $\boldsymbol{X}_i$ 为节点 v_i 的属性向量。本节内容只关注二进制属性，若节点 v_i 的属性向量 $\boldsymbol{X}_i$ 中存在第 p 个属性，那么 $x_{ip}=1$，否则 $x_{ip}=0$。定义节点 v_i 的邻居集合为 N_i，当图无自环时，$|N_i|=d_i$，d_i 为节点 v_i 的度。将属性图聚类问题建模成找寻 K 个簇，表示为 $P=\{C_k\}_{k\in[1,K]}$，其中 $K\ll n$ 保证每个簇内部都有紧密的结构以及较高的节点间属性相似性。

2. 动态簇形成博弈

通常，网络化系统中的拓扑信息和个体属性信息之间存在较少联系，因此 AGC 似乎是两个不同的目标。另外，研究具有较大个体差异但具有共同内部属性的簇在实际网络中的演化动力学过程也为 AGC 的重要研究课题。为解决上述问题，将 AGC 过程理解为一个动态簇形成博弈(dynamic cluster formation game，DCFG)。首先对每个节点的簇归属问题作基本假设。

假设 2　每个节点只能加入 P 中的一个簇。

假设 2 可表示为 $\forall p,q\in[1,K]$，$p\neq q$，$C_p\bigcap C_q=\varnothing$。DCFG 为 DSGs 的一个特例，因此 DCFG 也可以表示为一个 9 元组，$\mathrm{DCFG}=<P,t,S_i,x^t,\mathbb{Q}(\cdot),F_i^t(\cdot),u_i(\cdot,\cdot),\mathbb{J}(\cdot,\cdot),\Theta(\cdot)>$，其中 $P=(1,2,\cdots,n)$ 是 n 位玩家的集合，依次对应于 V 中的 n 个节点。

(1) 策略空间(S_i)。节点 v_i 的策略空间定义为 $S_i=\{1,2,\cdots,K\}_{k\in[1,K]}$，$k$ 为簇 C_k 的标签。

(2) 博弈状态(x^t)。DCFG 在阶段 t 的状态表示为 $x^t=\{x_1^t,x_2^t,\cdots,x_n^t\}\in S$，其中 $x_i^t\in S_i$ 是节点 v_i 的当前状态，也是节点 v_i 在阶段 t 开始时的簇标签，还可以看作节点 v_i 在阶段 $t-1$ 结束时的簇标签。状态 x^t 反映了 t 阶段开始时的簇结构。因此，可通过关于 x^t 的函数表示簇集合 $P(x^t)=\{C_k(x^t)\}_{k\in[1,K]}$，其中对于 $\forall k$，$C_k(x^t)=\{i\mid x_i^t=k\}$。另外，节点 v_i 当前的状态还可以表示为混合形式 $x_i^t=(\rho_{1i}^t,\cdots,\rho_{ki}^t)^{\mathrm{T}}$，$\rho_{ki}^t$ 为阶段 t 开始时节点 v_i 在簇 $C_k(x^t)$ 中的概率，其中 $\sum\limits_{k=1}^{K}\rho_{ki}^t=1$，$\forall \rho_{ki}^t\in\{0,1\}$。

(3) 质量函数($\mathbb{Q}(\cdot)$)。DCFG 的质量函数可以衡量 AGC 任一解的优劣。例如，$\mathbb{Q}(\cdot):S\to\mathbb{R}$ 可以定义为模块度的相反数，如下所示。

$$\mathbb{Q}^1(x^t)=-\frac{1}{2m}\sum_{i=1}^{n}\sum_{j\neq i}^{n}\left(A_{ij}-\frac{d_i d_j}{2m}\right)\Omega(x_i^t,x_j^t)(x^t) \tag{9-40}$$

其中，$A=[A_{ij}]$ 是简单图的邻接矩阵，当节点 v_i 和 v_j 同属一个簇时，Ω 函数值为 1，否则为 0。$\mathbb{Q}^1(x^t)$ 越小，表明阶段 t 的簇内结构越紧密。另外，$\mathbb{Q}(\cdot)S\to\mathbb{R}$ 也可以定义为经典的 k-means 目标函数，具体为

$$\mathbb{Q}^2(x^t) = \sum_{k=1}^{K} \sum_{i \in C_k(x^t)} \overline{\omega}(X_i, c_k(x^t)) \tag{9-41}$$

其中，$c_k(x^t) = (c_{k1}(x^t), \cdots, c_{kD}(x^t))^T$ 表示在阶段 t 刚开始时簇 $C_k(x^t)$ 的属性质心，$c_{kp}(x^t)$ 为第 p 个属性的值等于 1 的概率。因此，$\overline{\omega}(X_i, c_k(x^t)) : \mathbb{R}^D \times \mathbb{R}^D \rightarrow \mathbb{R}_0^+$ 度量节点 v_i 和簇 $C_k(x^t)$ 之间的属性距离。$\mathbb{Q}^2(x^t)$ 越小，表明阶段 t 的簇内节点之间的属性越相似。

属性图聚类问题的本质为多目标优化，即找到一个解 $x^{*t} = \arg_{x^t \in S} \min \mathbb{Q}^1(x^t) = \arg_{x^t \in S} \min \mathbb{Q}^2(x^t)$。但由于 $\mathbb{Q}^1$ 和 $\mathbb{Q}^2$ 分别基于拓扑和属性两种不同的数据模态，故较难找到一个全局最优解，或者其根本不存在于有限策略空间 S 中。因此，如何找到 AGC 的平衡解是解决该问题的关键。我们将最小化 $\mathbb{Q}^2(x^t)$ 问题转化为每个节点在阶段 t 上的可行策略空间约束。同时，找到一个理想的效用函数 $u_i(\cdot, \cdot) : S \times S \rightarrow \mathbb{R}$，使得在阶段 t 结束时所有节点在 $F_i^t(x^t)$ 的行为选择总能优化 $\mathbb{Q}^1(x^t)$。从第一个阶段开始，重复这一过程，直到某一阶段 $\mathbb{T}$，此时没有节点可以优化其效用值 $u_i(x^{\mathbb{T}}, a^{\mathbb{T}}_i, a^{\mathbb{T}}_{-i})$。阶段 $\mathbb{T}$ 时的状态 $x^{\mathbb{T}}$ 通过从阶段 1 到 $\mathbb{T}$ 的 $\min \mathbb{Q}^2(x^t)$ 的持续约束获得，$\mathbb{Q}^1(x^{\mathbb{T}})$ 值小于任意阶段 t 的 $\mathbb{Q}^1(x^t)$ 值，$t \in [1, \mathbb{T}-1]$。最终，$x^{\mathbb{T}}$ 将会成为包含两个目标函数的 AGC 的平衡解。

（4）可行策略空间（$F_i^t(\cdot)$）。对于 AGC 问题来说，应尽可能地使聚类后的簇具有内聚性结构和相似的节点属性。基于近年来关于局部社区挖掘的相关研究工作，对于给定的状态点 $x^t \in S$，阶段 t 开始时簇 $C_k(x^t)$ 的紧密性和同质性指标分别定义如下所示：

$$T_k(x^t) = n_k(x^t)(n - n_k(x^t)) \left(\frac{2L_k^{in}(x^t)}{n_k^2(x^t)} - \frac{L_k^{out}(x^t)}{n_k(x^t)(n - n_k(x^t))} \right)$$

$$= \frac{2(n - n_k(x^t)}{n_k(x^t)} L_k^{in}(x^t) - L_k^{out}(x^t) \tag{9-42}$$

其中，$n_k(x^t)$ 为簇 $C_k(x^t)$ 的大小，$L_k^{in}(x^t)$ 为簇 $C_k(x^t)$ 内部边的数量，$L_k^{out}(x^t)$ 为外部与簇 $C_k(x^t)$ 连边的数量，$n_k(x^t)(n - n_k(x^t))$ 表示针对一些较小或较大簇的惩罚因子，继而产生更多的平衡解。

$$H_k(x^t) = -\frac{1}{D} \sum_{p=1}^{D} c_{kp}(x^t)(1 - c_{kp}(x^t)) \tag{9-43}$$

其中，$c_k(x^t) = (c_{k1}(x^t), \cdots, c_{kD}(x^t))^T$ 表示在阶段 t 开始时，簇 $C_k(x^t)$ 的属性质心。

$T_k(x^t)$ 值越大，说明簇内边的密度越高；$H_k(x^t)$ 值越大，说明簇内节点间的属性越相似。从每个簇的角度看，为增加自身"收益"，每个簇 $C_k(x^t)$ 在判断是否将节点 v_i 添加进来前，需对假定添加后的 $T_k(x^t)$ 和 $H_k(x^t)$ 进行判定。因此，对每个簇和节点的行为作如下假设。

假设 3 在阶段 t 开始时，每个簇可对所有节点的可行策略空间作特定约束，进而去除非潜在成员。随后，在一个阶段的完整周期中，每个节点可通过各自的可行策略空间进入簇。

可以看出，假设 3 和假设 1 是一致的。另外，前面已经研究了 $T_k(x^t)$ 和 $H_k(x^t)$ 的性质，因此在一个 DCFG 中的两种约束方程可定义如下。

$$g_i^{\mathrm{T}}(k, x_i^t, x_{-i}^t) = \begin{cases} 0 & k = x_i^t \\ 2n\dfrac{\tau_{ik}(x^t)n_k(x^t) - L_k^{\mathrm{in}}(x^t)}{n_k(x^t)(n_k(x^t)+1)} - d_i & k \neq x_i^t \end{cases}$$

$$\forall i \in [1,n], \forall t \geqslant 1, \forall k \in [1,K] \tag{9-44}$$

其中，$\tau_{ik}(x^t)$ 表示簇 $C_k(x^t)$ 内节点 v_i 的邻居个数，$g_i^{\mathrm{T}}(k,(s_i, x_{-i}^t))$ 表示节点 v_i 加入到簇 $C_k(x^t)$ 后，$T_k(x^t)$ 的增量。

$$g_i^H(k, x_i^t, x_{-i}^t) = \begin{cases} 0 & k = x_i^t \\ \dfrac{1}{D}\displaystyle\sum_{p=1}^D \dfrac{x_{ip}n_k(x^t)(2c_{kp}(x^t)-1)}{(n_k(x^t)+1)^2} & k \neq x_i^t \end{cases}$$

$$\forall i \in [1,n], \forall t \geqslant 1, \forall k \in [1,K] \tag{9-45}$$

其中，$g_i^H(k, x_{-i}^t)$ 可看作节点 v_i 加入到簇 $C_k(x^t)$ 后，$H_k(x^t)$ 的增量。因此，节点 v_i 在阶段 t 的可行策略空间可定义为

$$F_i^t(x^t) = \{ k \in [1,K] : g_i^{\mathrm{T}}(k, x^t) \geqslant 0, g_i^H(k, x^t) \geqslant 0 \} \tag{9-46}$$

（5）效用函数 $u_i(\cdot, \cdot)$。由于在阶段 t 整个周期的博弈状态 x^t 始终保持不变，因此当前阶段节点 v_i 的效用函数可定义为

$$u_i(x^t, a_i^t, a_{-i}^t) = u_i^{x^t}(a_i^t, a_{-i}^t) = \sum_{k \in F_i^{x^t}} \rho_{ki}^t f(k, a_{-i}^t)$$

$$\mathrm{s.\,t.} : \forall a_i^t \in F_i^{x^t}, \forall a_{-i}^t \in F_{-i}^{x^t}$$

$$\forall i, \sum_{k \in F_i^{x^t}} \rho_{ki}^t = 1, \rho_{ki}^t \in \{0,1\} \tag{9-47}$$

其中，$(\rho_{ki}^t : k \in F_i^{x^t})^{\mathrm{T}}$ 是阶段 t 节点 v_i 行为 a_i^t 的混合形式，ρ_{ki}^t 表示节点 v_i 在簇 $C_k(a^t)$ 的概率，假定 $a_i^t = k \in F_i^t$，$f(k, a_{-i}^t)$ 表示节点 v_i 到簇 $C_k(k, a_{-i}^t)$ 的距离函数（Node-to-Cluster Distance，N2C-D）。我们考虑两种 N2C-D 函数，分别命名为 Type-1 N2C-Ds 和 Type-2 N2C-Ds。

定义 13（Type-1 N2C-Ds）　第一种距离函数来自近年来关于简单图的全局社区检测工作，其仅采用属性图的拓扑信息：

$$f^1(k, a_{-i}^t) = \frac{1}{2m}\sum_{j \neq i}((\lambda_k^+ + \lambda_k^-)A_{ij} - \lambda_k^- + R_{jk})\rho_{kj}^t \tag{9-48}$$

其中，$\forall j \in [1,n], \forall k \in [1,K]$ 且 $\dfrac{\partial R_k(k - a_{-i}^t)}{\partial \rho_{kj}^t} = 0$，因此 R_{jk} 可表示为

$$\frac{2R_k(k - a_{-i}^t)}{n_k(k - a_{-i}^t)(n_k(k - a_{-i}^t)-1)} \tag{9-49}$$

故得到 $\forall i, j \in C_k((k, a_{-i}^t)), i \neq j, R_{ik} \equiv R_{jk}$。

定义 14（Type-2 N2C-Ds）　假设 $\varphi(\cdot) : \mathbb{R}^D \to \mathbb{R}_0^+$ 是一个连续可微的非负凸函数。可以从经典的 Bregman 散度中推导出第二种距离函数，其仅采用属性图的节点属性信息。

$$f^2(k, a_{-i}^t) = \overline{\omega}(X_i, c_k(k, a_{-i}^t)) = \varphi(X_i) - \varphi(c_k(k, a_{-i}^t)) -$$
$$(X_i - c_k(k, a_{-i}^t))^{T'} \varphi(c_k(k, a_{-i}^t)) \tag{9-50}$$

其中,$\overline{\omega}(\cdot, \cdot)$:$\mathbb{R}^D \times \mathbb{R}^D \to \mathbb{R}_0^+$ 为一个连续可微的非负函数,满足 $\forall y, z \in \mathbb{R}^D$,$\overline{\omega}(y,z) \geqslant 0, \overline{\omega}(y,y) = 0$ 且 $\overline{\omega}_{zq}(y,z)$ 在 y_p 上连续可微,$p,q \in [1, D]$。

(6) 势函数 $\mathbb{J}(\cdot, \cdot)$。阶段 t 的势函数定义为所有节点效用函数的总和,表示为

$$\mathbb{J}(x^t, a^t) = \mathbb{J}^{x^t}(a^t) = \sum_{i=1}^n u_i^{x^t}(a^t),$$

$$\text{s.t.} : a^t \in F^{x^t} \tag{9-51}$$

另外,DCFG 的若干重要性质如下。

性质 1 DCFG 满足 DSGs 的条件 1,由于 $\forall i, \forall t, g_i^T(x_i^t, x^t) = g_i^H(x_i^t, x^t) = 0$,因此 $\forall i, \forall t, x_i^t \in F_i^t(x^t) \Rightarrow x^t \in F^t(x^t)$。

性质 2 在阶段 t 时,每个节点都不会加入并未被使用的簇。另外,$\forall i, \forall t$,$|F_i^t(x^t)| \leqslant d_i + 1$,其中 $|F_i^t(x^t)|$ 表示阶段 t 节点 v_i 的可行策略空间的大小。

证明: $\forall i, \forall t, \forall k$,若 $k \neq x_i^t \wedge k \notin \{q : \exists j \in N_i,$
$$\text{s.t.} : x_j^t = q\} \Rightarrow \tau_{ik}(x^t) = 0 \Rightarrow g_i^T(k, x^t) < 0$$
$$\Rightarrow k \notin F_i^t(x^t) \Rightarrow |F_i^t(x^t)| \leqslant d_i + 1 \tag{9-52}$$

性质 3 假设 $\forall k \in \{x_j^t : j \in N_i\}, n_k(x^t) L_k^{in}(x^t), c_k(x^t)$ 和 $\tau_{ik}(x^t)$ 对于所有节点不可见,DCFG 中的每个节点 v_i 可基于自身内在的属性更新其对应的可行策略空间 $F_i^t(x^t)$。

性质 4 DCFG 满足 DSGs 的条件 2。

根据性质 4,可通过指定式(9-48)中的参数 λ_k^+、λ_k^- 和 R_{jk} 得到不同的 Type-1 N2C-Ds。根据式(9-48),Type-1 N2C-Ds 的质量函数可与已知经典的社区检测目标函数相联系。因此,$\mathbb{Q}^{\text{Type-1}}(x^t)$ 的值越小,表明 $P(x^t)$ 中的簇的结构越紧密。同样,通过指定 φ 不同的凸性质,可以构造不同的 Type-2 N2C-Ds,使用 Type-2 N2C-Ds 的质量函数就是经典的 k-means 目标函数。因此,$\mathbb{Q}^{\text{Type-2}}(x^t)$ 的值越小,表明 $P(x^t)$ 中簇内部的节点属性越相似。尽管采用不同的 N2C-Ds 会产生不同的聚类结果,但相对于 N2C-Ds 来说,DCFG 是独立的。因此,相比当前已有的同类算法,本节描述的博弈模型更具一般性。

(7) 状态转移函数 $\Theta(\cdot)$。在 DCFGs 中,将采用基于惯性过程的分布式 JSFP(JSEPwi)对阶段 t 的 SNEP 问题进行求解。Marden 等人证明了 JSEPwi 可使所有(广义序)势博弈收敛到近似纳什均衡。根据定理 1,从任意初始状态 $x^0 \in S$ 开始,应用 JSEPwi 可在任一阶段 t 找到一个有限的 NES。由于对所有簇进行连续的紧密性和同质性约束,因此这个序列的最终状态 x^T 一定为 AGC 问题的平衡解。另外,在此过程中,质量函数 $\mathbb{Q}(x^t)$(Type-1 或 Type-2)也得到连续优化。

在本节中,尽管采取 JSEPwi 找到 AGC 的平衡解,但本质上来说,AGC 问题可以很自然地转换成 DCFG 中的 OSSP 问题,并且任意最优状态转移函数 $\overrightarrow{\Theta}(\cdot)$ 都可以在有限阶段中得到最优状态(Optimal State,OS),因此,$\overrightarrow{\Theta}(\text{SG}(x^t))$ 的动力学结果可能不是在 $\text{SG}(x^t)$ 上的一个 SNEP。但幸运的是,由引理 1 可以看出,上述问题并不影响在有限 COP 的最后找到一个 OS。

3. DCFGs 的分布式版本

考虑 DCFG 的其中一个阶段 t，找到 SPG 或 SGOPG 的一个 SPNE，$\mathbb{SG}(x^t)=<P,$ $F_i^{x^t},u_i^{x^t}(a^t)>$。令 $\pi^t=1,2,\cdots$ 表示阶段 t 的子阶段的索引，在每个子阶段 π^t 中，基于 JSEPwi 框架，每个节点将根据其在 $F_i^{x^t}$ 中的行为递归更新其期望效用，表示为

$$\widetilde{u}_l^{x^t(a_i^t)}(\pi^t+1)=\frac{1}{\pi^t+1}u_i^t(a_i^t,a_{-i}^t(\pi^t))+\frac{\pi^t}{\pi^t+1}\widetilde{u}_l^{x^t(a_i^t)}(\pi^t)$$

$$\widetilde{u}_l^{x^t(a_i^t)}(1)=u_i^{x^t(a_i^t)}(1)=u_i^{x^t}(x_i^t,x_{-i}^t) \tag{9-53}$$

然后，节点根据式(9-54)更新其自身的簇标签。

$$BR_i(\pi^t)=\max_{a_i^t\in F_i^{x^t}}\widetilde{u}_l^{x^t(a_i^t)}(\pi^t) \tag{9-54}$$

节点 v_i 在子阶段 π^t 期望更新当前行为的概率定义为

$$\alpha_i(\pi^t)=\left|\{j:j\in N_i,a_j^t(\pi^t-1)\neq a_j^t(\pi^t-2)\}\right|/d_i \tag{9-55}$$

从概率定义可看出，若节点 v_i 的大多数邻居节点在上一个子阶段都改变了簇标签，那么节点 v_i 就有更大可能更新其行为。

以上内容都是基于经典的势博弈和具有共享约束的博弈理论，本节对有限动态博弈的特例-动态社交博弈进行了深入研究，与之相关的一些性质也得到分析与讨论，其中包括有限纳什均衡的存在性和收敛性理论。基于上述理论、性质及相关分析，自然将属性图聚类问题理解为一个动态簇形成博弈，其中所有节点和簇都处于一个离散时间的动力学系统中。在每个离散时间段内，节点的可行策略空间被所有簇所约束。最后提出一种自学习算法找到 AGC 的平衡解，其中在一个耦合有限的静态博弈序列中，所有节点可以同时采取相应的期望最优行为。

习　题　9

1. 利用派系过滤算法寻找图 9-8 所示网络的 4-派系社团，并写明计算过程。

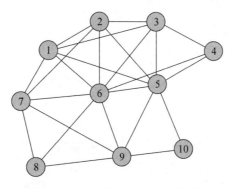

图 9-8　一个含有 10 个节点的简单图

2. 社团结构有哪几种定义方法？常见的社团挖掘算法共分为几类？社团划分结果有哪几种评价方法？

3. 什么是属性图？请给出一个简单的实例。

4. 属性图的聚类算法分为几种？各算法的基本思想是什么？

5. 图 9-7 是一个具有 3 个不同属性特征（城市、公司和年龄）和 8 个不同节点的单属性图，图中的节点与节点之间存在连接关系，每个节点本身具有 3 个不同的属性特征，请描述聚类结果存在的特征。

6. 列举几个属性图聚类算法。

7. 什么是动态社交博弈？

8. 什么是势博弈？

推荐系统和链路预测

10.1　推荐系统的定义

推荐系统(recommendation system)是根据用户的兴趣偏好,推荐符合用户兴趣爱好的商品对象,也被称为个性化推荐系统(personalized recommendation system)[260]。推荐系统根据被推荐对象的不同,可以划分成两类:一类是搜索引擎[261],它的推荐对象主要是 Web 页面,该种推荐方式采用了基于 Web 的数据挖掘技术,按照用户的兴趣或要求搜寻网页并推荐给用户,其中比较著名的有 Yahoo、Google 等;另一类是网络购物中的个性化推荐系统,主要面向商品的推荐,能够为用户提供满足其兴趣的商品推荐,通常被称为电子商务个性化推荐系统。

推荐系统能够挖掘客户的购物行为,生成用户的"兴趣偏好"模型,并通过模型向用户推荐个性化的商品信息,节省了用户网上购物的时间,从而增加了电子商务网站的访问量,为商家带来巨大的经济效益。目前,电子商务推荐系统已广泛运用到各行各业中,所推荐的对象涉及书籍、音像、网页、文章和新闻等。图 10-1 展示了推荐系统的商业化运用。

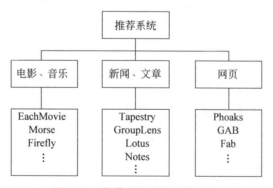

图 10-1　推荐系统的商业化应用

电子商务推荐系统的组成大体上被分成 3 个模块:输入模块(customer inputs)、输出模块(customer outputs)、推荐模块(recommend)[260]。其中,推荐模块是推荐系统的核心,它通过推荐算法向不同的用户提供满足其需求的个性化推荐。推荐系统各组成模块的大体结构如图 10-2 所示。

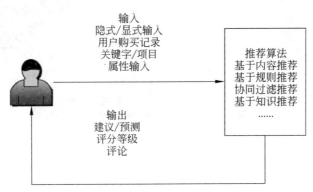

图 10-2 推荐系统各组成模块的大体结构

1. 输入功能模块

输入功能(input functional)模块主要用来收集数据,给推荐算法模块提供所需的数据,为分析用户的兴趣爱好做准备。数据可以是用户直接提供的信息或者由技术人员使用挖掘技术分析,得到的能够反映用户兴趣爱好的隐含信息。

1)用户主动提供的数据

用户为获得准确的推荐须向推荐系统提供必要的信息,如性别、学历、个人爱好、职业等能够代表用户特征属性的信息,以及用户对系统中某些商品的评价信息。这些数据是用户主动提供的,体现用户喜好倾向的真实个人资料。

2)提取用户隐含信息

由于用户上网浏览信息时经常带有某种目的性,因此用户的大概率浏览行为以用户的兴趣爱好为出发点。在此前提条件下,技术人员使用某种挖掘技术对目标用户的日志文件、购买商品的历史记录等不需要用户主动提供的信息资料进行分析,得到用户潜在的兴趣爱好。

2. 推荐算法模块

推荐算法(recommendation method)作为推荐系统中核心、关键的组成部分,很大程度上决定了系统的推荐形式和推荐性能的优劣,主要根据推荐系统采用的推荐算法,生成对目标用户的推荐结果。

3. 输出功能模块

输出功能(output functional)模块是指运行推荐算法生成的结果,以及推荐结果呈现给用户的形式和位置。主要表现形式如下所述。

(1)商品。输出网站中符合用户兴趣爱好的商品。

(2)推荐信息。输出基于统计技术生成的大概率事件信息,如商品销售排行榜、热销商品、精品推荐、站长推荐等;通过将这些信息放在显著的位置,最大限度地吸引用户的注意力,使得用户能快速找到优质的产品。

（3）评价信息。在日常生活中，人们主要通过朋友的建议、推荐信、报纸上的评论或杂志上餐厅中的指南，帮助自己选择想要消费的商品，根据这一点，系统也可以输出其他客户对商品的评价信息引导目标用户消费。

（4）预测信息。输出系统对某种项目预测的畅销程度。

10.2　推荐系统算法

10.2.1　基于用户行为数据的推荐

基于用户行为的推荐，在学术界名为协同过滤算法。协同过滤推荐（collaborative filtering recommendation）是指用户之间通过相互协作，做出决策，即通过其他用户对项目的评分情况，找到与自己兴趣相似的最近邻居用户，根据最近邻居对项目的决策信息，为目标用户生成推荐。协同过滤是根据评分相似的最近邻居用户对项目的评分情况，向目标用户产生推荐。为了找到目标用户的最近邻居，必须首先计算用户之间的相似性，然后选择相似性最高的若干用户作为目标用户的最近邻居集合，从而生成推荐。

1. 用户之间相似性的度量方法[262]

（1）余弦相似性：用户评分值被看作 n 维项目空间上的向量，用户 c_i 和用户 c_j 之间相似性计算，通过向量间的余弦夹角度量，则用户 c_i 和用户 c_j 之间的相似性 $\text{sim}(i,j)$ 为

$$\text{sim}(i,j) = \cos(\bar{l},\bar{J}) = \frac{\bar{l}\,\bar{J}}{\|\bar{l}\|\|\bar{J}\|} \tag{10-1}$$

（2）相关相似性：相关相似性以用户 c_i 和用户 c_j 共同评分的项目集合 I_{ij} 为对象进行计算，用户 c_i 和用户 c_j 之间的相似性 $\text{sim}(i,j)$ 为

$$\text{sim}(i,j) = \frac{\sum\limits_{c \in I_{ij}}(R_{i,c} - \bar{R}_l)(R_{j,c} - \bar{R}_J)}{\sqrt{\sum\limits_{c \in I_{ij}}(R_{i,c} - \bar{R}_l)^2}\sqrt{\sum\limits_{c \in I_{ij}}(R_{j,c} - \bar{R}_J)^2}} \tag{10-2}$$

（3）修正的余弦相似性：相关相似性度量方法中没有考虑不同用户的评分尺度问题，修正的余弦相似性度量方法通过减去用户对项目的平均评分改善上述缺陷。用户 c_i 和用户 c_j 之间的相似性 $\text{sim}(i,j)$ 为

$$\text{sim}(i,j) = \frac{\sum\limits_{c \in I_{ij}}(R_{i,c} - \bar{R}_l)(R_{j,c} - \bar{R}_J)}{\sqrt{\sum\limits_{c \in I_i}(R_{i,c} - \bar{R}_l)^2}\sqrt{\sum\limits_{c \in I_j}(R_{j,c} - \bar{R}_J)^2}} \tag{10-3}$$

2. 对目标用户进行推荐

通过上面介绍的相似性度量方法得出用户之间相似性的度量值，取相似程度最高的用户作为目标用户的最近邻居。根据最近邻居对项目的评分值，预测目标用户对项目的评分，则用户 u 对项目 i 的预测评分 $P_{u,i}$：

$$P_{u,i} = \bar{R}_u + \frac{\sum\limits_{n \in \mathrm{NBS}_u} \mathrm{sim}(u,n) \times (R_{n,i} - \bar{R}_n)}{\sum\limits_{n \in \mathrm{NBS}_u} (\mid \mathrm{sim}(u,n) \mid)} \tag{10-4}$$

推荐结果可以是用户未评分项目评分的倒排序,选择其中最好的前 n 个项目推荐给目标用户。

1) 协同过滤存在的问题

基于协同过滤推荐的关键是建立用户-项目评分矩阵,用户评分矩阵结构决定了协同过滤推荐的质量[263]。然而,随着电子商务系统规模的进一步扩大,用户数目和项目数量急剧增加,用户评分信息稀少,用户评分矩阵极端稀疏,导致协同过滤面临如下问题。

(1) 数据稀疏性问题。用户-项目评分矩阵相当稀疏,根据传统的度量方法很难找到最近邻居集合,导致推荐效果大大降低。

(2) 扩展性和实时性问题。随着需要在线服务的客户大量增加,协同过滤算法将遭遇严重的扩展性问题,难以保证系统的实时性要求。

(3) 评分数据不足。过多地要求用户提供评分会使用户感到不便而转向其他网站,推荐系统就失去了作用。

(4) 冷开始。如果一个新项目没有人评价,就肯定得不到推荐,推荐系统就失去了意义。

2) 协同过滤的研究现状

为了提高协同过滤推荐的质量,保证推荐系统的准确性要求,研究者提出了各种不同的改进方法,根据对协同过滤技术改进的出发点不同,对目前主流的改进算法进行归类总结。

(1) 根据相似用户对项目的评价也相似的特点进行推荐。

Resnick 使用 Pearson 系数定义用户之间的相似性,利用相似用户的评分值以及评分值对应的权值计算最终的预测值[264],缓解了传统协同过滤推荐中由于数据极端稀疏性造成很难准确计算出目标用户的最近邻用户问题。

(2) 通过对未评分项设定默认值增加评分项的数目。

Breese 提出对用户的未评分项目设定一个固定的默认值或者设成平均评分值,以减少评分矩阵中未评分项的数量。邓爱林提出首先计算项目之间的相似性,通过用户对相似项目的评分预测用户对未评分项目的评分,从而降低用户评分矩阵的稀疏性[265]。张忠平对算法进一步改进提出在计算项目之间相似性时,既考虑项目的评分相似性,又考虑项目的特征属性相似性,并将项目之间评分相似性公式和属性相似性公式进行线性组合,组合后的公式作为最终相似性计算公式,提高了预测未评分项目评分值的精确度[266]。

上述方法都属于基于项目的协同过滤推荐技术,它们在解决数据稀疏性和改善推荐结果的精确度方面有了一定程度的改善,但在计算项目之间的相似性时,仍采用传统相似性度量方法,不能从根本上解决协同过滤中存在的问题。

(3) 从分解用户评分矩阵的结构出发降低评分矩阵稀疏性。

孙小华提出采用奇异值分解的降维技术,即采用 SVD 方法得到一个无缺失值的用户评分矩阵[267]。王珊等提出基于矩阵聚类的协作过滤算法,从用户-项目评分矩阵中抽取密度较大的区域进行聚类,依据聚类后的子矩阵生成推荐结果[268]。

(4) 利用聚类思想产生推荐。

王宏超采用对用户聚类的思想,通过计算用户之间的欧氏距离将用户进行聚类,根据聚类结果对用户进行有目的的商品推荐[269]。邓爱林采用对项目进行聚类的思想,提出了一种基于项目聚类的协同过滤推荐算法,根据用户对项目评分的相似性对项目进行聚类,在此基础上计算目标项目与聚类中心的相似性,选择与目标项目相似性最高的若干个聚类作为查询空间,在这些聚类中搜索目标项目的最近邻居[270]。

上述利用单值分解、聚类技术的方法对原始稀疏数据直接进行数据处理,能够降低数据稀疏性。然而,实验表明在分解矩阵过程中,不可避免丢失数据,算法实验结果并不理想。

(5) 通过改变用户评分项目矩阵的属性降低矩阵的稀疏程度。

纪良浩提出一种基于资源的协作过滤算法[271]。崔亚洲提出一种新的数据收集以及评分设定方法,即从记录用户浏览历史的服务器端日志文件以及客户购买历史数据作为数据源,设置用户-商品类评分矩阵[272]。

(6) 利用组合策略进行组合推荐。

基于组合策略的推荐可以克服单纯使用协同过滤技术产生的弱点,目前研究较多的组合策略是基于内容和基于协同过滤的组合推荐系统[273],如 Web SIFT、FAB、Anatagonomy 和 Dynamic Profiler 等。

10.2.2　基于内容数据的推荐

基于内容的推荐(content-based recommendation)是通过比较资源相关属性与用户的兴趣偏好向用户做出推荐。该种推荐方式属于信息检索,它不需要依据用户对商品的评价信息,而是使用机器学习的方式从项目特征中发现用户的兴趣[274,275]。因此,该种推荐方式对用户评价的依赖性很小。

基于内容的推荐流程一般分为两个阶段[276]:用户资料建模阶段和系统推荐阶段。在用户资料建模阶段,需要搜集用户的个人信息建立描述用户兴趣特征的模型。关于个人信息的收集,有两种途径:①显式途径获取,如通过表单、问卷调查等直接搜集用户的基本信息和个人偏好;②隐式途径获取,如通过对用户浏览网页的行为进行跟踪,通过分析网页的停留时间、IP 等获取用户可能存在的兴趣偏好,对用户的个性特征进行分析和加工后,系统利用向量空间模型提炼出用户的兴趣,建立推荐模型。

用户兴趣模型的优劣取决于其使用的机器学习的方法,常用的有决策树、神经网络、Bayes 分类算法、基于向量的表示方法等,数据挖掘领域的相关算法都可应用于此。

系统推荐阶段要计算数据库中的关于产品的介绍与用户某个兴趣主题的模型向量间的相似度。如果相似度超过对应的阈值,则表明该产品与用户的兴趣相关,形成推荐序列。系统通过 Web 服务器将推荐序列展示给用户,用户可以向系统反馈推荐结果是否有效,然后系统不断地根据反馈的信息自适应地调整阈值或修改模型向量,使得推荐系统的准确率不断提高,以获得最佳的推荐质量。图 10-3 为基于内容的电子商务推荐系统模型。

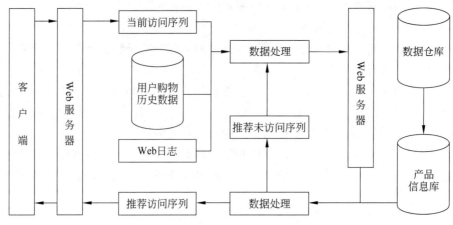

图 10-3　基于内容的电子商务推荐系统模型

基于内容的推荐系统一般应用于书籍、网页等可以方便提取文本特征的领域。它的优点：①不需要复杂的领域知识，它仅对文本特征进行提取匹配，不存在"冷启动"和"数据稀疏"问题；②推荐结果直观、容易解释；③能为具有特殊兴趣爱好的用户进行推荐；④推荐范围广，能推荐新的或不是很流行的产品（文档）。

基于内容的推荐也存在其自身的局限，其缺点如下。

（1）面向的对象是文本类产品，且必须要求提取的文本内容有良好的结构性，能很容易地抽取出有价值的特征。

（2）过分依赖文本中的关键词等信息，致使一些高质量的产品会因其估值过低而被忽略，而一些低质量的产品却会因其估值很高而被推荐。

（3）对于非文本类的产品进行推荐时，其内容不好提取的将无法进行推荐。例如，一些多媒体产品（图像、影音）无法提取有效的关键词条，此时可以通过引入其产品属性、用户评论等信息解决。

10.2.3　基于社会网络数据的推荐

互联网加速了信息的流动，带来信息量的急速增加，导致用户筛选信息变得极其困难，人们开始通过搜索引擎等方式过滤信息。在 Web 2.0 到来之后，用户和用户开始交互，人们开始不满足于搜索引擎返回的一成不变的搜索结果，此时推荐系统正式走到人们面前。推荐系统通过用户的过往信息为用户提供更加个性化的推荐，可广泛应用于电商等领域，可带来巨大的金钱利益，吸引了大批专家参与研究。近年来，大数据、"互联网＋"的到来，带来的是人们信息维度的提升，大量行业被信息化，使得各行各业的数据收集变得容易，同时机器学习、人工智能领域在应用方面正逐渐走向成熟，互联网技术正在变得越来越主动，而不是原来被动地等待用户使用，推荐系统作为网络主动与用户进行交互的方式也越来越受到重视。精准的推荐代表了更好的用户体验，同样也代表了庞大的利益。搜索引擎时代 Google 利用其精准的搜索技术进行广告投放带来了巨大的广告收益，今日头条则通过推荐系统为其带来了前所未有的成功。今日头条通过微信和微博账号登录的方式获得用户在社会网络的相关信息进行推荐，可见在社会网络中的推荐也可应用到其他领域。同时,在大数据、"互联网+"的背景下,用户在各个领域的数据正通过社会网络进行连接,所以基于社会网络数据的推荐正变得非常有前景。

传统的推荐都是基于标签(tag)实现的,然而它们忽略用户之间的社会关系,例如现在的腾讯 QQ、人人网等提供朋友推荐模块,这些模块或多或少都是基于某个特定的标签实现推荐功能的,如校友、同学、老乡等。这样推荐得到的朋友也许对用户没有很大的意义。但现实生活中通常存在这样一个事实:信任自己的朋友是人之常情,关系密切的好友对用户的影响可能比陌生人对他的影响大。因此,在社会网络中,可以通过分析社会网络的数据,借助关联度高的用户得到很多个性化的推荐信息,并且各个不同的用户得到的推荐信息可能是不完全相同的。然后基于这些获得的推荐信息,通过用户信任的社会关系,借助用户之间的互相了解,减少推荐的盲目性,提高推荐的精度,达到个性化推荐的目的。

例如,可以通过分析社会网络数据,找到彼此有直接关系的用户之间的社会影响力,它也是影响用户信任度的一个重要因素。一般来说,人们往往倾向于相信权威,权威用户(即所谓意见领袖)对周围人们的影响较大,也就是社会影响力高的用户有较高的用户信任度,在推荐过程中所占的权重也更大。在 Internet 时代,社会影响力的价值得到放大,近年来盛行的"口碑营销"和"病毒式营销"通过在线信任网络,传播产品推荐信息给其邻居节点。网络的实时性、节点数目的巨大和推荐信息发送的便捷性,能够以更加快速的方式推广到更多的网络节点。从推荐的影响效果看,文献[277]通过对豆瓣网站和 Goodreads 网站("美国版豆瓣")的实证分析,发现来自朋友的社会推荐除了可以提高商品的销售量外,还可以提升用户的售后评价满意程度。

10.3　推荐系统的评测

Web 2.0 网络技术和社会化媒体的大力发展使得每个人既可以是信息的接收者,也可以是信息的创造者。通过互联网,人们可以以更快速、便捷、低成本的方式获取所需的信息。然而,在面对一个丰富多彩的网络世界的同时,也面临着信息过载的问题[278]。如果说一百年前全世界的信息总量装满了西湖,则如今我们面对的就是整个太平洋[279]。虽然网络带来了更多的选择,但数量庞大及自身质量差异使得如何从这些海量信息中识别出真正有价值的信息变得越来越困难。要想征服这个浩瀚的海洋,就要打造一艘博流的方舟——大力发展先进的信息过滤技术。推荐系统应运而生,它被认为是解决信息过载问题的一种有效的方式。与传统的信息过滤技术搜索引擎不同,推荐系统不需要用户提供用于搜索的关键词,它将通过分析用户的历史交易记录或行为挖掘用户的潜在兴趣,进而对其进行推荐。因此,推荐系统更能满足用户个性化的需求。个性化推荐系统在电子商务网站上已经得到广泛的应用,并带来了巨大的商业价值。

传统的个性化推荐包括基于手工决策规则、协同过滤、基于内容、基于人口统计、基于效用、基于知识的推荐等方法。基于 Web 挖掘的个性化推荐方法有聚类分析、关联规则、序列模式方法、语义 Web 挖掘、统计学技术等,包含数据输入、数据预处理、模式发现和分析、信息推荐一系列流程。近年来出现了许多新的推荐算法在特定方面表现出突出优势,如基于图模型、基于概率、基于语义、上下文情境、基于用户行为数据、基于内容数据推荐及基于社会网络数据推荐等。

此外,基于这些基本方法的改进方法层出不穷。面对众多的推荐算法,我们意识到个性化推荐系统的重要性,但摆在互联网的从业者面前的第一个问题就是,如何评价个性化推荐系统的优劣,采用个性化推荐系统之后,究竟给我的产品带来了怎样的效果?事实上,在个性化推荐系统的实践中,测评体系的建立可以说是最核心的问题之一,尤其是在产品创立之初或者打算引入个性化推荐功能的开始,如何挑选合适的测评指标,客观评价个性化推荐系统对产品的帮助、对用户的价值,是摆在每个希望从个性化推荐系统中获益的互联网从业者们面前最实际的问题。我们在公开和半公开的资料中看到了太多的关于个性化推荐系统的各种评测。例如,亚马逊给出的数字是个性化推荐功能和“买了这本书的同时也买了”模块,为整体销售带来 30% 的流量;雅虎新闻在利用增强学习(reinforcement learning)算法作为首页个性化推荐核心技术后,用户停留时间增长超过 25%;facebook 用回归的方法挑选不同的机器学习模型给用户的 feed 流做推荐,能够给整体收入带来 10% 以上的提升。与此同时,也有不一样的声音,如从 2006 年开始历时 3 年多的 netflix 推荐技术大奖赛,全球范围内有数万名个性化推荐技术的研究者和工程师参加,获胜团队的算法将 netflix 原有推荐算法的离线测评指标 RMSE 提升了 10%,并分享了百万美元的奖金。很多主流媒体报道了此事,这可以说是迄今为止对个性化推荐领域影响最深远的一次竞赛。最终,netflix 的工程师并没有照搬获胜的算法,只是利用它做了一些局部改进。获胜的算法虽然在离线指标上大大优于原算法,但在线测评时,却面临着一系列模型训练、参数调节和工程技术问题,效果未必有那么好,用户价值也很难体现。面对如此众说纷纭的局面,到底应该如何为个性化推荐系统挑选合适的测评方法和指标体系?

对于以上问题,国内外学者对此认识仍然不足,主要表现在 3 个方面:首先,很多学者对推荐评测指标认识不全面,有些学者只局限于推荐的精确性一个方面,对多样性、新颖性、覆盖率等指标视而不见;其次,由于学术界没有建立推荐算法评估完整统一的指标群,部分学者在撰写论文的时候倾向于选择对自己算法有利的指标,而对其他指标的表现只字不提,然而这些学者提出的算法在他们没有涉及的指标上往往表现很差;最后,一些学者对于各个指标所能衡量的算法的性能方面以及不同指标的优劣和适用性了解较少,因此在评价指标的选择和结果解释方面存在不足之处。综上所述,客观合理地评价指标体系的建立会极大地促进推荐算法的研究和推荐系统的开发。

10.3.1 推荐系统的评测方法

在推荐系统评测过程中,主要使用以下 3 种实验方法:离线实验、用户调查与在线实验。

1. 离线实验

所谓离线测评,即根据待评价的推荐系统在实验数据集上的表现,然后再根据下文将要提到的评测指标衡量推荐系统的质量。相对于在线评价,离线评价方法更方便、更经济,一旦数据集选定,只将待评测的推荐系统在此数据集上运行即可,但是离线评价也面临以下问题。

(1)数据集的稀疏性限制了适用范围。例如,不能用一个不包含某用户任何历史记录的数据集评价推荐系统对该用户的推荐结果。

(2)评价结果的客观性。由于用户的主观性,不管离线评测的结果如何好,都不能得出用户是否喜欢某推荐系统的结论。

(3)难以找到离线评价指标和在线真实反馈(如点击率、转化率、点击深度、购买客单价、购买商品类别等)之间的关联关系。

尽管如此,在目前的研究工作中,离线评测方式仍是科研工作人员的首选。离线评价方式最主要的两个环节是数据集的划分以及评测指标的选择。目前最常用的数据划分方式仍为随机划分。推荐系统用的数据集为用户和商品的二元关系信息,可以用一个用户-商品的二部分图表示,即 $G(U, O, E)$,其中,U 表示用户集合,O 表示商品集合,E 在不同的系统中具有不同的含义。在有评分系统中,它表示 explicit data,即用户评分集合,包括正分和负分。在常见的"顶-踩"系统中,它表示 binary data,即只有用户喜欢不喜欢的信息,并没有涉及具体评分。在另外一类系统中,它代表 unary data,如只是用户购买或者浏览的数据信息,这里并没有包含用户对商品真实喜好的数据。目前对于此类系统,最常用的做法是假设用户的购买或者浏览行为就代表了他的喜好,这难免有一些牵强。针对这一问题,下面将会详细讨论。首先,定义 $M = |U|$ 为系统中的用户数量,$N = |O|$ 为系统中的商品数量。所谓的随机划分数据集,就是在集合 E 中随机选取一定比例作为测试集 E^P,剩下的部分就是训练集 E^T,显然 $E = E^P + E^T$,$E^P \bigcap E^T = \varnothing$。定义 E_u^P 为测试集中与用户 u 相关的商品集合,E_u^T 为训练集中与用户 u 相关的商品集合。离线评价就是将训练集的信息作为算法的输入进行推荐,然后将推荐结果和测试集的信息进行比较,并利用已有的评价指标衡量推荐系统的表现。

由上可知,离线实验仅需从实际系统的日志文件中提取出一个数据集,并在其上完成相关实验。这种实验方法的优点是无需用户、方便快捷,可测试大量不同的算法,但其缺点也很明显。

2. 用户调查

离线实验所得结果与现实存在差距,如推荐的准确度与用户的满意度就存在着差异。因此,为了减少风险,提高推荐系统的推荐质量,需要在上线前进行用户调查。

用户调查,需要有真实的用户参与推荐系统的测试,并在推荐系统上完成相应的任务,通过他们的行为记录,并与他们进行沟通,可以获得关于推荐系统推荐质量的宝贵信息。当然,参与测试的用户不可以随便选择,应尽量保证测试用户的分布与真实情况接近,如男女各半,年龄、活跃度与现实相当。用户调查可以更多地得到用户主观的感受指标,相对离线实验风险也较低,但其缺点是召集测试用户成本较高,并且测试过程中用户的行为也有可能与真实环境不一致,所以会出现测试过程中收集的用户行为在真实环境中无法再现的可能。

3. 在线实验

在线评价其实就是设计在线用户实验,根据用户在线实时反馈或事后问卷调查等结果衡量推荐系统的表现。目前最常用的在线测试方法之一是 A/B 测试。A/B 测试是一种常用的在线评测算法的实验方法,它通过一定规则将用户随机分为几组,对不同组的用户采用不同的算法,之后通过统计不同组用户的各种评测指标衡量不同算法的性能优劣。简单来说,就是为了同一个目标制定两个方案,让一部分用户使用 A 方案,另一部分用户使用 B 方案,记录下用户的使用情况,看哪个方案更符合设计目标。它的核心思想:①多个方案并行测试;②每个方案只有一个变量不同;③以某种规则优胜劣汰。其中②暗示了 A/B 测试的应用范围:A/B 测试必须是单变量。待测试方案有非常大的差异时,一般不太适合做 A/B 测试,因为它们的变量太多了,变量之间会有很多干扰,所以很难通过 A/B 测试的方法找出各个变量对结果的影响程度。显然,A/B 测试用于在推荐系统的评价中就对应于唯一的变量——推荐算法。注意,虽然 A/B 测试名字中只包含 A、B,但并不是说它只能用于比较两个方案的好坏,事实上完全可以设计多个方案进行测试,A/B 测试这个名字只是习惯的叫法而已。不同的用户在一次浏览过程中看到的应该一直是同一个方案,如他开始看到的是 A 方案,则在此次会话中应该一直向他展示 A 方案,而不能一会儿让他看 A 方案,一会儿让他看 B 方案。同时,还需要注意控制访问各个版本的人数,大多数情况下希望将访问者平均分配到各个不同的版本上。

由上可知,A/B 测试的优点是可以很公平地获得不同算法在线时的性能指标,包括商业上关心的指标,但 A/B 测试周期长、设计复杂,这是其难以避免的缺点。

完成离线实验、用户调查和在线实验后,所得结果应达到并满足以下 3 点。

(1) 通过离线实验,证明新算法在离线指标上优于旧算法。

(2) 通过用户调查,证明新算法的用户满意度高于旧算法。

(3) 通过在线实验,确定在我们所关心的指标上,新算法优于旧算法。

10.3.2　推荐系统的评测指标

推荐评测是推荐领域的一个重要问题。推荐系统具有 3 个必要的参与主体:网站、用户、物品(内容)提供者,在评测推荐系统和推荐算法时必须考虑三方利益。好的推荐系统的理想目标是达到多方共赢,在不同应用场景中选择哪种评价指标更客观合理,具有指导意义。业界研究人员尚未形成一致的科学标准体系,但公认的重要指标已被广泛使用,下面给出主流的通用评测指标和新的评测指标,其中有定量指标,也有定性指标。

1. 准确度指标

推荐的准确度是评价推荐算法最基本的指标。它衡量的是推荐算法在多大程度上能够准确预测用户对推荐商品的喜欢程度。目前大部分的关于推荐系统评测指标的研究都是针对推荐准确度的。准确度指标有很多种,有些衡量的是用户对商品的预测评分与真实评分的接近度,有些衡量的是用户对商品预测评分与真实评分的相关性,有些考虑的是具体的评分,有些仅考虑推荐的排名。我们将准确度指标分为 3 类,即预测评分准确度、分类准确度和排序准确度,下面对每一类进行详细介绍。

1)预测评分准确度

顾名思义,预测评分准确度衡量的是算法预测的评分和用户的实际评分的贴近程度。这个指标在需要向用户展示预测评分的系统中尤为重要,如 MovieLens 的电影推荐系统[280]就是预测用户会对电影打几颗星,一颗星表示很糟糕的电影,五颗星表示不得不看的电影。值得注意的是,即便一个推荐算法能够比较成功地预测出用户对其他商品的喜好排序,但它在评分准确度上的表现仍然可能不尽如人意,这也是商业领域的大部分推荐系统只向用户提供推荐列表,而没有预测评分的主要原因。预测评分的准确度指标目前有很多,这类指标的思路大都很简单,就是计算预测评分和真实评分的差异。最经典的是平均绝对误差(mean absolute error,MAE)[281-283],如果 r_{ua} 表示用户 u 对商品 α 的真实评分,r'_{ua} 表示用户 u 对商品 α 的预测评分,E^P 表示测试集,那么 MEA 的定义为

$$\text{MEA} = \frac{1}{|E^P|} \sum_{(u,a) \in E^P} |r_{ua} - r'_{ua}| \qquad (10\text{-}5)$$

MAE 因其计算简单、通俗易懂,得到了广泛的应用。不过。MAE 指标也有一定的局限性,因为对 MAE 指标贡献比较大的往往是那种很难预测准确的低分商品,所以即便推荐系统 A 的 MAE 值低于系统 B,很可能只是由于系统 A 更擅长预测这部分低分商品的评分,即系统 A 比系统 B 能更好地区分用户非常讨厌和一般讨厌的商品,显然,这样的区分意义并不大。除了计算所有预测商品的平均绝对误差外,还有一些学者曾主张只考虑用户比较敏感的商品的预测误差,如在一个 7 分制的系统中,根据用户的评分将所有商品分为 3 类,其中评分大于 5 和小于 3 的商品被看作用户比较敏感的,认为用户主要关注推荐系统在比较敏感的商品上的表现。此外,平均平方误差(mean squared error,MSE)、均方根误差(root mean squared error,RMSE)以及标准平均绝对误差[284](normalized mean absolute error,NMAE)都是与平均绝对误差类似的指标。它们分别定义为

$$\text{MSE} = \frac{1}{|E^P|} \sum_{(u,a) \in E^P} (r_{ua} - r'_{ua})^2 \qquad (10\text{-}6)$$

$$\text{RMSE} = \sqrt{\frac{1}{|E^P|} \sum_{(u,a) \in E^P} (r_{ua} - r'_{ua})^2} \qquad (10\text{-}7)$$

$$\text{NMAE} = \frac{MAE}{r_{\max} - r_{\min}} \qquad (10\text{-}8)$$

式中,$r_{\max}$ 和 $r_{\min}$ 分别为用户评分区间的最大值和最小值。由于 MSE 和 RMSE 指标对每个绝对误差首先做了平方,所以这两个指标对比较大的绝对误差有更重的惩罚。NMAE 由于在评分区间上做了归一化,从而可以在不同的数据集上对同一个推荐算法表现进行比较。

2)分类准确度

分类准确度指标衡量的是推荐系统能够正确预测用户喜欢或者不喜欢某个商品的能力。它特别适用于有明确二分喜好的用户系统,即要么喜欢,要么不喜欢。对于有些非二分喜好系统,使用分类准确度指标进行评测的时候往往需要设定评分阈值区分用户的喜好。如在 5 分制系统中,通常将评分大于 3 的商品认为是用户喜欢,反之认为用户不喜

欢。如 Yahoo 的音乐推荐系统中,★表示再也不会听,★★表示平庸之作,★★★表示比较好听,★★★★表示很好听,★★★★★表示非常好听。与预测评分准确度不同的是,分类准确度指标并不是直接衡量算法预测具体评分值的能力,只要是没有影响商品分类的评分偏差都是被允许的。目前最常用的分类准确度指标有准确率(precision)、召回率(recall)、F1 指标和 AUC。

人们在研究推荐系统评测中引入了准确率和召回率。准确率表示用户对系统推荐商品感兴趣的概率。在计算准确率的时候,常用的做法是设定推荐列表长度 L,根据预测评分对所有待预测商品排序,系统认为排在前 L 位的商品是用户最可能喜欢的,因此将它们推荐给用户。于是,对于一个未曾被用户选择或评分的商品,最终可能的结果有 4 种:系统推荐给用户且用户很喜欢;系统推荐给用户但是用户不喜欢;用户喜欢但是系统没有推荐;用户不喜欢且系统没有推荐。表 10-1 总结了这 4 种可能的情况,其中 N_{tp}、N_{fn}、N_{fp}、N_{tn} 分别表示 4 种情况的数目。B_u 表示用户 u 喜欢的商品数,显然,$L = N_{tp} + N_{fp}$,$B_u = N_{tp} + N_{fn}$。

表 10-1　带预测的商品可能的 4 种情况

用 户 喜 好	系 统 推 荐	系 统 不 推 荐
喜欢	True-Positive　N_{tp}	False-Negative　N_{fn}
不喜欢	False-Positive　N_{fp}	True-Negative　N_{tn}

对于某一用户 u,其推荐准确率为系统推荐的 L 个商品中用户喜欢的商品所占的比例,即

$$P_u(L) = \frac{N_{tp}}{L} = \frac{N_{tp}}{N_{tp} + N_{fp}} \tag{10-9}$$

在离线测试中,N_{tp} 的值等于同时出现在用户 u 的测试集合和其推荐列表中的商品的数目。在线测试时,N_{tp} 的值将根据用户的实际反馈结果进行统计得到。将系统中所有用户的准确率求平均得到系统整体的推荐准确率,即

$$P(L) = \frac{1}{M} \sum_u P_u(L) \tag{10-10}$$

式中,M 表示测试用户的数量。注意,如果不是对系统的所有用户都进行考察,那么 M 值将小于系统中实际用户的数目。如有些基于网络随机游走的推荐算法[285-287]为保证测试网络的连通性往往不会抽取度为 1 的用户作为测试用户。使用这种方式获得的系统准确率保证了每个用户的贡献是平均的。在线下测试中,准确率会受评分稀疏性的影响。例如,系统对一个只给很少部分商品打过分的用户的推荐准确率往往很低,但这并不能说明推荐系统的效果很差,因为很有可能系统推荐的商品中有很多是用户没有打过分,但是确实很喜欢的商品。在这种情况下,在线的测试结果,即用户的真实反馈更能准确地反应推荐系统的表现。

召回率表示一个用户喜欢的商品被推荐的概率,定义为推荐列表中用户喜欢的商品与系统中用户喜欢的所有商品的比率。对于用户 u,其召回率为

$$R_u(L) = \frac{N_{tp}}{B_u} = \frac{N_{tp}}{N_{tp} + N_{fn}} \tag{10-11}$$

在离线测试中，B_u 实际上等于测试集中用户 u 喜欢的商品数，即 $|E_u^p|$。在实际应用中，由于不能准确知道系统没有推荐的商品中哪些是用户喜欢的，因此召回率很难应用于在线评估。将系统中所有用户的召回率求平均得到系统整体的召回率：

$$R(L) = \frac{1}{M} \sum_u R_u(L) \tag{10-12}$$

推荐系统是根据商品满足用户喜好的可能性进行推荐的，但是只有用户本人才知道商品是否符合自己的口味，因此"喜欢"的界定在推荐系统中是非常主观、因人而异的。不仅用户的兴趣有差异，用户的评分尺度也有差异。如对于用户张三来说，评分 3.5 以上就说明他很喜欢这个商品了，但是对于李四来说，可能评分 2.5 以上就代表很喜欢了。针对以上局限性，一种新的评测方法（即根据用户以往的评分历史确定用户喜好）即评分阈值法被提出来。由于受到推荐列表长度、评分稀疏性以及喜好阈值等多方面因素的影响，很多学者不提倡利用准确率和召回率评价推荐系统，特别是只单独考虑一种指标的时候误差极大。严格意义上，召回率是不适用于评价推荐系统的，因为它无形中已经假设了用户没有评分的商品都是他不喜欢的，这个假设显然是不合理的。

一种常用的方法是同时考虑准确率和召回率，从而比较全面地评价算法的优劣。准确率和召回率指标往往是负相关的，而且依赖于推荐列表长度[288]。一般情况下，随着推荐列表长度的增大，准确率指标会减小，而召回率会增大。所以，当一个系统没有固定的推荐列表长度时，就需要一个包含准确率和召回率的二维向量反映系统的表现。为了方便起见，文献[289,290]提出了 F_1 指标，定义为

$$F_1(L) = \frac{2P(L)R(L)}{P(L) + R(L)} \tag{10-13}$$

另外，还有一些学者将准确率和召回率结合起来衡量信息检索结果的有效程度，如 Average Precision、Precision-at-Depth、R-Precision、Reciprocal Rank[291] 以及 Binary Preference Measure[292]。

上述一系列指标对于没有二分喜好的系统都是不太适用的，即给定一个推荐列表，当推荐的阈值不确定的时候，上述指标不再适用。在这种情况下，往往采用 AUC 指标[293] 衡量推荐效果的准确性。由于不受推荐列表长度和喜好阈值的影响，AUC 指标被广泛应用于评价推荐系统中。AUC 指标表示 ROC（receiver operator curve）曲线[294] 下的面积，它衡量一个推荐系统能够在多大程度上将用户喜欢的商品与不喜欢的商品区分出来。绘制 ROC 曲线的步骤如下。

（1）根据某一推荐算法产生一个商品推荐列表，即按照预测评分从高到低将待预测商品（$\in U - E^T$）进行排序。

（2）绘制 ROC 曲线坐标轴。横坐标为不相关的比例（percentage of non-relevant item），纵坐标为相关的比例（percentage of relevant item）。横纵坐标的总长度都为 1，横坐标的一个单位长度等于 1 除以不相关商品的数目，纵坐标的一个单位长度等于 1 除以相关商

品的数目。

（3）绘制 ROC 曲线从坐标点(0,0)开始,从排序列表第一位开始查看每个商品是否符合下列 3 种情况中的一种。

① 如果该商品相关(如用户喜欢的商品),则沿着 y 轴方向向上移动一个单位。

② 如果该商品不相关(如用户不喜欢的商品),则沿着 x 轴方向向右移动一个单位。

③ 如果该商品不确定其相关性,则舍弃该商品,不做任何移动。

注意：在仅有选择行为的系统中,如在只有购买等交易行为的系统中,通常将测试集的商品看成相关商品,将集合 O-E 中的商品看成是不相关的。而在评分系统中,有时候也将用户没有评分的商品(即不知道是否相关的商品)看成不相关商品。如果推荐系统将所有用户喜欢的商品都排在不喜欢商品的前面,那么 ROC 曲线将是一条沿 y 轴竖直向上,直到 $y=1$ 位置然后水平向右,直到 $x=1$ 位置的折线,此时 ROC 曲线下面的面积为 1,即 $AUC=1$,对应于最完美的推荐。随机推荐的 ROC 曲线则大致对应于从原点(0,0)到(1,1)的对角线,此时 ROC 曲线下的面积为 0.5,即 $AUC=0.5$。由于 ROC 曲线的绘制步骤比较烦琐,所以可以用以下方法近似计算系统的 AUC：每次随机从相关商品集(即用户喜欢的商品集)中选取一个商品($\alpha \in E^{P}$)与随机选择的不相关商品($\beta \in O-E$)进行比较,如果商品 α 的预测评分值大于商品 β 的评分,就加一分；如果两个评分值相等,就加 0.5 分。这样独立地比较 n 次,如果有 n 次商品 α 的预测评分值大于商品 β 的评分,有 n'' 次两个评分值相等,那么 AUC 就可以近似写作：

$$AUC = \frac{n' + 0.5n''}{n} \tag{10-14}$$

显然,如果所有预测评分都是随机产生的,那么 $AUC=0.5$。因此,AUC 大于 0.5 的程度衡量了算法在多大程度上比随机推荐的方法精确。AUC 指标仅用一个数值就表征了推荐算法的整体表现,而且它涵盖了所有不同推荐列表长度的表现。但是,AUC 指标没有考虑具体排序位置的影响,导致在 ROC 曲线面积相同的情况下很难比较算法好坏,所以它的适用范围也受到一些限制。

3）排序准确性

对于推荐排序要求严格的推荐系统而言,如果用评分准确度、评分相关性或者分类准确度等指标评价此类系统的好坏,显然是不合适的。这类系统需要用排序准确度指标度量算法得到的有序推荐列表和用户对商品排序的统一程度。排序准确度对于只注重分类准确度的系统来说太敏感了,它更适合于需要给用户提供一个排序列表的系统。如在比较两个推荐算法的时候,两个算法在推荐的 5 个商品中都有 1 个是用户感兴趣的,于是他们的推荐精确性都为 0.2。但是,算法 A 将用户喜欢的商品排在第 1 位,而算法 B 将用户喜欢的商品排在第 5 位,显然算法 A 更优越。考虑排序位置的影响,平均排序分(average rank score)的概念被提出来了,以此度量推荐系统的排序准确度。对于某一用户 u 来说,商品 α 的排序分定义如下所示：

$$RS_{u\alpha} = \frac{l_{u\alpha}}{L_u} \tag{10-15}$$

式中,L_u 表示用户 u 的待排序商品个数。在离线测试中,L_u 等于 $|O - E_u^{T}|$,即用户 u 在

测试集中的商品数目（$|E_u^p|$）加上未选择过的商品数目（$|O-E_u|$）。$l_{u\alpha}$ 为待预测商品 α 在用户 u 的推荐列表中的排名（此时推荐列表的长度为 L_u）。离线测试中，L_u 等于用户 u 未选择过的商品数目。举例来说，如果有 1000 部影片是用户 u 没有选择过的，其中用户喜欢的电影《金陵十三钗》出现在用户 u 推荐列表的第 10 位，那么对于用户 u 而言，电影《金陵十三钗》的排序分为：$\mathrm{RS}_{u\alpha} = \dfrac{10}{1000} = 0.01$。将所有用户的排序分求平均即得到系统的排序分 RS。排序分值越小，说明系统越趋向于把用户喜欢的商品排在前面。反之，则说明系统把用户喜欢的商品排在了后面。由于平均排序分不需要额外的参数，而且不需要事先知道用户对商品的具体评分值，因此可以很好地比较不同算法在同一数据集上的表现。值得注意的是，在系统尺度（训练集和测试集）足够大的情况下，有 $AUC + RS \approx 1$。

2. 推荐覆盖率

推荐覆盖率指标[295]是指算法向用户推荐的商品能覆盖全部商品的比例，如果一个推荐系统的覆盖率比较低，那么这个系统很可能会由于其推荐范围的局限性而降低用户的满意度，因为低的覆盖率意味着用户可选择的商品很少。覆盖率尤其适用于需要为用户找出所有感兴趣的商品的系统。覆盖率可以分为预测覆盖率（prediction coverage）、推荐覆盖率（recommendation coverage）和种类覆盖率（catalog coverage）3 种。

预测覆盖率表示系统可以预测评分的商品占所有商品的比例，定义为

$$\mathrm{COV}_P = \frac{N_d}{N} \tag{10-16}$$

式中，N_d 表示系统可以预测评分的商品数目；N 为所有商品数目。

推荐覆盖率[296]表示系统能够为用户推荐的商品占所有商品的比例，显然这个指标与推荐列表的长度 L 相关。其定义为

$$\mathrm{COV}_R(L) = \frac{N_d(L)}{N} \tag{10-17}$$

式中，$N_d(L)$ 表示所有用户推荐列表中出现过的不相同的商品的个数。推荐覆盖率越高，系统给用户推荐的商品种类越多，推荐多样新颖的可能性越大。如果一个推荐算法总是推荐给用户流行的商品，那么它的覆盖率往往很低，通常也是多样性和新颖性都很低的推荐。种类覆盖率（COV_C）表示推荐系统为用户推荐的商品种类占全部种类的比例。相比预测覆盖率和推荐覆盖率，种类覆盖率的应用很少。在计算种类覆盖率的时候，需要事先对商品进行分类。仅用覆盖率衡量推荐系统的表现是没有意义的，它需要和预测准确度一起考虑[297]。如系统中某个类别的商品所有的用户都不喜欢，那么一个好的推荐算法可能再也不会向用户推荐这类商品，这时它的覆盖率可能很低，但是准确度还是很高的。一个好的推荐系统应在保证推荐准确度的同时尽量提高覆盖率。

目前评价覆盖率的指标还不够成熟，期待广大学者能够设计出一种更普适、更合理的推荐系统覆盖率评价指标，这个评价指标应该符合以下几条标准：①能够同时考虑预测覆盖率（或推荐覆盖率）以及种类覆盖率；②对用户比较喜欢的商品，应赋予较高的权重；③能够在一定程度上结合预测准确率指标，从而减少评价的片面性。

3. 推荐多样性和新颖性

实际应用中,已经发现即使是准确率比较高的推荐系统,也不能保证用户对其推荐结果满意。一个好的推荐系统应该向用户推荐准确率高并且又有用的商品。譬如,系统推荐了非常流行的商品给用户,虽然可能使得推荐准确度非常高,但是对于这些信息或者商品,用户很可能早已从其他渠道得到,因此用户不会认为这样的推荐是有价值的。为了弥补基于预测准确度的评价指标的不足,最近相关学者提出了衡量推荐多样性和新颖性的指标[298]。在推荐系统中,多样性体现在以下两个层次:一个是用户间的多样性(inter-user diversity)[299],衡量推荐系统对不同用户推荐不同商品的能力;另一个是用户内的多样性(intra-user diversity)[300],衡量推荐系统对一个用户推荐商品的多样性。对于用户 u 和 t,可以用汉明距离(hamming distance)衡量这两个用户推荐列表的不同程度,具体定义为

$$H_{ut}(L) = 1 - \frac{Q_{ut}(L)}{L} \tag{10-18}$$

式中,$Q_{ut}(L)$ 表示用户 u 和 t 推荐列表中相同商品的个数。如果两个推荐列表完全一致,那么 $H_{ut}(L)=0$;反之,如果两个推荐列表没有任何重叠的商品,则 $H_{ut}(L)=1$。所有的用户对的汉明距离的平均值即整个系统的汉明距离 $H(L)$。汉明距离越大,表示推荐的多样性越高。

将系统为用户 u 推荐的商品集合记为:$O_R^u = \{\alpha, \beta, \cdots\}$,那么用户 u 的 Intra-user diversity 定义为

$$I_u(L) = \frac{1}{L(L-1)} \sum_{\alpha \neq \beta} s(\alpha, \beta) \tag{10-19}$$

式中,$s(\alpha, \beta)$ 表示商品 α 和 β 的相似度,系统的 Intra-user diversity 即所有用户的平均值,其中对于用户 u 来说,商品 α 对该用户推荐结果多样性的贡献为

$$I_u(\alpha, L) = \frac{1}{L} \sum_{\{\beta \in O_R^u\} \cap \{\alpha \neq \beta\}} s(\alpha, \beta) \tag{10-20}$$

显然,I_u 越小,表明系统为用户推荐的商品的多样性越高,系统的多样性也就越高。除了多样性以外,新颖性也是影响用户体验的重要指标之一。它指的是向用户推荐非热门非流行商品的能力。前面已经提到推荐流行的商品纵然可能在一定程度上提高推荐准确率,但是却使得用户体验的满意度降低了。度量推荐新颖性最简单的方法是利用推荐商品的平均度[301]。推荐列表中商品的平均度越小,对于用户来说,其新颖性越高,由此得到推荐新颖性指标:

$$N(L) = \frac{1}{ML} \sum_u \sum_{\alpha \in O_R^u} k_\alpha \tag{10-21}$$

式中,k_α 是商品 α 的度;流行度越低,表示推荐的结果越新颖。自信息(self-information)[302]也可用来衡量推荐出奇意外程度的指标。对于商品 α,一个随机选取的用户选到它的概率是 $\frac{K_\alpha L}{ML} = \frac{K_\alpha}{M}$,所以该商品的自信息量可以表示为

$$U_a = \log_2 \frac{M}{K_a} \tag{10-22}$$

系统的自信息量 $U(L)$ 也是所有用户的推荐列表中商品的自信息量的均值。另外，人们提出了一种衡量推荐新颖性的指标(unexpectedness，UE)，它的主要思路也很简单。UE 认为容易被预测出的商品对用户来说新颖性较差，而那些不容易被预测出的商品对用户来说比较新颖。例如，用一些比较简单的、粗糙的推荐系统(primitive prediction method，PPM)衡量商品是否容易被预测出来，如果能被 PPM 预测到的商品，它的新颖度就被认为是比较低的；相反，PPM 未能预测到的商品对用户来说是比较新颖的。基于以上讨论，用户 u 的 UE 指标定义为

$$UE_u = \frac{1}{N} \sum_{a=1}^{n} \max(Pr_{ua} - Prim_{ua}, 0)\, rel_{ua} \tag{10-23}$$

式中，Pr_{ua} 表示推荐系统预测用户 u 喜欢商品 a 的概率；$Prim_{ua}$ 表示 PPM 系统预测的用户 u 喜欢商品 a 的概率；当且仅当 PPM 预测出的用户喜欢概率低于待评价推荐系统预测的概率时，商品 a 才被认为是新颖的。其中 $rel_{ua} \in \{0,1\}$，$rel_{ua}=1$ 时表示商品 a 确实是用户 u 喜欢的，相反 $rel_{ua}=0$ 则表示商品 a 并不是用户 u 喜欢的。值得注意的是，UE 指标并没有考虑商品的推荐排序，也就是说，排在第一位的新颖商品和排在第 100 位的新颖商品对于该指标的贡献是一样的，这显然是不太合理的，因为用户更关心的往往是排在推荐列表前面的商品。基于此，对 UE 指标稍做改进，提出了 UER 指标[303]，具体定义为

$$UER_u = \frac{1}{N} \sum_{a} \max(Pr_{ua} - Prim_{ua}, 0)\, \frac{rel_{ua}}{l_{ua}} \tag{10-24}$$

式中，l_{ua} 表示商品 a 在用户 u 推荐列表中的排序值。显然，在式(10-24)中，新颖的商品排得越靠前，其对系统新颖性的贡献越大。

以上所述的多样性和新颖性指标虽然计算简单，但是大都比较粗糙，有一定的局限性，除 UER 考虑了推荐商品的预测排序值外，其他指标均未涉及商品预测排序值以及排序偏差等因素。这一问题得到一些学者深入的分析，并提出了更全面的多样性和新颖性评价框架。除了考虑商品间的相似性外，还考虑了 Discovery(用户是否知道该商品)、Relevance(推荐系统预测的用户是否喜欢该商品)、Choice(用户是否喜欢该商品)3 个方面，并由此提出了更广义的多样性指标，其定义为

$$DRC_u = \frac{1}{\sum_{a} dc(l_{ua})\, Pr_{ua} f_u(a)} \tag{10-25}$$

式中，$dc(l_{ua})$ 表示推荐列表排序偏差的折扣函数；l_{ua} 表示商品 a 在推荐列表中的排序；Pr_{ua} 表示推荐系统预测的用户 u 喜欢商品 a 的概率；$f_u(a)$ 可以是普适的衡量对于用户 u 来说商品 a 多样性或者新颖性的函数。当令 $dc(l_{ua})=1$ 时相当于不考虑推荐列表排序偏差的影响。当令 $Pr_{ua}=1$ 时相当于不考虑商品预测排序值的影响，也即是将推荐列表中的所有商品同等看待。在此框架下，我们可以对前面提到的 Intra-user Similarity 做如下改进。

$$I_u = \frac{1}{\sum_{a} dc(l_{ua})} \sum_{a} dc(l_{ua})\, Pr_{ua} I_u(a, L) \tag{10-26}$$

式中，$I_u(\alpha,L)$为对于用户 u 来说商品 α 对其 Intra-user Similarity 的贡献。显然，这一框架提高了以往多样性和新颖性指标的客观性以及合理性。相对于准确率指标，目前多样性和新颖性指标还不够成熟，相信随着推荐系统在商业领域的广泛应用，这方面的研究会不断发展和完善。

4. 用户满意度

用户满意度（satisfaction）是评价推荐系统的重要指标，不能离线计算，只可通过在线实验统计用户的行为或通过问卷调查的反馈情况分析用户感受的方法获得。满意度分为多个层次，因此在设计问卷和反馈界面时应该从不同方面和角度设置不同层次的问题和选项。另外，用户在页面的停留时间、对网页的点击率、物品购买数量和频次、顾客转化率等都是度量满意度的重要指标。

5. 鲁棒性

鲁棒性也称健壮性（robustness），衡量推荐系统抗击作弊和攻击的能力。部分恶意用户或商家会为个人利益和商业利益而故意作弊或攻击系统，达成破坏评分系统、改变推荐结果、降低推荐准确度等不良动机。

推荐系统的鲁棒性可考虑 3 种方法：①在系统工作前先对数据进行攻击检测和清理；②推荐策略中除了使用浏览和点击等简单的用户行为，还应运用购买和评价等相对复杂且成本代价较高的用户行为，有效降低被攻击的风险；③选择健壮性高的算法，防止被恶意破坏和攻击；④采用模拟攻击的方法，针对特定的数据集和推荐算法给用户生成推荐列表，向数据集注入噪声数据，再用该推荐算法生成新的推荐列表，比较两个列表的相似度，相似度高表明健壮性强，差别较大表明不够健壮。

6. 其他指标

产品流行性（popularity），不同的产品都有流行的时期和阶段，推荐产品的流行性也决定着推荐质量的高低和用户的满意度，如电影拍摄时间、服装生产时间、图书出版时间、教学资源适用时间、网页更新时间、新闻发布时间等。

惊喜度（serendipity）即意外性，指推荐结果与用户之前喜欢的物品不相似但用户非常满意的推荐。提高推荐惊喜度需要降低推荐结果与用户历史兴趣的相似度。惊喜度不同于新鲜度，像基于内容的推荐算法会产生新鲜的物品而非意外物品。

实时性（real-time），实际应用对推荐系统的实时性要求越来越高，在线计算时间决定着推荐性能的优劣，反映出推荐的效率和性能。

信任度（trust），用户信任推荐系统，无疑会增加互动行为，从而获得更好的个性化推荐。增加信任的方法往往是提供推荐解释，系统产生推荐的原因和方式越合理透明，用户对推荐系统的信心越强。

隐私保护程度（privacy），隐私信息越来越受个人和群体用户的重视，隐私保护程度直接影响用户对推荐系统的信任度、满意度、忠诚度和黏着性。

扩展性（scalability），推荐算法的扩展性能即适应系统规模不断扩大的问题，这是制约系统实现的重要因素。研究增量算法的实现有利于提高算法效率和系统的扩展性能。

普适性(ubiquitous),针对不同的数据集和不同的应用场景,不同的推荐方法也会表现出不同的效果。推荐算法的普适性成为一个新的评价方面。

10.4 链路预测的基本概念

网络中的链路预测(link prediction)是指如何通过已知的网络节点以及网络结构等信息预测网络中尚未产生连边的两个节点之间产生链接的可能性。这种预测既包含对未知链接(exist yet unknown links)的预测,也包含对未来链接(future links)的预测。该问题的研究在理论和应用两个方面都具有重要的意义和价值。

10.4.1 链路预测方法

根据网络类型的不同,将复杂网络的链路预测分为两类:传统网络的链路预测[304];复合复杂网络的链路预测[305]。

对于传统网络,其链路预测方法主要分为三大类:基于局部的相似性指标、基于全局的相似性指标以及基于半局部的相似性指标。其中,基于局部的相似性指标主要指基于共同邻居的相似性指标等,由于基于共同邻居的相似性指标计算的仅是节点的直接邻居情况,没有充分考虑整体网络结构,使得其在稀疏网络计算中会存在平衡态问题。为了解决该问题,Tan[306]等人提出了利用互信息方法解决平衡态问题。另外,周涛等人受网络资源分配过程的启发,提出了资源分配指标(resource allocation,RA)[307],其在计算相似性时不仅考虑了共同邻居的数量,同时考虑了共同邻居的度的信息。对于全局的相似性指标,如全局随机游走等指标,在网络规模很大的情况下其计算复杂度很高,为了权衡预测精确度及计算复杂度,周涛等人提出了半局部的相似性指标,如(local path,LP)[308]、(local random walk,LRW)[309]、(superposed random walk,SRW)[309]等相似性指标。当然,对于传统网络的研究,还涉及有向网络中的链路预测,主要包括权重在链路预测中的作用[310]以及预测连边的方向[311]等问题。例如,吕琳媛等发现在一些加权网络进行链路预测时,往往会存在权重很小的边在网络中起到了更大的作用,这一现象可以用社会网络研究的"弱连接理论"[312]很好地解释。

对于复合复杂网络的链路预测,依据其目前应用到的领域,其计算方式主要分为基于资源分配[313]的相似性计算、基于随机游走[314]的相似性计算等。周涛等人在受到物理模型中资源扩散的启发,提出了用于计算二分网络、三分网络节点相似性的资源分配方案。由于该方法中忽略了网络节点自身相似性的计算,从而对于预测的效果造成一定的影响,因而有人引出二元网络的计算方法,例如,在蛋白质表型网络中的回归模型的使用以及全局随机游走的使用,其缺陷显而易见,对于全局随机游走指标,在面对大规模的复合复杂网络的情况下,其计算复杂度很高。

10.4.2 基于相似性的链路预测

网络中的链路预测既包含对未知链接的预测,也包含对未来链接的预测。利用节点对相似性进行链路预测的前提假设是：未直接相连的两节点之间相似性越大，互相连接的可能性越大。网络中属性越相似的两个节点间相连的可能性越大[315]，利用节点的属性是最简单直接的相似性计算方法，而且预测效果也很可观，但由于获得这些信息的困难度、一定的不可靠性以及难筛选性，基于网络结构信息的方法，即结构相似性的方法，在链路预测中得到了广泛的运用[316,317]。在相似性方法研究过程中，基于结构相似性的链路预测指标的定义需要很好地了解目标网络的结构特征。

1. 链路预测问题描述

对任意无向网络，可将其抽象为图 $G=(V,E)$，图中 $N(N-1)/2$ 个节点对组成的全集记为 U。通过某种链路预测方法，可为所有未直接连边的节点对赋予一个分数值 s，即相似性。它与两节点的连接概率成正相关，分数值 s 越大，该节点对相互连接的概率越大。

2. 基于共同邻居的预测方法

由于信息量有限，基于局部或者半局部信息定义的相似性指标的预测精度会低于全局性指标，但较低的计算复杂度使得局部性指标在很多较大规模的网络中更加适用。基于局部信息的相似性指标是指只通过节点的局部信息（如节点的度信息、最近邻节点）即可计算得到的相似性指标。有代表性的基于共同邻居的相似性指标主要有

（1）共同邻居指标 CN，其思想是两节点间的共同邻居数 c 越大，相似性越大。

（2）AA 指标，该指标突出小度共同邻居节点的影响力和贡献，主要是惩罚一些大度节点带来的影响。

（3）资源分配指标 RA，该指标是来源于资源传递过程中共同邻居作为媒介而实行的一个平均分配，同 AA 指标的主要工作有异曲同工之妙。

下面详细介绍其中两个相似性指标，并通过一个具体的例子说明指标计算相似度的具体过程。

1）CN 指标

在链路预测中应用 CN 指标[318,319]的基本假设是：两个未连接的节点有越多的共同邻居，则它们越倾向于连边。CN 指标被定义为

$$S_{xy} = \Gamma(x) \bigcap \Gamma(y) \qquad (10\text{-}27)$$

即两节点之间的相似性等于它们的共同邻居数 c。该指标有极致的简单美，在集聚系数较高的网络中，它的预测效果甚至会超过一些比较复杂的算法。根据 CN 指标的定义，可以计算得到图 10-4 中节点 x 和 y 之间的相似度值为

$$S_{xy}^{\mathrm{CN}} = \left| \Gamma(x) \bigcap \Gamma(y) \right| = \left| \{z_1, z_2\} \right| \qquad (10\text{-}28)$$

2）AA 指标

Adamic-Adar[318,320]基于度信息为每个共同邻居节点赋予了一个权重，即该邻居节点度的对数的倒数，他们将

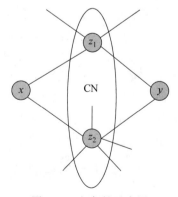

图 10-4　相似性示意图

AA 指标定义为

$$S_{xy} = \sum_{z \in \Gamma(x) \cap \Gamma(y)} \frac{1}{\log d_z} \tag{10-29}$$

该指标的思想是度小的共同邻居节点的贡献要大于度大的共同邻居节点,意思是两个节点都与一个度比较小的节点相连,那么这两个节点相连的概率将会增大。例如,在社交网络中,共同关注一个比较冷门的人或物的两个人之间相连的概率往往比关注同一个关注度较高的人或事物的两个人之间相连的概率要高。实验证明,惩罚这种大度的共同邻居节点对提高预测效果确实起到一定的有效作用。根据 AA 指标的定义,可以计算得到图 10-4 中节点 x 和 y 之间的相似度值为

$$S_{xy}^{\mathrm{AA}} = \frac{1}{\log d_{z_1}} + \frac{1}{\log d_{z_2}} = \frac{1}{\log 4} + \frac{1}{\log 6} \approx 1.28 \tag{10-30}$$

3) RA 指标

RA 指标是周涛等人提出的资源分配指标[318,321],该指标考虑的是未直接相连的两个节点之间的资源传递过程,在此过程中将它们的共同邻居节点作为资源传递的媒介。RA 指标与 AA 指标有异曲同工之妙,也是考虑两个节点间共同邻居的度信息,周涛等人为每个共同邻居节点赋予了一个权重值:该邻居节点度的倒数,他们将 RA 指标定义为

$$S_{xy} = \sum_{z \in \Gamma(x) \cap \Gamma(y)} \frac{1}{d_z} \tag{10-31}$$

根据 RA 指标的定义,可以计算得到图 10-4 中节点 x 和 y 之间的相似度值为

$$S_{xy}^{\mathrm{RA}} = \frac{1}{d_{z_1}} + \frac{1}{d_{z_2}} = \frac{1}{4} + \frac{1}{6} \approx 0.42 \tag{10-32}$$

3. 基于路径的预测方法

1) LP 指标

周涛等人考虑三阶路径的因素提出了一个基于路径的半局部相似性指标(local path,LP)[321,322],具体定义为

$$s_{xy} = (\boldsymbol{A}^2)_{xy} + \alpha \cdot (\boldsymbol{A}^3)_{xy} \tag{10-33}$$

其中,α 是可调参数,$\boldsymbol{A}$ 是网络的邻接矩阵,$(\boldsymbol{A}^3)_{xy}$ 表示节点 x 和 y 之间长度为 3 的路径数目。相似地,考虑网络中更高阶的情况,该指标可以扩展为全局性的基于路径的相似性指标,Katz 指标、LP 指标中 $(\boldsymbol{A}^2)_{xy}$ 与 $(\boldsymbol{A}^3)_{xy}$ 的计算在图 10-5 中的示例中给出了简明过程。

图 10-5(a)是一个示例图,图 10-5(b)是每个节点与其对应的邻居节点构成的一个列表,图 10-5(c)中的树状图为 LP 指标对节点 1 与其他节点间相似性的实现过程,其中 step1 给出了与节点 1 相邻的所有邻居节点,step2 给出了各邻居节点的邻居节点,step3 重复以上过程。以求节点 1 与节点 3 的相似性为例,根据 LP 指标,$s_{13} = (\boldsymbol{A}^2)_{13} + \alpha (\boldsymbol{A}^3)_{13}$ 的值为节点 3 在 step2 后出现的次数,$(\boldsymbol{A}^3)_{13}$ 的值为节点 3 在 step3 后出现的次数。取 $\alpha = 0.001$,根据 LP 指标的定义,可以计算得到图 10-5 中节点 1 和 3 的相似度值为:$s_{13}^{LP} = 2 + 0.001 \times 7 = 2.007$。类似地,当 LP 指标中的路径阶数 $n \to \infty$ 时,就得到全局性的 Katz 指标,其定义为 $s_{xy} = \alpha \cdot \boldsymbol{A}_{xy} + \alpha^2 (\boldsymbol{A}^2)_{xy} + \alpha^3 (\boldsymbol{A}^3)_{xy} + \cdots$。

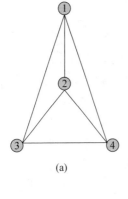

Node	Neighbors		
1	2	3	4
2	1	3	4
3	1	2	4
4	1	2	3

(a)　　　　　　　　　　　　　　　　(b)

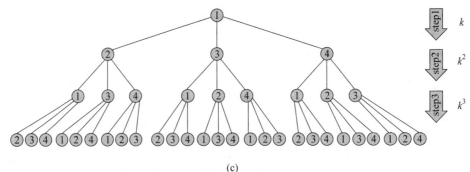

(c)

图 10-5　LP 指标计算流程图

2）LHN-Ⅱ指标

基于一般等价[323]的相似性的主要思想是：如果节点 x 的邻居节点与另一节点 y 相似，那么节点 x 和节点 y 也是相似的。Leicht 等人在文献[324]中提出了全局性的 LHN-Ⅱ相似性指标。考虑节点 x 的邻居节点 $z \in \Gamma(x)$ 与节点 y 的相似性，将节点 x 和节点 y 之间的相似性定义如下：

$$s_{xy} = \Phi \sum_z A_{xy} S_{zy} + \varphi \delta_{xy} \tag{10-34}$$

该指标一个基本的假设就是相似性的可传递性。其中，$0 \leqslant \Phi, \varphi \leqslant 1$，$\delta_{xy}$ 是 Kronecker 函数。

10.4.3　基于似然分析的链路预测

本小节介绍基于最大似然估计的链路预测算法。这些算法的共同特点是假设网络结构存在一些组合结构，然后通过已知结构得到参数的最大似然。这样，隐藏链路的似然就可以通过这些规则和参数计算出来。

1. 层次结构模型

多种理论和实验证明很多实际的网络都具有层次结构，其中的节点可以按照层次分成多个组，每个组又可以继续分组，如新陈代谢网络、食物链网络等。Redner[325]指出，分析社会网络和生物网络的层次结构对预测缺失链路很有帮助。Clauset[326]等人提出了一种对网络层次结构建模的普遍方法，并将它应用到链路预测算法中。

如图 10-6 所示,层次结构可以使用 N(网络的节点数)个叶子节点和 $N-1$ 个内部节点的树状图表示。Clauset 等人提出了一个简洁的方案:每个内部节点 r 都对应一个概率值 p_r,一个节点对 (u,v) 之间生成链路的概率等于 $p_{r'}$,其中 r' 代表树状图中 (u,v) 最低的共同父节点的概率。给定一个网络 G 和一个树状图 D,定义 E_r 为 D 中以 r 为最低共同父节点的边的数量,L_r 和 R_r 分别为以 r 为根节点的左子树和右子树中边的数量。整个树状图的似然计算为

$$L(D, \{P_r\}) = \prod_{r \in D} p_r^{E_r} (1 - p_r)^{L_r R_r - E_r} \tag{10-35}$$

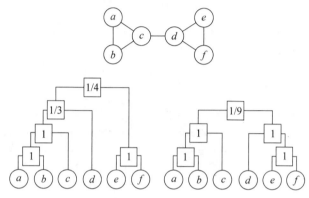

图 10-6　层次结构模型

很显然:

$$p_r^* = \frac{E_r}{L_r R_r} \tag{10-36}$$

才能满足最大化 L。

这样,根据最大似然方法,很容易确定 $\{p_r\}$。图 10-6 展示了一个例子,一个样本网络和两个不同的树状图,每个树状图都有不同的似然。看起来,第 2 个树状图更适合层次的划分。为了能得到最好的结果,需要生成多个树状图并取其平均值为最后的结果。蒙特卡洛方法用来生成样本树状[326]。方法如下。

(1) 对给定的一个树状图 D,按照式(10-35),为其中的内部节点计算其似然值。

(2) 随机交换 r 的兄弟子树或子女子树,得到一个新的树状图 D'。

(3) 如果 $L(D) \leqslant \log L(D)$,那么接受 D',否则以 $L(D')/L(D)$ 的概率接受 D',然后返回 b。

(4) 当次 Markov 链趋于平稳时,开始生成树状图集合。

最终,网络中未连边的节点对 (u,v) 可能连边的概率为所有树状图求出的平均值。将这些计算出的概率值从大到小排序,最大值对应最可能的连边。层次结构模型为链路预测提供了一个很好的方法,更重要的可能是它提出了网络存在的层次结构。当然,这个算法存在一个很大的不足,就是计算代价较大。

2. 随机分块模型

随机分块模型[327,328]可能是最普遍的网络模型,它将网络中的节点分组,然后,一对

节点产生连边的概率只与它们所属的组有关。随机分块模型利用的是网络中的社区概念。网络中的社区是指网络中关联密集的一个子图。一个社区中的节点与同一个社区内的节点连边更多,而与不同社区的节点连边较少或者只有少数节点才与不同社区的节点有连边。

给定网络 G 的一个划分 M ,α 和 β 是其中的两个社区,那么 α 中的任一节点和 β 中的任一节点产生连边的概率为 $Q_{\alpha\beta}$,而同一社区中的节点连接的概率为 $Q_{\alpha\alpha}$ 。已知网络的似然为

$$L(A \mid M) = \prod_{\alpha \leqslant \beta} Q_{\alpha\beta}^{l_{\alpha\beta}} (1 - Q_{\alpha\beta})^{r_{\alpha\beta} - l_{\alpha\beta}} \tag{10-37}$$

其中,$l_{\alpha\beta}$ 为社区 α 和社区 β 已存在连边的数量,$r_{\alpha\beta}$ 为社区 α 和社区 β 可连边的最大值。使得 $L(A|M)$ 最大的 $Q_{\alpha\beta}$ 为

$$Q_{\alpha\beta}^{*} = \frac{l_{\alpha\beta}}{r_{\alpha\beta}} \tag{10-38}$$

定义 Ω 为所有可能的划分,一个连边的可信度为

$$R_{ij} = L(A_{ij} = 1 \mid A) = \frac{\int_{\Omega} L(A_{ij} = 1 \mid M) L(A \mid M) p(M) \mathrm{d}M}{\int_{\Omega} L(A \mid M') p(M') \mathrm{d}M'} \tag{10-39}$$

其中,$p(M)$ 是一个常数。M' 代表一个划分,可信度刻画了一条连边的似然,可信度越高,越可能连边。需要注意的是,一个网络的不同划分的数量随节点数量呈指数增长,所以计算代价巨大。

习　题　10

1. 简述推荐系统的评测方法。
2. 简述推荐系统的评测指标。
3. 简述个性化推荐系统的优点。
4. 网络中的链路预测是如何定义的?
5. 在复杂网络中有哪些链路预测方法?请简述大概过程。
6. 链路预测在现实中有哪些应用场合?请列举两个例子说明。

参 考 文 献

[1] 张亮.复杂网络增长模型及社区结构划分方法[D].大连:大连理工大学,2008.

[2] Maslov S. Specificity and Stability in Topology of Protein Networks[J]. Science,2002,296(5569): 910-913.

[3] Pastor-Satorras R,Vázquez,Vespignani A. Dynamical and Correlation Properties of the Internet [J]. Physical Review Letters,2001,87(25): 258701.

[4] Newman M E J. Assortative Mixing in Networks [J]. Physical Review Letters, 2002, 89 (20): 208701.

[5] 章忠志.复杂网络的演化模型研究[D].大连:大连理工大学,2006.

[6] Shen-Orr S,Milo R,Mangan S,et al. Network Motifs in the Transcriptional Regulation Network of Escherichia Coli[J]. Nature Genetics,2002,31: 6.

[7] Milo R,Shen-Orr S,Itzkovitz S,et al. Network Motifs: Simple Building Blocks of Complex Networks[J]. Science,2002,298: 824-827.

[8] 韩华,刘婉璐,吴翎燕. 基于模体的复杂网络测度量研究 [J]. 物理学报,2013,62(16): 168904-168904.

[9] Milo R,Itzkovitz S,Kashtan N,et al. Superfamilies of Evolved and Designed Networks[J]. Science, 2004,303(5663): 1538-1542.

[10] Tasgin M,Bingol H. Community Detection in Complex Networks Using Genetic Algorithm[J]. 2006,64(1): 0491-0497.

[11] Liu Y,Jin J,Zhang Y,et al. A New Clustering Algorithm Based on Data Field in Complex Networks[J]. The Journal of Supercomputing,2014,67(3): 723-737.

[12] 李晓佳,张鹏,狄增如,等. 复杂网络中的社团结构[J]. 复杂系统与复杂性科学,2008,5(3): 19-42.

[13] 李亚飞.复杂网络中的社团结构检测算法研究[D].北京:北京交通大学,2011.

[14] Newman M E J. Fast Algorithm for Detecting Community Structure in Networks[J]. Phys Rev E Stat Nonlin Soft Matter Phys,2003,69(6): 066133.

[15] 潘灶烽.加权复杂网络的建模研究[D].上海:上海交通大学,2005.

[16] 彭刚.因特网拓扑结构复杂性研究[D].武汉:华中师范大学,2006.

[17] 何士产.复杂网络的耗散结构特征与矩阵表示研究[D].武汉:武汉理工大学,2007.

[18] 冷延东. Ad Hoc互联网络小世界特征的研究 [D].南京:南京邮电大学,2008.

[19] 彭俊.复杂网络的拓扑结构及传播模型的研究 [D].西安:西安电子科技大学,2009.

[20] 汪小帆,李翔,陈关荣.复杂网络理论及其应用 [M].北京:清华大学出版社,2006:260.

[21] 周杰.复杂网络中的信息传播研究 [D].上海:华东师范大学,2008.

[22] 吴楠.复杂网络理论在贵州输配电网中的应用基础研究 [D].贵阳:贵州大学,2008.

[23] 熊文海,高齐圣,张嗣瀛.复杂网络的邻接矩阵及其特征谱 [J].武汉理工大学学报(交通科学与工程版),2009,33(1): 83~86.

[24] Barabasi A L,Albert R. Emergence of Scaling in Random Networks[J]. Science,1999,286(5439): 509-512.

[25] Erdös,Rényi,Alfréd. On Random Graphs. I. [J]. Publicationes Mathematicae,1959,4: 3286-3291.

[26] 刘自然.加反馈机制的复杂网络动力学 [D].长沙:湖南师范大学,2007.

[27] 胡柯.复杂网络上的传播动力学研究 [D].湘潭:湘潭大学,2006.

[28] 田蓓蓓.复杂网络传播行为的元胞自动机模拟研究 [D].上海:上海大学,2008.

[29] 王茹.复杂网络 Opinion 动力学研究 [D].武汉:华中师范大学,2009.

[30] Holland P W,Laskey K B,Leinhardt S. Stochastic Blockmodels:First Steps[J]. Social Networks, 1983,5(2):109-137.

[31] Klemm K,Eguíluz,Víctor M. Highly Clustered Scale-Free Networks[J]. Physical Review E,2002, 65(3):036123.

[32] Klemm K,Eguíluz,Víctor M. Growing Scale-free Networks with Small-world Behaveor[J]. Physical Review E,2002,65(5):057102.

[33] Erdös,Pál,Rényi,Alfréd. On Random Graphs. I. [J]. Publicationes Mathematicae,1959,4: 3286-3291.

[34] Watts D J,Strogatz S H. Collective Dynamics of Small World Networks[J]. Nature,1998,393: 440-442.

[35] Newman M E J,Watts D J. Renormalization Group Analysis of The Small World Network Model [J]. Physical A,1999,263:341-346.

[36] 马宝军.短信网络拓扑结构及演化模型研究[D].北京:北京邮电大学,2006.

[37] Dorogovtsev S N,Mendes J F F. Effect of the Accelerating Growth of Communications Networks on Their Structure[J]. Physical Review E,2001,63(2):025101.

[38] Sen,Parongama. Accelerated Growth in Outgoing Links in Evolving Networks:Deterministic Versus Stochastic Picture[J]. Physical Review E,2004,69(4):046107.

[39] Bianconi G,Barabási A L. Bose-einstein Condensation in Complex Networks. [J]. Physical Review Letters,2000,86(24):5632-5.

[40] Li X,Chen G. A local-world Evolving Network Model[J]. Physica A,2003,328(1-2):274-286.

[41] Barrat A,Barthélemy M,Vespignani A. Weighted Evolving Networks:Coupling Topology and Weight Dynamics. [J]. Physical Review Letters,2004,92(22):228701.

[42] 王文旭.复杂网络的演化动力学及网络上的动力学过程研究 [D].合肥:中国科学技术大学,2007.

[43] 汪秉宏,王文旭,周涛.交通流驱动的含权网络[J].物理,2006,35(4):304-310.

[44] 方锦清,李永.网络科学中统一混合理论模型的若干研究进展[J].力学进展,2008,38(6):663-678.

[45] Rei R,Beard R W. Consensus Seeking in Multiagent Systems Under Dynamically Changing Interaction Topologies[J]. IEEE Transactions on Automatic Control,2005,50(5):655-661.

[46] Moreau L. Stability of Multiagent Systems With Time-dependent Communication Links[C]. IEEE Trans Automat Control,2005.

[47] Fortunato S. Community Detection in Graphs[J]. Physics Reports,2009,486(3):75-174.

[48] Wasserman S,Kaust F. Social Network Analysis:Methods and Applications[M]. Cambridge: Cambridge University Press,1994.

[49] Marchiori M,Latora V. Harmony in the Small-world[J]. Physica A Statistical Mechanics and Its Applications,2000,285(3):539-546.

[50] Latora V,Marchiori M. Efficient Behavior of Small-world Networks[J]. Physical Review Letters, 2001,87(19):198701.

[51] Barabási A L,Jeong H,Néda Z,et al. Evolution of the Social Network of Scientific Collaborations
      [J]. Physica A：Statistical Mechanics and its Applications,2002,311(3)：590-614.

[52] Guimera R,Mossa S,Turtschi A,et al. The Worldwide Air Transportation Network：Anomalous
      Centrality,Community Structure,and Cities Global Roles[J]. Proceedings of the National Academy
      of Sciences,2005,102(22)：7794-7799.

[53] Hu B,Jiang X Y,Ding J F,et al. A Model of Weighted Network：the Student Relationships in A
      Class[J]. Physics,2004,21(3)：125-131.

[54] Marc Bartheíemy, Barrat A, Pastor-Satorras R, et al. Characterization and Modeling of Complex
      Weighted Networks[J]. Physica A：Statistical Mechanics and its Applications,2005,346(1-2)：
      34-43.

[55] Barrat A, Barthelemy M, Pastor-Satorras R, et al. The Architecture of Complex Weighted
      Networks[J]. Proceedings of the National Academy of Sciences,2004,101(11)：3747-3752.

[56] Derrida B, Flyvbjerg H. Statistical Properties of Randomly Broken Objects and of Multivalley
      Structures in Disordered Systems[J]. Journal of Physics A General Physics, 1987, 20 (15)：
      5273-5288.

[57] Almaas E,Barabasi A L,Kovacs B,et al. Global Organization of Metabolic Fluxes in the Bacterium
      Escherichia Coli[J]. Nature,2004,427(6977)：839-843.

[58] Milo R, Shen-Orr S, Itzkovitz S, et al. Network Motifs：Simple Building Blocks of Complex
      Networks[J]. Science,2002,298(5594)：824-827.

[59] Tieri P,Valensin S, Latora V, et al. Quantifying the Relevance of Different Mediators in the
      Human Immune Cell Network[J]. Bioinformatics,2004,21(8)：1639-1643.

[60] Watts D J,Strogatz S H. Collective Dynamics of 'Small-world' Networks[J]. Nature,1998,393
      (6684)：440.

[61] Newman M E J. Scientific Collaboration Networks. II. Shortest Paths,Weighted Networks and
      Centrality[J]. Physical review E,2001,64(1)：016132.

[62] Newman M E J. The Structure of Scientific Collaboration Networks [J]. Proceedings of the
      National Academy of Sciences,2001,98(2)：404-409.

[63] Wasserman S,Faust K. Social Networks Analysis：Methods and Applications[M],Cambridge：
      Cambridge University Press,1994.

[64] Newman M E J. Assortative Mixing in Networks[J]. Phys. Rev. Lett. 89 (2002)：2087,01.

[65] Amaral,L. A N. Classes of Small-world Networks[J]. Proceedings of the National Academy of
      Sciences of the United States of America,2000,97(21)：11149-11152.

[66] Zhou S,Mondragon R J. The Missing Links in the BGP-based as Connectivity Maps[J]. Proc of
      Pam,2003,63(3)：28-32.

[67] Yook S H, Jeong H, Barabasi A L, et al. Weighted Evolving Networks［C］. APS Meeting
      Abstracts,2002.

[68] Zheng D, Trimper S, Zheng B, et al. Weighted Scale-free Networks with Stochastic Weight
      Assignments[J]. Physical Review E,2003,67(4)：040102.

[69] Antal T, Krapivsky P L. "Burnt-bridge" Mechanism of Molecular Motor Motion[J]. Physical
      Review E,2005,72(4 Pt 2)：046104.

[70] Barrat A, Barthélemy M, Vespignani A. Weighted Evolving Networks：Coupling Topology and
      Weight Dynamics[J]. Physical Review Letters,2004,92(22)：228701.

[71] Dorogovtsev S N, Mendes J F F, Samukhin A N. Metric Structure of Random Networks[J]. Nuclear Physics, 2002, 653(3): 307-338.

[72] Bashan A, Havlin S. The Combined Effect of Connectivity and Dependency Links on Percolation of Networks[J]. Journal of Statistical Physics, 2011, 145(3): 686-695.

[73] Zhang Q, Li D, Kang R, et al. Reliability Analysis of Interdependent Networks Using Percolation Theory[C]. Proceedings of International Conference on Signalimage Technology and Internet Systems, 2013: 626-629.

[74] Buldyrev S V, Shere N W, Cwilich G A. Interdependent Networks With Identical Degrees of Mutually Dependent Nodes[J]. Physical Review E Statistical Nonlinear and Soft Matter Physics, 2011, 83: 016112.

[75] Zhang P, Cheng B, Zhao Z, et al. The Robustness of Interdependent Transportation Networks under Targeted Attack[J]. Euro physics Letters, 2013, 103(6): 68005.

[76] Zhang R. Percolation of Interdependent Networks with Inter-similarity[J]. Physical Review E Statistical Nonlinear and Soft Matter Physics, 2013, 88(5): 4482-4498.

[77] Fu G, Dawson R, Khoury M, et al. Interdependent Networks: Vulnerability Analysis and Strategies to Limit Cascading Failure[J]. The European Physical Journal B, 2014, 87(7): 1-10.

[78] Gao J, Buldyrev S V, Havlin S, et al. Robustness of a Network of Networks[J]. Physical Review Letters, 2011, 107(19): 195701.

[79] 陆君安. 从单层网络到多层网络——结构、动力学和功能[D]. 现代物理知识, 2015(4): 3-8.

[80] Newman M E J, Strogatz S H, Watts D J. Random Graphs with Arbitrary Degree Distributions and Their Applications[J]. Physical Review E, 2001, 64(2): 026118.

[81] Callaway D S, Newman M E J, Strogatz S H, et al. Network Robustness and Fragility: Percolation on Random Graphs[J]. Physical Review Letters, 2000, 85(25): 5468-5471.

[82] Holme P, Kim B J, Yoon C N, et al. Attack Vulnerability of Complex Networks[J]. Physical Review E, 2002, 65(5): 056109.

[83] Wang J W, Rong L L. Effect Attack on Scalefree Networks Due to Cascadeing Failures[J]. Modern Physics Letters B, 2008, 25 (10): 3826-3829.

[84] Zio E, Golea L R, Sansavini G. Optimizing Protections Against Cascades in Network Systems: A Modified Binary Differential Evolution Algorithm[J]. Reliability Engineering and System Safety, 2012, 103: 72-83.

[85] Chen S M, Pang S P, Zou X Q. An LCOR Model for Suppressing Cascading Failure in Weighted Complex Networks[J]. Chinese Physics B, 2013, 22(5): 058901.

[86] Bak P, Tang C, Wiesenfeld K. Self-organized Criticality: An Explanation of the 1/f Noise[J]. Physical Review Letters, 1987, 59(4): 381-384.

[87] Bonabeau E. Sandpile Dynamics on Random Graphs [J]. Journal of the Physical Society of Japan, 1995, 64(1): 327-328.

[88] Lee D S, Goh K I, Kahng B, et al. Sandpile Avalanche Dynamics on Scale-free Networks[J]. Physica A: Statistical Mechanics and its Applications, 2004, 338(1): 84-91.

[89] Carreras B A, Lynch V E, Dobson I, et al. Critical Points and Transitions in an Electric Power Transmission Model for Cascading Failure Blackouts[J]. Chaos (Woodbury, N. Y.), 2003, 12(4): 985-994.

[90] Dobson I, Carreras B A, Newman D E. A Probabilistic Loading-dependent Model of Cascade

Failure and Possible Implications for Blackouts[C]. Hawaii International Conference on System Sciences. IEEE Computer Society,2003.

[91] Motter A E,Lai Y C. Cascade-based Attacks on Complex Networks[J]. Physical Review E,2002, 66(6):065102.

[92] Freeman L C. A Set of Measures of Centrality Based on Betweenness[J]. Sociometry,1977,40(1): 35-41.

[93] Wang W X, Chen G. Universal Robustness Characteristic of Weighted Networks Against Cascading Failure[J]. Physical Review E Statistical Nonlinear and Soft Matter Physics,2008,77 (2):026101.

[94] Pocock M J O, Evans D M, Memmott J. The Robustness and Restoration of a Network of Ecological Networks[J]. Science,2012,335(6071):973-977.

[95] Mirzasoleiman B,Babaei M,Jalili M,et al. Cascaded Failures in Weighted Networks[J]. Phys Rev E Stat Nonlin Soft Matter Phys,2011,84(2):046114.

[96] Kim D H,Motter A E. Resource Allocation Pattern in Infrastructure Networks[J]. Journal of Physics A Mathematical and Theoretical,2008,41(22):4539-4539.

[97] 窦炳琳,张世永. 复杂网络上级联失效的负载容量模型[J]. 系统仿真学报,2011,23(7): 1459-1463.

[98] 胡柯. 复杂网络上的传播动力学研究 [D]. 湘潭:湘潭大学,2006.

[99] Pastor-Satorras R,Vespignani A. Epidemic Spreading in Scale-free Networks[J]. Physical Review Letters,2000,86(14):3200.

[100] Bogua M, Pastor-Satorras R, Vespignani A. Epidemic Spreading in Complex Networks with Degree Correlations[J]. Lecture Notes in Physics,2003,625(3):331-348.

[101] Van Mieghem P,Omic J, Kooij R. Virus Spread in Network[J]. IEEE/ACM Transactions on Networking(TON),2009,17(1):1-4.

[102] Youssef M,Scoglio C. An Individual-based Approach to SIR Epidemics in Contact Networks[J]. Journal of Theoretical Biology,2011,283(1):136-144.

[103] Yang L,Draief M,Yang X. Heterogeneous Virus Propagation in Networks:a Theoretical Study [J]. Mathematical Methods in the Applied Sciences,2017,40(5):1396-1413.

[104] Sahneh F D,Scoglio C. Competitive Epidemic Spreading over Arbitrary Multilayer Network[J]. Physical Review E,2014,89(6):062817.

[105] Yang L X, Yang X, Wu Y. The Impact of Patch Forwarding on the Prevalence of Computer Virus:a Theoretical Assessment Approach[J]. Applied Mathematical Modelling, 2017, 43: 110-125.

[106] Moukarzel C F. Spreading and Shortest Paths in Systems with Sparse Long-range Connections [J]. Phys Rev E Stat Phys Plasmas Fluids Relat Interdiscip Topics,1999,60(6 Pt A):R6263.

[107] Yang X S. Fractals in Small-world Networks with Time-delay[J]. Chaos,Solitons and Fractals, 2002,13(2):215-219.

[108] Anderson R M, May R M. Infectious Diseases of Humans:Dynamics and Control[M]. New York:Oxford University Press,1992.

[109] Pastor-Satorras R,Vespignani A. Immunization of Complex Networks[J]. Physical Review E, 2002,65(3 Pt 2A):036104.

[110] Madar N,Kalisky T,Cohen R,et al. Immunization and Epidemic Dynamics in Complex Networks

[J]. European Physical Journal B,2004,38(2)：269-276.

[111] Goncalves J F. Mendes J J M,Resende M G C. A Genetic Algorithm for the Resource Constrained Multi-project Scheduling Problem[J]. European Journal of Operational Research,2008,189(3)：1171-1190.

[112] 应瑛,寿涌毅,李敏.资源受限多项目调度的混合遗传算法[J].浙江大学学报(工学版),2009,43(1)：23-27.

[113] 周永华,毛宗源.求解约束优化问题的分组比较遗传算法[J].华南理工大学学报(自然科学版),2003,31(2)：38-43.

[114] 宣琦.基于复杂网络理论的复杂调度问题求解方法研究[D].杭州：浙江大学,2008.

[115] Browning T R, Yassine A A. Resource-constrained Multi-project Scheduling：Priority Rule Performance Revisited [J]. International Journal of Production Economics, 2010, 126 (2)：212-228.

[116] Williams B G, Granich R, Chauhan L S, et al. The Impact of HIV/AIDS on the Control of Tuberculosis in India[J]. Proceedings of the National Academy of Sciences of the United States of America,2005,102(27)：9619-9624.

[117] Smith R D. Responding to Global Infectious Disease Outbreaks：Lessons from SARS on the Role of Risk Perception, Communication and Management[J]. Social Science & Medicine, 2006, 63(12)：3113-3123.

[118] Organization W H. Global Tuberculosis Report 2013[M]. Geneva Switzerland：World Health Organization,2013.

[119] Shah D, Zaman T. Detecting Sources of Computer Viruses in Networks：Theory and Experiment [C]. Proceedings of the ACM SIGMETRICS International Conference on Measurement and Modeling of Computer Systems. New York, USA,2010：203-214.

[120] Shah D, Zaman T. Rumors in a Network：Who's the Culprit? [J]. IEEE Transactions on Information Theory,2011,57(8)：5163-5181.

[121] Pastor-Satorras R,Castellano C,Van Mieghem P,et al. Epidemic Processes in Complex Networks [J]. Reviews of Modern Physics,2015,87(3)：925-979.

[122] Hethcote H W. The Mathematics of Infectious Diseases [J]. SIAM Review, 2000, 42(4)：599-653.

[123] Newman M E J. The Spread of Epidemic Disease on Networks[J]. Physical Review-E,2002,66(1)：16128.

[124] Duan W, Fan Z, Zhang P, et al. Mathematical and Computational Approaches to Epidemic Modeling：a Comprehensive Review[J]. Frontiers of Computer Science,2015,9(5)：806-826.

[125] Eames K T. Modelling Disease Spread Through Random and Regular Contacts in Clustered Populations[J]. Theoretical Population Biology,2008,73(1)：104-111.

[126] Fefferman N H, Ng K L. How Disease Models in Static Networks can Fail to Approximate Disease in Dynamic Networks[J]. Physical Review E,2007,76(3)：31919.

[127] Smieszek T, Fiebig L, Scholz R W. Models of Epidemics：When Contact Repetition and Clustering Should be Included[J]. Das Gesundheitswesen,2010,72(08/09)：V119.

[128] Lappas T,Terzi E,Gunopulos D,et al. Finding Effectors in Social Networks[C]. Proceedings of the 16th ACM SIGKDD International Conference on Knowledge Discovery and Data Mining, Washington,USA,2010：1059-1068.

[129] Kempe D,Kleinberg J,Tardos É. Maximizing the Spread of Influence Through a Social Network [C]. Proceedings of the Ninth ACM SIGKDD International Conference on Knowledge Discovery and Data Mining,Washington,USA,2003：137-146.

[130] Seo E,Mohapatra P,Abdelzaher T. Identifying Rumors and Their Sources in Social Networks [C]. Proceedings of the SPIE,Maryland,USA,2012,8389：1-13.

[131] Farajtabar M,Gomez-Rodriguez M,Du N,et al. Back to the Past：Source Identification in Diffusion Networks from Partially Observed Cascades[C]. Artificial Intelligence and Statistics, 2015：232-240.

[132] Nguyen D T,Nguyen N P,Thai M T. Sources of Misinformation in Online Social Networks：Who to Suspect? [C]IEEE Military Communications Conference,Orlando,USA,2012：1-6.

[133] Zhu K,Ying L. Source Localization in Networks：Trees and Beyond[J]. Computer Science,2015 (1)：1-30.

[134] Louni A,Santhanakrishnan A,Subbalakshmi K P. Identification of Source of Rumors in Social Networks with Incomplete Information[J]. Computer Science,2015,35：123 -130.

[135] Zhang Z,Xu W,Wu W,et al. A Novel Approach for Detecting Multiple Rumor Sources in Networks with Partial Observations[J]. Journal of Combinatorial Optimization,2017,33(1)： 132-146.

[136] Zang W,Wang X,Yao Q,et al. A Fast Climbing Approach for Diffusion Source Inference in Large Social Networks[C]. Proceedings of the Second International Conference on Data Science, Sydney,Australia,2015：50-57.

[137] Jiang J,Wen S,Yu S,et al. Identifying Propagation Sources in Networks：State-of-the-art and Comparative Studies[J]. IEEE Communications Surveys and Tutorials,2017,19(1)：465-481.

[138] Shah D,Zaman T. Rumor Centrality：a Universal Source Detector[C]. Proceedings of the 12th ACM SIGMETRICS/PERFORMANCE Joint International Conference on Measurement and Modeling of Computer Systems,London,UK,2012：199-210.

[139] Bao Z K,Ma C,Xiang B B,et al. Identification of Influential Nodes in Complex Networks： Method from Spreading Probability Viewpoint[J]. Physica A：Statistical Mechanics and its Applications,2017,468：391-397.

[140] Comin C H,Da Fontoura,Costa L. Identifying the Starting Point of a Spreading Process in Complex Networks[J]. Physical Review E,2011,84(5)：56105.

[141] Smith J M,Price G R. The Logic of Animal Conflict[J]. Nature,1973,246：15-18.

[142] Nowak M A,Sasaki A,Taylor C,et al. Emergence of Cooperation and Evolutionary Stability in Finite Populations[J]. Nature,2004,428(6983)：646-650.

[143] Nowak M A,May R M. Evolutionary Games and Spatial Chaos[J]. Nature,1992,359(6398)： 826-829.

[144] Abramson G,Kuperman M. Social Games in a Social Network[J]. Physical Review E,2001,63 (3)：030901.

[145] 刘永奎. 复杂网络及网络上的演化博弈动力学研究 [D].西安：西安电子科技大学,2010.

[146] Smith J M,Price G R. The Logic of Animal Conflict[J]. Nature,1973,246：15-18.

[147] Huang K,Zheng X,Li Z,et al. Understanding Cooperative Behavior Based on the Coevolution of Game Strategy and Link Weight[J]. Scientific Reports,2015,5：14783.

[148] Barabasi A L,Albert R. Emergence of Scaling in Random Networks[J]. Science,1998,286

(5439)：509-512.

[149] Doebeli M，Hauert C. Models of Cooperation Based on the Prisoner's Dilemma and the Snowdrift game[J]. Ecology Letters，2010，8(7)：748-766.

[150] Deng L L，Tang W S，Zhang J X. Coevolution of Structure and Strategy Promoting Fairness in the Ultimatum Game[J]. Chinese Physics Letters，2011，28(7)：070204.

[151] Zimmermann M G，Eguíluz V M，San Miguel M. Coevolution of Dynamical States and Interactions in Dynamic Networks[J]. Physical Review E，2004，69(6)：065102.

[152] Wu T，Fu F，Zhang Y，et al. Expectation-driven Migration Promotes Cooperation by Group Interactions[J]. Physical Review E，2012，85(6)：066104.

[153] Van Segbroeck S，Santos F C，Lenaerts T，et al. Reacting Differently to Adverse Ties Promotes Cooperation in Social Networks[J]. Physical review letters，2009，102(5)：05-8105.

[154] Helbing D，Yu W. The Outbreak of Cooperation Among Success-driven Individuals Under Noisy Conditions[J]. Proceedings of the National Academy of Sciences，2009，106(10)：3680-3685.

[155] 李阳. 复杂网络上的演化博弈 [D]. 焦作：河南理工大学，2013.

[156] 刘德海，王维国，孙康. 基于演化博弈的重大突发公共卫生事件情景预测模型与防控措施[J]. 系统工程理论与实践，2012，32(5)：937-946.

[157] 刘一楠. WHO：甲流全球大流行结束 [N]. 新民晚报，2010-811(A18).

[158] 赵殿川. 单位防甲流不力最高罚 20 万 [N]. 北京日报，2009-6-24.

[159] Maynard S J. Evolution and the Theory of Games [M]. Cambridge：Cambridge University Press，1982.

[160] Sethi R. Strategy-specific Barriers to Learning and Nonmonotonic Selection Dynamics[J]. Games and Economic Behavior，1998，23(2)：284-304.

[161] Kuklan H. Perception and Organizational Crisis Management[J]. Theory and Decision，1988，25(3)：259-274.

[162] 王仁贵. 猪流感会否成为又一个非典 [J]. 锤望，2009，18：6-7.

[163] Schottre A. The Economic Theory of Social Institutions[M]. Cambridge：Cambridge University Press，1981：31-40.

[164] Jorgen W. Evolutionary Game Theory[M]. Cambridge：MIT Press，1985：41-53.

[165] Aoki M，Okuno-Fujiwara M. Comparative Institutional Analysis of Economic Systems [M]. Tokyo：University of Tokyo Press，1996：253-287.

[166] Drew F，Levine D. The Theory of Learning in Games[M]. Cambridge：MIT Press，1998：67-85.

[167] Taylor P D，Jonker L B. Evolutionarily Stable Strategies and Game Dynamics[J]. Mathematical Biosciences，1978，40：145-256.

[168] Young H P. Individual Strategy and Social Structure[M]. Princeton：Princeton University Press，1998：14-21.

[169] 张帅. 美、加集装箱多式联运发展经验及启示[J]. 集装箱化，2009(11)：6-9.

[170] Walker S J. Big Data：A Revolution that Will Transform How We Live，Work，and Think[J]. Mathematics and Computer Education，2014，47(17)：181-183.

[171] Benjamin Woo. Worldwide Big Data Technology and Services Forecast[J]. IDC Report，2012，23(3)：485：518.

[172] Ferrara E，Fiumara G. Topological Features of Online Social Networks[J]. Communications in Applied and Industrial Mathematics，2012，9(2)：381.

[173] Comar P M,Tan P N,Jain A K. A Framework for Joint Community Detection Across Multiple Related Networks[J]. Neural computing,2012,76(1)：93-104.

[174] LU X Y,CHEN W. Key-nodes Mining Algorithm Based on Communities [J]. Computer Systems and Applications,2012,4：6-11.

[175] Watts D J,Strogatz S H. Collective Dynamics of "Small-world" Networks[J]. Nature,1998,393 (6684)：440.

[176] Barabsia,Albert R. Emergence of Scaling in Random Networks[J]. Science,1999,286(5439)：509-512.

[177] 方锦清,汪小帆,郑志刚,等. 一门崭新的交叉科学：网络科学(上)[J]. 物理学进展,2007,27(3)：239-343.

[178] Newman M E J. Networks-an Introduction[M]. New York：Oxford University Press,2010,168-169.

[179] 王建伟,荣莉莉,郭天柱. 一种基于局部特征的网络节点重要性度量方法[J]. 大连理工大学学报,2010,50(5)：822-826.

[180] Chen D B,Lv L Y,Shang M S,et al. Identifying Influential Nodes in Complex Networks[J]. Physica A,2012,391(4)：1777-1787.

[181] Ren Z M,Shao F,Liu J G,et al. Node Importance Measurement Based on the Degree and Clustering Coefficient Information[J]. Acta Phys Sin,2013,62(12)：128901.

[182] Centola D. The Spread of Behavior in an Online Social Network Experiment[J]. Science,2010,329(5996)：1194-1197.

[183] Ugander J,Backstrom L,Marlow C,et al. Structural Diversity in Social Contagion [J]. Proceedings of the National Academy of Sciences,2012,109(16)：5962-5966.

[184] Stephenson K,Zelen M. Rethinking Centrality：Methods and Examples[J]. Social Networks,1989,11(1)：1-37.

[185] Poulin R,Boily M C,Mâsse B R. Dynamical Systems to Define Centrality in Social Networks[J]. Social Networks,2000,22(3)：187-220.

[186] Katz L. A New Status Index Derived from Sociometric Analysis[J]. Psychometrika,1953,18(1)：39-43.

[187] Sabidussi G. The Centrality Index of a Graph[J]. Psychometrika,1966,31(4)：581-603.

[188] Zhang J,Xu X K,Li P,et al. Node Importance for Dynamical Process on Networks：A Multiscale Characterization [J]. Chaos：an Interdisciplinary Journal of Nonlinear science, 2011, 21 (1)：016107.

[189] Huang X Q,Vodenska I,Wang F Z,et al. Identifying Influential Directors in the United States Corporate Governance Network[J]. Phys Rev E,2011,84(4)：046101.

[190] Freeman L. A Set of Measures of Centrality Based Upon Betweenness[J]. Sociometry,1977,40 (1)：35-41.

[191] Travencolo B A N,Costa L D. Accessibility in Complex Networks[J]. Phys Lett A,2008,373 (1)：89-95.

[192] Kitsak M,Gallos L K,Havlin S,et al. Identification of Influential Spreaders in Complex Networks [J]. Nat Phys,2010,6(11)：888-893.

[193] Zeng A,Zhang C J. Ranking Spreaders by Decomposing Complex Networks[J]. Phys Lett A, 2013,377(14)：1031-1035.

[194] Garas A,Schweitzer F,Havlin S. A k-shell Decomposition Method for Weighted Networks[J]. New J Phys,2012,14：083030.

[195] Bryan K,Leise T. The ＄25 000 000 000 Eigenvector：the Linear Algebra Behind Google[J]. SIAM Rev,2006,48(3)：569-581.

[196] Radicchi F,Fortunato S,Markines B,et al. Diffusion of Scientific Credits and the Ranking of Scientists[J]. Phys Rev E,2009,80(5)：056103.

[197] Masuda N,Kori H. Dynamics-based Centrality for Directed Networks[J]. Phys Rev E,2010,82 (5)：056107.

[198] Kleinberg J M. Authoritative Sources in a Hyper Linked Environment[J]. Journal of the ACM (JACM),1999,46(5)：604-632.

[199] 李鹏翔,任玉晴,席酉民. 网络节点(集)重要性的一种度量指标[J]. 系统工程,2004,22：13-20.

[200] 许进,席酉民,汪应洛. 系统的核与核度理论[J]. 系统工程学报,1999,14：243-257.

[201] 陈勇,胡爱群,胡啸. 通信网中节点重要性的评价方法[J]. 通信学报,2004,25：129-134.

[202] 谭跃进,吴俊,邓宏钟. 复杂网络中节点重要度评估的节点收缩方法[J]. 系统工程理论与实践,2006,26：79-83.

[203] Restrepo J G,Ott E,Hunt B R. Characterizing the Dynamical Importance of Network Nodes and Links[J]. Physical Review Letters,2006,97(9)：094102.

[204] Garey M R,Johnson D S. Computers and Intractability：a Guide the Theory of NP-completeness [M]. San Francisco：San Francisco Press,1979：9.

[205] Scott J. Social Network Analysis：Developments,Advances and Prospects[J]. Social Network Analysis and Mining,2011,1(1)：21-26.

[206] 汪小帆,李翔,陈关荣. 复杂网络理论及其应用[M]. 北京：清华大学出版社,2006.

[207] 薄辉. 社区发现技术的研究与实现 [D]. 北京：北京交通大学,2009.

[208] Gibson D,Kleinberg J,and Raghavan P. Inferring Web Communities from Link To-pology[C]. Proceedings of the Ninth ACM Conference on Hypertext and Hypermedia：Links,Objects,Time and Space,1998：225-234.

[209] Flake G W,Lawrence S,Giles C L,et al. Self-organization and Identification of Web Communities [J]. Computer,2002,35(3)：66-70.

[210] Adamic L A,Adar E. Friends and Neighbors on the Web[J]. Social Networks,2003,25(3)：211-230.

[211] Shen-Orr S S,Milo R,Mangan S,et al. Network Motifs in the Transcriptional Regulation Network of Escherichia Coli[J]. Nature Genetics,2002,31(1)：64-68.

[212] Milo R,Shen-Orr S,Itzkovitz S,et al. Network Motifs：Simple Building Blocks of Complex Networks[J]. Science,2002,298(5594)：824-827.

[213] Holme P,Huss M,Jeong H. Subnetwork Hierarchies of Biochemical Pathways ［J］. Bioinformatics,2003,19(4)：532-538.

[214] Girvan M,Newman M E J. Community Structure in Social and Biological Networks[J]. Proceedings of the National Academy of Sciences of the United States of America,2002.99(12)：7821.

[215] Gleiser P M,Danon L. Community Structure in Jazz[J]. Advances in Complex Systems,2003,6 (04)：565-573.

[216] Kernighan B W,Lin S. An Efficient Heuristic Procedure for Partitioning Graphs[J]. Bell System

Technical Journal,1970,49(2)：291-307.

[217] Fiedler M. Algebraic Connectivity of Graphs [J]. Czechoslovak Mathematical Journal,1973,23 (2)：298-305.

[218] Pothen A,Simon H D,Liou K P. Partitioning Sparse Matrices with Eigenvectors of Graphs[J]. SIAM Journal on Matrix Analysis and Applications,1990,11(3)：430-452.

[219] Palla G,Der I,et al. Uncovering the Overlapping Community Structure of Complex Networks in Nature and Society [J]. Nature,2005,435(7043)：814-818.

[220] Palla G,Farkas I J,Pollner P,et al. Directed Network Modules[J]. New Journal of Physics,2007, 9(6)：186.

[221] Wu F,Huberman B A. Finding Communities in Linear Time：a Physics Approach[J]. The European Physical Journal B-Condensed Matter and Complex Systems,2004,38(2)：331-338.

[222] Radicchi F,Castellano C. Defining and Identifying Communities in Networks[J]. Proceedings of the National Academy of Sciences of the United States of America,2004,101(9)：2658.

[223] Tyler J R,Wilkinson D M,Huberman B A. E-Mail as Spectroscopy：Automated   Discovery of Community Structure Within Organizations [J]. The Information Society, 2005, 21 (2)： 143-153.

[224] Newman M E J. Fast Algorithm for Detecting Community Structure in Network[J]. Physical Review E,2004,69(6)：066133.

[225] Clauset A,Newman M E J,Moore C. Finding Community Structure in Very Large Networks [J]. Physical Review E,2004,70(6)：066111.

[226] Wang X,Chen G,Lu H. A Very Fast Algorithm for Detecting Community Structures in Complex Networks [J]. Physica A：Statistical Mechanics and its Applications,2007. 384(2)： 667-674.

[227] Xiang B,Chen E H,Zhou T. Finding Community Structure Based on Subgraph Similarity[M]. Springer,Berlin,Heidelberg,2009：73-81.

[228] Medus A,Dorso C. Alternative Approach to Community Detection in Networks [J]. Physical Review E,2009,79(6)：066111.

[229] Lancichinetti A,Fortunato S,Kert J. Detecting the Overlapping and Hierarchical Community Structure in Complex Networks [J]. New Journal of Physics,2009,11：033015.

[230] Shen H,Cheng X,et al. Detect Overlapping and Hierarchical Community Structure in Networks [J]. Physica A：Statistical Mechanics and its Applications,2009. 388(8)：1706-1712.

[231] Gregory S. A fast Algorithm to Find Overlapping Communities in Networks [J]. Machine Learning and Knowledge Discovery in Databases,2008(1)：408-423.

[232] Fortunato S,Barth M. Resolution Limit in Community Detection [J]. Proceedings of the National Academy of Sciences,2007,104(1)：36.

[233] Arenas A,Fernandez A,Gomez S. Analysis of the Structure of Complex Networks at Different Resolution Levels [J]. New Journal of Physics,2008,10：3039.

[234] Salespardo M,Roger Guimerà, André A Moreira,et al. Extracting the Hierarchical Organization of Complex Systems[J]. Proceedings of the National Academy of Sciences of the United States of America,2007,104(39)：15224-15229.

[235] Doreian P,Mrvar A. A Partitioning Approach to Structural Balance[J]. Social Networks,1996,18 (2)：149-168.

[236] Yang B, Cheung W K, Liu J. Community Mining from Signed Social Networks. [J]. IEEE Transactions on Knowledge and Data Engineering, 2007, 19(10): 1333-1348.

[237] Newman M E J. Modularity and Communities' Structure in Networks[J]. Proc of the National Academy of Science, 2006, 103(23): 8577-8582.

[238] Shiga M, Takigawa I, Mamitsuka H. A Spectral Clustering Approach to Optimally Combining Numerical Vectors with a Modular Network[C]. Proceedings of the 13th ACM SIGKDD International Conference on Knowledge Discovery and Data Mining. ACM, 2007: 647-656.

[239] White-S, Smyth P. A Spectral Clustering Approach to Finding Communities in Graphs[C]. In: Kamath C, Goodman A, eds. Proc. of the 5th SIAM Int'l Conf on Data Mining. Philadelphia: SIAM, 2005: 76-84.

[240] Donetti L, Munoz M A. Improved Spectral Algorithm for the Detection of Network Communities [C]. In: Garrido PL, Muñoz MA, Marro J, eds. Proc. of the 8th Int Conf. on Modeling Cooperative Behavior in the Social Sciences. New York: American Institute of Physics, 2005, 779: 104-107.

[241] Shi J, Malik J. Normalized Cuts and Image Segmentation[J]. IEEE Transactions on Pattern Analysis and Machine Intelligence, 2000, 22(8): 888-905.

[242] Garey M R, Johnson D S. Computers and Intractability: a Guide to the Theory of NP-Completeness[J]. Siam Review, 1982, 24(1): 90.

[243] Newman M E J. Detecting Community Structure in Networks[J]. European Physical Journal(B), 2004, 38(2): 321-330.

[244] Guimera R, Amaral L. Functional Cartography of Complex Metabolic Networks[J]. Nature, 2005, 433(7028): 895-900.

[245] Newman M E J, Girvan M. Finding and Evaluating Community Structure in Networks[J]. Physical Review E, 2004, 69(2): 026113.

[246] Flake G W, Lawrence S, Giles C L, et al. Self-organization and Identification of Web Communities [J]. IEEE Computer, 2002, 35(3): 66-71.

[247] Goldberg A V. Recent Developments in Maximum Flow Algorithms[J]. Scandinavian Workshop on Algorithm Theory, 1998, 1432: 1-10.

[248] Yang B, Liu J. Discovering Global Network Communities Based on Local Centralities[J]. ACM Transaction on the Web, 2008, 2(1): article 9: 1-32.

[249] Hall K M. An R-dimensional Quadratic Placement Algorithm[J]. Management Science, 1970, 17 (3): 219-229.

[250] Donetti L, Munoz M A. Detecting Network Communities: a New Systematic and Efficient Algorithm[J]. Journal of Statistical Mechanics: Theory Experiment, 2004, 2004(10): P10012.

[251] Zanghi H, Volant S, Ambroise C. Clustering Based on Random Graph Model Embeding Vertex Features[J]. Pattern Recognition Letters, 2010, 31(9): 830-836, 2010.

[252] Steinhaeuser K, Chawla N V. Community Detection in a Large Real-World Social Network[M]. Social Computing, Behavioral Modeling and Prediction, 2008: 168-175.

[253] Zhou Y, Cheng H, Yu J X. Clustering Large Attributed Graphs: an Efficient Incremental Approach[C]. In ICDM, 2010: 689-698.

[254] Tong H, Faloutsos C, Pan, JY. Fast Random Walk with Restart and it is Applications[C]. Sixth International Conference on Data Mining (ICDM'06), 2006: 613-622.

[255] Neville J, Adler M, Jensen D. Clustering Relational Data Using Attribute and Link Information [C]. Proceedings of the Text Mining and Link Analysis Workshop, 18th International Joint Conference on Artificial Intelligence, 2003: 9-15.

[256] Xu Z, Ke Y, Wang Y, et al. A Model-based Approach to Attributed Graph Clustering [C]. Proceedings of the 2012 ACM SIGMOD International Conference on Management of data, 2012: 505-516.

[257] Liu J, Wang C, Gao J Han J. Multi-view Clustering Via Joint Nonnegative Matrix Factorization [C]. Proceedings of the 2013 SIAM International Conference on Data Mining. SIAM, 2013: 252-260.

[258] Kuang D, Park H, Ding C H Q. Symmetric Nonnegative Matrix Factorization for Graph Clustering [C]. Proceedings of the 2012 SIAM International Conference on Data Mining. SIAM, 2012: 106-117.

[259] Boyd S, Vandenberghe L. Convex Optimization [M]. Cambridge: Cambridge University Press, 2004: 244.

[260] Resnick P, Varian J. Recommendation Systems [J]. Communications of the ACM, 1997, 40 (3): 56.

[261] 蔡自兴, 徐光裕. 人工智能及应用 [M]. 北京: 清华大学出版社, 2004.

[262] 周斌, 吴泉源, 高洪奎. 用户访问模式数据挖掘的模型与算法研究 [J]. 计算机研究与发展, 1999, 36(7): 23-31.

[263] Riedl J. An Algorithmic Framework for Performing Collaborative Filtering [C]. 22nd Annual International ACM SIGIR Conference on Research and Development in Information Retrieval, SIGIR. Association for Computing Machinery, 1999: 230-237.

[264] Resniek P, Varian H R. Recommender Systems [J]. Communications of the ACM, 1997, 40(3): 56-58.

[265] 邓爱林, 朱扬勇, 施伯乐. 基于项目评分预测的协同过滤推荐算法 [J]. 软件学报, 2003, 14(9): 1621-1628.

[266] 张忠平, 郭献丽. 一种优化的基于项目评分预测的协同过滤推荐算法 [J]. 计算机应用研究, 2008, 25(9): 2658-2660.

[267] 孙小华, 陈洪, 孔繁胜. 在协同过滤中结合奇异值分解与最近邻方法 [J]. 计算机应用研究, 2006, 23(9): 206-208.

[268] 高凤荣, 邢春晓, 杜小勇, 等. 基于矩阵聚类的协作过滤算法 [J]. 华中科技大学学报(自然科学版), 2005, 33(s1): 257-260.

[269] 王宏超, 陈未如, 刘俊. 基于客户聚类的商品推荐方法的研究 [J]. 计算机技术与发展, 2008, 18(7): 212-214.

[270] 邓爱林, 左子叶, 朱扬勇. 基于项目聚类的协同过滤推荐算法 [J]. 小型微型计算机系统, 2004, 25(9): 1665-1670.

[271] 纪良浩, 王国胤. 基于资源的协作过滤推荐算法研究 [J]. 计算机工程与应用, 2008, 44(8): 164-168.

[272] 崔亚洲, 段刚. 基于 Web 日志和商品分类的协同过滤推荐系统 [J]. 电子科技大学学报(社科版), 2006, 8(3): 39-42.

[273] 协同过滤技术在电子商务推荐系统中的应用研究 [D]. 杭州: 浙江大学, 2007.

[274] Fu X, Budzik J, Hammond K J. Mining Navigation History for Recommendation [C]. International

Conference on Intelligent User Interfaces,2000.

[275] Salter J,Antonopoulos N. CinemaScreen Recommender Agent：Combining Collaborative and Content-based Filtering[J]. IEEE Intelligent Systems,2006,21(1)：35-41.

[276] 曹毅,贺卫红.基于内容过滤的电子商务推荐系统研究[J].计算机技术与发展,2009,19(6)：182-185.

[277] Huang J,Cheng X Q,Shen H W,et al. Exploring Social Influence Via Posterior Effect of Word-of-mouth Recommendations[C]. ACM International Conference on Web Search and Data Mining. ACM,2012：573-582.

[278] Jacoby J. Perspectives on Information Overload[J]. Journal of Consumer Research,1984,10(4)：432-435.

[279] 苏萌,柏林森,周涛.个性化商业的未来[M].北京：机械工业出版社,2012.

[280] Lee B K,Lee W N. The Effect of Information Overload on Consumer Choice Quality in an Online Environment[J]. Psychology and Marketing,2010,21(3)：159-183.

[281] Shardanand U,Maes P. Social Information Filtering：Algorithms for Automating "Word of Mouth"[C]. Sigchi Conference on Human Factors in Computing Systems. ACM Press/Addison-Wesley Publishing Co,1995：210-217.

[282] Breese J S,Heckerman D,Kadie C. Empirical Analysis of Redictive Algorithms for Collaborative Filtering[J]. Uncertainty in Artificial Intelligence,2013,98(7)：43-52.

[283] Herlocker J L,Konstan J A,Borchers A,Riedl J. An Algorithmic Framework for Performing Collaborative Filtering[C]. 22nd Annual International ACM SIGIR Conference on Research and Development in Information Retrieval, SIGIR 1999. Association for Computing Machinery, Berkeley,1999：230-237.

[284] Balabanovic M, Shoham Y. Fab：Content-based, Collaborative Recommendation ［J］. Communications of the ACM,1997,40(3)：66-72.

[285] Zhou T,Kuscsik Z,Liu J G,et al. Solving the Apparent Diversity-accuracy Dilemma of Recommender Systems[J]. Proceedings of the National Academy of Sciences of the United States of America,2008,107(10)：4511-4515.

[286] Zhou T,Ren J,Medo M,et al. Bipartite Network Projection and Personal Recommendation[J]. Physical Review E Statistical Nonlinear and Soft Matter Physics,2007,76(2)：046115.

[287] Lü L,Liu W. Information Filtering Via Preferential Diffusion[J]. Physical Review E,2011,83(6)：066119.

[288] Cleverdon C W,Mills J,Keen E M. Factors Determining the Performance of Indexing Systems [J]. ASLIB Cranfield Project,1966,135(4)：892-4.

[289] Rijsbergen V,C J. Information Retrieval[M]. Oxford：Butterworth-Heinemann,1979.

[290] Pazzani M,Billsus D. Learning and Revising User Profiles：the Identification of Interesting Web Sites[J]. Machine Learning,1997,27(3)：313-331.

[291] Vicedo J L,Gómez J. TREC：Experiment and Evaluation in Information Retrieval[J]. Journal of the Association for Information Science,2007,58(6)：910-911.

[292] Buckley C,Voorhees E M. Retrieval Evaluation with Incomplete Information[C]. Proceedings of the 27th Annual International ACM SIGIR Conference on Research and Development in Information Retrieval,ACM,2004：25-32.

[293] Hanley J A,Mcneil B J. The Meaning and Use of the Area under a Receiver Operating

Characteristic（ROC）Curve[J]. Radiology,1982,143(1)：29.

[294] Kowalski G. Information Retrieval Systems：Theory and Implementation[M]. 1th ed. New York：Springer,1997.

[295] Herlocker J L. Evaluating Collaborative Filtering Recommender Systems[C]. The Adaptive Web. Springer-Verlag,2004：291-324.

[296] Lü L,Liu W. Information Filtering Via Preferential Diffusion[J]. Physical Review E,2011,83(2)：066119.

[297] Cacheda F,Formoso V. Comparison of Collaborative Filtering Algorithms：Limitations of Current Techniques and Proposals for Scalable，High-performance Recommender Systems[J]. ACM Transactions on the Web,2011,5(1)：1-33.

[298] Mcnee S M,Riedl J,Konstan J A. Being Accurate is not Enough：How Accuracy Metrics have Hurt Recommender Systems[C]. Extended Abstracts Proceedings of the 2006 Conference on Human Factors in Computing Systems,ACM,Canada,2006：1097-1101.

[299] Zhou T, Jiang L L, Su R Q, et al. Effect of Initial Configuration on Network-based Recommendation[J]. Physics,2008,81(5)：58004.

[300] Zhou T, Su R Q, Liu R R, et al. Accurate and Diverse Recommendations Via Eliminating Redundant Correlations[J]. New Journal of Physics,2009,11(12)：123008.

[301] Zhang Z K,Liu C,Zhang Y C,et al. Solving the Coldstart Problem in Recommendder Systems with Social Tags[J]. Europhysics Letters,2010,92(2)：28002.

[302] Tribus M. Thermostatics and Thermo Dynamics：an Introduction to Energy, Information and States of Matter,with Engineering Applications[M]. New York：Van Nostrand Reinhold,1961.

[303] Murakami T,Mori K,Orihara R. Metrics for Evaluating the Serendipity of Recommendation Lists[J]. Annual Conference of the Japanese Society for Artificial Intelligence,Springer,2007,4914：40-46.

[304] 吕琳媛.复杂网络链路预测 [J].电子科技大学学报,2010,39(5)：651-661.

[305] 邵峰晶,孙仁诚,李淑静,等.多子网复合复杂网络及其运算研究 [J].复杂系统与复杂性科学,2013,9(4)：20-25.

[306] Tan F,Xia Y,Zhu B. Link Prediction in Complex Networks：a Mutual Information Perspective [J]. PloS one,2014,9(9)：107056-107066.

[307] Zhou T,LÜ L,Zhang Y C. Predicting Missing Links Via Local Information [J]. The European Physical Journal B-Condensed Matter and Complex Systems,2009,71(4)：623-630.

[308] LÜ L,Jin C H,Zhou T. Similarity Index Based on Local Paths for Link Prediction of Complex Networks [J]. Physical Review E,2009,80(4)：046122.

[309] Liu W,Lü L. Link Prediction Based on Local Random Walk[J]. EPL（Euro physics Letters）,2010,89(5)：58007-58013.

[310] Zhou T,LÜ L. Link Prediction in Weighted Networks：the Role of Weakties [J]. Europhys Lett,2010,89(1)：18001-18006.

[311] Wang X,Zhang X,Zhao C,et al. Predicting Link Directions Using Local Directed path[J]. Physica A：Statistical Mechanics and its Applications,2015,419：260-267.

[312] Granovetter M S. The Strength of Weak Ties[J]. American Journal of Sociology,1973,78(6)：1360-1380.

[313] Zhou T,Ren J,Medo,M,et al. Bipartite Network Projection and Personal Recommendation[J].

Physical Review E,2007,76(4)：046115.

[314] Wu X,Jiang R,Zhang M Q,et al. Network - based Global Inference of Human Disease Genes [J]. Molecular Systems Biology,2008,4(1)：189-200.

[315] McPherson M,Smith L L,Cook J M. Birds of a Feature：Homophily in Social Networks [J]. Annual Review of Sociology,2001,27：415-444.

[316] 吕琳媛,陆君安,张子柯,等.复杂网络观察[J].复杂系统与复杂性科学,2010,07(2)：173-186.

[317] LÜ L,Zhou T. Link Prediction in Complex Networks：a Survey [J]. Physica A：statistical mechanics. 2011,390(6)：1150-1170.

[318] 吕琳媛,周涛.链路预测 [M].北京：高等教育出版社,2013.

[319] Lorrain F,White H C. Structural Equivalence of Individuals in Social Networks [J]. The Journal of Mathematics Sociology,1971,1(1)：49-80.

[320] Adamic L A,Adar E. Friends and Neighbors on the Web [J]. Social Networks,2003,25(3)：211-230.

[321] Zhou T,Lü L,Zhang Y C. Predicting Missing Links Via Local Information[J]. The European Physical Journal B,2009,71(4)：623-630.

[322] Lü L,Jin C H,Zhou T. Similarity Index Based on Local Paths for Link Prediction of Complex Networks[J]. Physical Review E,2009,80(4)：046122.

[323] Everett M G,Borgatti S P. Regular Equivalence：General Theory [J]. J Math Sociology,1994,19(1)：29-52.

[324] Leicht E A,Holme P,Newman M E J. Vertex Similarity in Networks [J]. Physical Review E Statistical Nonlinear and Soft Matter Physics,2006,73(2)：026120.

[325] Redner,Sid. Networks：Teasing Out the Missing Links[J]. Nature,2008,453(7191)：47-48.

[326] Clauset A,Moore C,Newman M E J. Hierarchical Structure and the Prediction of Missing Links in Networks[J]. Nature,2008,453(7191)：98.

[327] Boorman S A,White H C. Social Structure from Multiple Networks. II. Role Structures[J]. American Journal of Sociology,1976,81(6)：1384-1446.

图书资源支持

感谢您一直以来对清华版图书的支持和爱护。为了配合本书的使用，本书提供配套的资源，有需求的读者请扫描下方的"书圈"微信公众号二维码，在图书专区下载，也可以拨打电话或发送电子邮件咨询。

如果您在使用本书的过程中遇到了什么问题，或者有相关图书出版计划，也请您发邮件告诉我们，以便我们更好地为您服务。

我们的联系方式：

地　　址：北京市海淀区双清路学研大厦 A 座 701

邮　　编：100084

电　　话：010－62770175－4608

资源下载：http://www.tup.com.cn

客服邮箱：tupjsj@vip.163.com

QQ：2301891038（请写明您的单位和姓名）

用微信扫一扫右边的二维码，即可关注清华大学出版社公众号"书圈"。

资源下载、样书申请

书 圈

扫一扫，获取最新目录